Martin Seger

Teheran

Eine stadtgeographische Studie

Springer-Verlag Wien GmbH

Univ.-Prof. Dr. Martin Seger, Ordinarius für Geographie
an der Universität für Bildungswissenschaften in Klagenfurt

Diese Untersuchung wurde im Auftrag des IBE — Institut für Bildungs- und Entwicklungsforschung — Wien, erstellt und auf dessen Antrag aus Mitteln des Verbandes der wissen-
schaftlichen Gesellschaften Österreichs gefördert

Mit 77 Abbildungen

Additional material to this book can be downloaded from http://extras.springer.com

ISBN 978-3-211-81368-3   ISBN 978-3-7091-8439-4 (eBook)
DOI 10.1007/978-3-7091-8439-4

Meinen Eltern gewidmet

Vorwort

Der Vordere Orient zählt zu den klassischen Forschungsgebieten österreichischer Wissenschaft, darunter auch der Geographie. Hans B o b e k hat hierbei zur Erforschung des Iran Grundlegendes geleistet. Seine Studie über die iranische Hauptstadt gab die Anregung, das gemeinsam mit E. L i c h t e n b e r g e r verfaßte Werk über Wien bot das methodische Vorbild für das vorliegende Buch von Martin S e g e r über Teheran.

Dieses folgt damit der bewährten Tradition der Wiener stadtgeographischen Schule, die Hugo H a s s i n g e r zu Beginn dieses Jahrhunderts begründet hat. Gleichzeitig reiht es sich ein in die von Eugen W i r t h und seinen Mitarbeitern in Erlangen in Gang befindliche umfassende Erforschung der orientalischen Stadt.

Obwohl als allseitige stadtmonographische Darstellung angelegt, so beherrscht doch — entsprechend den eigenen Untersuchungen — der sozialökologische Forschungsansatz die Ausführungen. Das Hauptthema zentriert um das Problem der Verwestlichung einer orientalischen Metropole, deren Elemente und Prozesse mittels einer phänomenologisch-typologischen Analyse von Flächennutzung, historischen Wohnbautypen, Höhenwachstum des Baukörpers, sowie der Verteilungsmuster ausgewählter Betriebsstätten und Sozialgruppen erfaßt werden. Unter teilweiser Abstreifung idiographischer Merkmale gelingt der überzeugende Nachweis der Bipolarität der Stadt, welche zonal und sektoriell gegliedert, um Bazar und City zentriert ist. Einem allgemeinen Stadtentwicklungsprinzip folgend, dehnen sich Wachstumsfront und Leitstrahlen der City in Richtung auf die guten Wohnquartiere aus, während Viertel der armen Bevölkerung die Rückfront des Hauptbazars flankieren. In der Analyse der Konfrontation von traditionellem Bazarhandwerk und -handel mit dem modernen Geschäftsleben wird der Prozeß der „Verwestlichung" in minutiöser Weise — mit teils statistisch-quantitativen Techniken — nachvollzogen.

Mit diesem Modell einer zweipoligen orientalischen Metropole hat Martin
S e g e r auch eine sehr wichtige Grundlage für die Stadtplanung geschaffen,
für die bisher amerikanische Planer, uninformiert über die städtische Wirk-
lichkeit von Teheran, nordamerikanische Stadtmodelle als ideale Lösung
propagierten.

Alles in allem verdient das Buch über Teheran Beachtung:

— als tragfähige Plattform für weitere, in die Tiefe vordringende Untersuchungen, vor allem auf dem Felde der Sozialforschung,

— als eine — dank des dokumentarischen Charakters der Karten und
  Tabellen — in Zukunft wichtige Quelle zur Feststellung der Entwicklung des städtischen Systems von Teheran vor allem in Hin-
  blick auf Verbauung, Flächennutzung und Geschäftsleben,

— als Entscheidungsgrundlage für Maßnahmen der Stadtplanung

— und schließlich als ein bedeutender Beitrag zur geographischen Erforschung der orientalischen Stadt.

Wien, Frühjahr 1978.

Elisabeth Lichtenberger
Ordinarius für Geographie,
Raumforschung und Raumordnung
am Geographischen Institut
der Universität Wien

Vorwort und Danksagung des Autors

Die orientalischen Städte sind in den letzten Jahren in breitem Rahmen
Ziel stadtgeographischer Forschung geworden. Einer der Gründe für dieses
Interesse ist gewiß die vielfältige innere Gliederung und die auffallend
starke soziale Differenzierung, die in diesen Städten zutage treten. Zu der
strukturellen Mannigfaltigkeit trägt die Verwestlichung bei, mit der sich
das alte orientalische Städtewesen heute, wenn auch in sehr unterschiedlichem Ausmaß, konfrontiert sieht. Unter den Städten, die nicht durch
kolonialen Einfluß eine frühe Modernisierung erfahren haben, deren Entwicklung daher weitgehend endogen ist, nimmt Teheran eine besondere
Stellung ein. Noch in den Nachkriegsjahren durchaus nicht Weltstadt, hat
sich die Hauptstadt Persiens seit der Hochkonjunktur der Sechzigerjahre
zur wirtschaftlich und politisch bedeutendsten Stadt des Mittleren Ostens
entwickelt, ein Trend, der in Verbindung mit den Erdölreserven Irans
durchaus auch in die Zukunft projeziert werden kann.

Die vorliegende Arbeit versucht, einen Überblick über die Stadtentwicklung und die Stadtstruktur zu geben. Dabei soll zunächst in guter geographischer Tradition eine bautypologische Kartierung die Stufen der Verwestlichung, den Umfang der einzelnen Ausbauperioden und eine baulich-
soziale Gliederung ergeben. Mit dem Ausschöpfen des seit kürzerer Zeit
vorhandenen guten statistischen Materials und mit der Berücksichtigung
der Ergebnisse ortsständiger Forschungs- und Planungsorganisationen soll
aus arbeitstechnischer Sicht eine Brücke zwischen den reinen Kartierungen,
die für Bearbeitungen in Entwicklungsländern typisch sind, und den differenzierten Bearbeitungen, die nur in Ländern mit entwickelter Forschungs-
struktur möglich sind, gebildet werden. Besondere Merkmale zur sozioökonomischen Raumgliederung werden so gewonnen. Schließlich wird das
Geschäftsleben der Stadt durch umfassende Kartierungen analysiert, wobei
dem Bazar als dem heute noch existenten traditionellen Zentrum und den
Hauptgeschäftsstraßen der westlichen City besondere Beachtung zukommen.
Auf die Industrialisierung wurde nicht eingegangen, weil sie zur gleichen
Zeit von W. Korby, Tübingen, bearbeitet wurde. Die vorliegende Untersuchung entstand während dreier Aufenthalte in Teheran zwischen 1969
und 1973, wobei besonders die Feldarbeiten der Jahre 1971 und 1973 zum
tragen kommen.

Zahlreiche Anregungen zu geographischer Forschungsarbeit in Iran erhielt ich durch Professor Bobek, die Konkretisierung einer Feldstudie wurde
jedoch erst durch das Institut für Bildungs- und Entwicklungsforschung
(IBE), Wien, möglich, dessen damaliger Obmann Professor Malaschofsky

dem Projekt als Geograph sehr wohlwollend gegenüberstand. Die Kartierungsarbeit der Flächennutzung und das Quellenstudium 1971 wurden zusammen mit meiner Frau, Dr. Elisabeth Seger, durchgeführt. Während des Aufenthaltes 1973 konnte ich mich auf die unentbehrliche Dolmetschtätigkeit und Mithilfe der in Wien studierenden Herren Nishabouri, Bina und Golabi stützen. In beiden Jahren konnte ich die Gastfreundschaft des österreichischen Kulturinstituts in Anspruch nehmen. Den Herren Dr. Slaby und Köhldorfer sei ebenso wie der österreichischen Botschaft in Teheran, die Kontakte zum kaiserlich iranischen Außenamt und zum Ministerium für Höheres Bildungswesen herstellte, gedankt. Letztgenanntes Ministerium erteilte die notwendige Forschungsbewilligung und ermöglichte den Zugang zu Quellen und anderen Materialien, wobei auf die nachfolgende freundliche Hilfe der kaiserlich iranischen Botschaft in Wien besonders zu verweisen ist. In Teheran selbst erhielt ich Unterlagen und entsprechende Auskünfte im Wirtschaftsministerium (Statistisches Büro), im Finanzministerium (Finanzverwaltung Teheran) und im Informationsministerium. Gleiches gilt für die der Plan- und Budgetorganisation zugehörigen Institutionen National Cartographic Centre (NCC) in Tehran-Mehrabad und National Statistic Centre (NSC). Die Stadtverwaltung Teheran, speziell das Stadtplanungsamt unter Dr. Ameli, aber auch das Verkehrsamt, gewährten freundliche Einsichtnahme in zahlreiche Unterlagen. Zu besonderem Dank bin ich dem Institut für Sozialforschung der Universität Teheran (IERS) und dessen Direktor A. Naderi verpflichtet. Herrn Professor E. Wirth, Erlangen, danke ich für die Überlassung einer Bazarkarte und für Anregungen zur Zielrichtung der Arbeit. Mit Frau Professor E. Lichtenberger konnte eine permanente Diskussion stadtgeographischer Fragestellungen geführt werden, die den Charakter wesentlicher Teile dieser Arbeit bestimmten. Bei den umfangreichen Bearbeitungen, die der Feldarbeit folgten, konnte ich mich auf die Mithilfe meiner Frau und von Dr. E. Heinze stützen. Eine Durchsicht des Manuskripts nahmen Dr. D. Mühlgassner und Dr. Machold vor. Ihnen allen sei an dieser Stelle herzlich gedankt. Mein besonderer Dank gilt dem Institut für Bildungs- und Entwicklungsforschung (IBE), das sich unter Dr. P. Pliem zur Herausgabe entschloß, obwohl die reiche Ausstattung hohe Kosten mit sich brachte. Herrn Adamec und Herrn Dr. Berger, den Geschäftsführern des IBE, habe ich ebenso wie Herrn Dr. Wedl (Druckerei Wedl, Melk) für die vielfach schwierige redaktionelle Betreuung während der Drucklegung zu danken.

Mödling, Frühjahr 1978.

Martin Seger

INHALT

1. SIEDLUNGS- UND BEVÖLKERUNGSENTWICKLUNG

1. 1 Anfänge städtischer Siedlung im Raum Teheran

Im Gegensatz zu den alten und traditionsreichen Hauptstädten des Vorderen Orients, wie etwa Kairo, Damaskus oder Bagdad, ist Teheran eine ausgesprochen junge Stadt, die erst in den letzten Jahrzehnten durch ein rasantes Wachstum an Bedeutung jenen Städten gleichkam. Heute ist Teheran die vorderasiatische Metropole schlechthin und hat als Stadt mit 4 Mio Einwohnern nicht nur der Größe nach, sondern auch in wirtschaftlicher Hinsicht und unter Berücksichtigung des politischen Einflusses viele alte Zentren überflügelt, obwohl die Stadt nach wie vor abseits der großen Routen des Weltverkehrs liegt.

Hauptstadt Persiens ist Teheran erst seit der Herrschaft der Kadjaren-Dynastie, deren Begründer Aga-Mohammed-Khan 1786 die Stadt zu seiner Residenz erwählte. Ständiger Regierungssitz der früher nomadisierenden Kadjaren wurde Teheran erst 1798 unter Feth-Ali-Shah[1]). Die Kadjaren folgten damit dem im Orient üblichen Verhalten der Herrschergeschlechter, sich nach der Machtübernahme stets eine eigene neue Hauptstadt zu schaffen. Vielfach wechselten auch die Herrscher einer Dynastie den Regierungssitz. Die Safawiden beispielsweise residierten in Ardebil, Tabriz, Qazwin und Isfahan. Aber auch andere iranische Städte hatten schon Hauptstadtfunktion: Shiraz unter Karim-Khan-Zand und Mashad unter Nadir Shah.

Die Wahl der kleinen und damals unbedeutenden Stadt Teheran durch die Kadjaren hatte gute geopolitische Gründe. Das Stammesgebiet der Kadjaren lag in der Ebene am südöstlichen Ufer des Kaspisees in Mazanderan und dem östlich anschließenden Gorgan, also nördlich der großen Gebirgsbarriere des Alborz-Gebirges. Von dort aus aber, aus dieser äußerst peripheren Lage, konnte das große iranische Hochland mit Sicherheit nicht regiert und verwaltet werden. Die Kadjaren suchten daher eine binnenseitig

---

[1]) *V. Minorsky:* „Teheran" in: Enzyklopädie des Islam, Bd. IV, S. 772—779, 1934.

gelegene Residenz, die zugleich nicht allzuweit von ihren Stammlanden entfernt war. Diese Funktion zu erfüllen war Teheran imstande, denn von hier aus, in halber Entfernung zwischen den Grenzprovinzen Azarbaijan und Khorassan, sind die beiden Hauptsiedlungszonen des Iran, welche die innerpersischen Wüsten der Großen Kavir und der Lut im Norden und im Süden umgeben, ebenso gut erreichbar wie das westliche Bergland.

Darüberhinaus lag das Gebiet von Teheran im Bereich der wichtigsten West-Ost-Verbindung Vorderasiens, der alten Seidenstraße, die hier den vielfach schmalen Saum besiedelter Landschaft am Südhang der Alborzketten, eingeklemmt zwischen Gebirge und Wüste, benützte. Über sie wickelte sich bis zur Entfaltung der Dampfschiffahrt der wirtschaftliche und politische Kontakt Europas mit Ostasien ab, sie wurde von allen Asienreisenden, von Marco Polo bis Sven Hedin, benützt. So verwundert es nicht, daß der Siedlungsraum Teherans schon immer eine gewisse Bedeutung hatte. Wichtigste Siedlung war aber lange Zeit der heute unbedeutende Vorort Teherans Shahr-e-Rey, heute noch „Stadt Rey" genannt, der 12 km südlich des Stadtzentrums liegt. Rey wird schon im Alten Testament (Tobias 4. Kap., V 21) als „Rhages, Stadt in Medien", genannt und wird auch in achämenidischer Zeit erwähnt. Eine Neugründung erfolgte um 300 v. Chr. durch Seleukos Nikator, die Stadt hieß damals Europos. Den parthischen Assakiden, deren Hauptresidenz Ktesiphon war, diente die nun Arsakia genannte Stadt als Winterquartier, und im 5. Jh. n. Chr. wird „Raiy" als christlicher Bischofssitz genannt[2]).

Nach der Eroberung Persiens durch die Araber wurde Rey, damals „Al-Muhamadija", wesentlich ausgebaut. Die Stadt war Handelszentrum im Schnittpunkt wichtiger Karawanenwege, Hauptstadt des Nordostens des arabischen Reiches. Durch die Kämpfe der verschiedenen islamischen Konfessionen und Herrschergeschlechter wurde die Stadt arg in Mitleidenschaft gezogen, bis schließlich der Mongoleneinfall 1221 ihr Schicksal endgültig besiegelte. Heute ist diese alte Siedlungsstätte ein ärmlicher und stark industrialisierter Vorort Teherans, in dessen Zentrum der vielbesuchte Wallfahrtsort „Shah Abdul Azim" liegt. Diesem ist heute das prächtige Mausoleum des im südafrikanischen Exil verstorbenen Begründers der Pahleviden-Dynastie, Reza Shah, benachbart.

Der nördlich Reys gelegene Ort „Tihran" diente der Bevölkerung Reys wegen des angenehmen Klimas in der Gebirgsnähe schon immer als Sommerquartier. Wahrscheinlich nach der Zerstörung Reys durch die Mongolen 1221 kam es zu einer Verschiebung des Siedlungsschwerpunktes, Teheran

---

[2]) *A. Gabriel:* Die Erforschung Persiens, Wien 1952, S. 26.

8

wurde der wichtigste Ort dieser Region und überflügelte sowohl Rey als auch das gegen die Wüste vorgeschobene Varamin.

Die ortsbestimmende Beifügung „chak-e-Rey", „auf dem Boden Reys" in den Grundbesitzakten Teherans[3]) ist noch heute Zeugnis der einstigen Vormachtstellung Reys. Teheran, das erstmals um 1100 im Buch „Farsnameh" erwähnt wird, erhält erst 1553 unter Shah Tahmasp I. eine Befestigung mit dem typischen Ark (der Zitadelle) und einer mit 114 Türmen versehenen Mauer. H. B o b e k[4]) weist nach, daß mit großer Wahrscheinlichkeit diese älteste Befestigung bzw. ihre Erneuerung sich bis in das 19. Jh. ohne Veränderung der Ausmaße, also ohne Stadterweiterung erhalten hat, denn die Stadtpläne aus der Mitte des 19. Jhts. (einer von dem Österreicher Krziz 1857/58) stimmen mit den älteren Angaben über Türme, Tore und Mauerumfang überein. Demzufolge war das Stadtareal, innerhalb dessen ca. 8 km langer und durch einen Graben verstärkten Erdmauer 1861 nach einer Schätzung[5]) bereits 120 000 Einwohner lebten, zur Zeit des Befestigungsbaues und auch noch lange danach nur zu einem kleinen Teil verbaut. Ausgedehnte Gärten lagen innerhalb der Mauern. Um 1600 errichtete Shah Abbas I., der in Isfahan residierte, im Burgviertel des Ark den Palast „Chahar Bagh", aber noch zur Zeit der kadjarischen Machtübernahme 1796 wird die Einwohnerzahl auf nur 15 000 geschätzt. Es wird angegeben, daß nur die Hälfte der Stadtfläche verbaut sei.

In einer jüngeren Karte (Abb. 1) ist die Altstadt deutlich zu erkennen. Der Stadtumriß zeigt sich als ein einem liegenden Rechteck ähnliches Polygon. Im nördlichen Teil der Altstadt befand sich der von einer eigenen Mauer umgebene Ark, das „Burgviertel", in dem es neben dem Herrscherpalast mit Gartenanlagen auch die Garnison, Regierungsgebäude und eine Moschee gab — eine Stadt in der Stadt. Der Ark grenzte an die alte Stadtmauer und hatte dort auch ein eigenes Ausfallstor — eine einfache Sicherheitsvorkehrung für den Fall, daß von der Stadt her Gefahr droht. Im Gegensatz zu vielen älteren orientalischen Städten, in denen die Zitadelle auf einem Ruinenhügel (Tell) ältester Besiedlung oder auf einem natürlichen Bergvorsprung liegt, ist sie hier unscheinbar in der Ebene gelegen. Im übrigen entspricht aber der funktionelle Aufbau der Stadt dem gewohnten islamisch-orientalischen Typus: südlich des Ark-Viertels befindet sich der zentrale Teil des Bazars in Form überkuppelter planmäßig angelegter Verkaufsgassen. Zwischen Bazar und Ark, der hier sein stadtseitiges Tor hatte, lag der

---

[3]) Vgl. hierzu die ausführlichen Schilderungen von *P. G. Ahrens:* Die Entwicklung der Stadt Teheran, Opladen 1966, S. 43—44.
[4]) *H. Bobek:* Teheran, Schlernschriften 190, S. 5—25 (Festschrift Kinzl), 1958.
[5]) Von *H. Brugsch,* zit. nach *P. G. Ahrens,* S. 46.

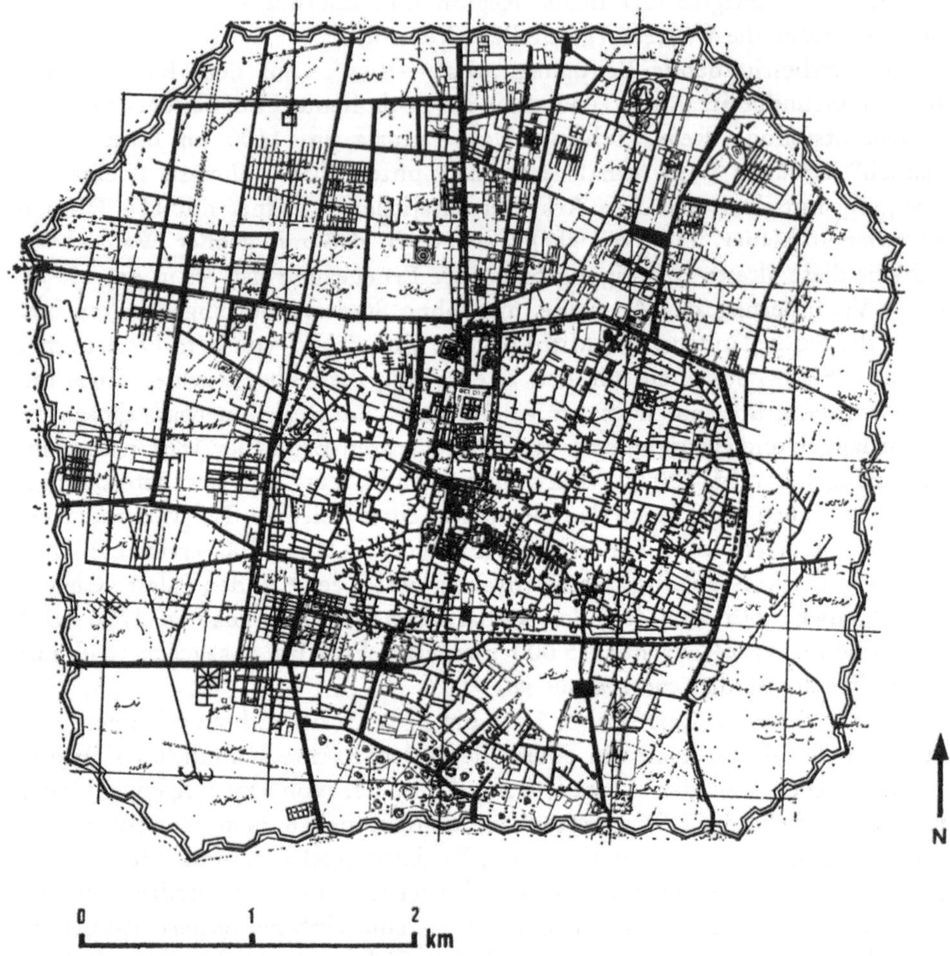

Abb. 1: Teheran unter Nasr-Edin-Shah, Altstadt und Erweiterung 1869—1874.
Altstadtgrenze durch Darstellung der ehemaligen Stadtmauern hervorgehoben

Quelle: Umzeichnung der Karte des Abdul Ghafar, Stadtplanung Teheran

damals einzige größere Platz Teherans, der „Meidan-e-Shah", wohl zugleich mit dem erwähnten Bazarbau 1807—1809 entstanden. Im Anschluß an die junge regelmäßige Bazaranlage folgten die unregelmäßigen älteren Bazargassen, die — im Gegensatz zum planmäßigen Teil — allmählich gewachsen sind und die die typischen Übergänge und Verflechtungen zwischen Groß- und Einzelhandel sowie zwischen Handels- und Verkaufsfunktionen zeigen. Großhandel und Fernhandel besetzen die typischen großen Kaufhöfe, die

Khane. Wie die Karawansereien, Raststätten des Karawanenverkehrs sind diese mehrgeschossigen Komplexe mit Arkadenfronten gegen den zentralen Hof stets mit einem gut gesicherten Ausgang zur Straßenfront versehen. Die Karawansereien befinden sich zu beiden Seiten der Hauptausfallstraßen, in Teheran vorwiegend an der alten Khorrassan-Straße, aber auch an der Straße nach Qazwin, jeweils im Anschluß an den Bazar. Sie entsprechen funktionell unseren alten Einkehrgasthöfen aus der Zeit vor dem Automobilverkehr — auch die Standorte sind analog. In den wüstenhaften und bis vor kurzem mancherorts noch sehr unsicheren Gebieten waren Reisen und Transporte jedoch stets ungleich schwieriger als in gemäßigten Klimaten. Dies und der damit verbundene Zwang zur Bildung von Karawanen gaben den Karawansereien eine besondere Bedeutung im Gefüge der alten orientalischen Stadt.

Mit Ausnahme weniger Durchzugs- oder Ausfallsstraßen finden wir in Alt-Teheran das für den ganzen islamisch-orientalischen Bereich gültige System vielfach verwinkelter Sackgassen, das bei der unplanmäßigen, langsam wachsenden Verbauung entsteht. Stichstraßen, die ihrerseits mehrmalige Abzweigungen aufweisen, schließen die Baublöcke von den Durchzugsstraßen her auf. Die Stadt, deren Areal innerhalb der Mauer etwa 4,5 km² umfaßte, war in vier Quartiere (Viertel) unterteilt. Die Kaufleute waren im Bazarviertel konzentriert, die gehobenen Schichten residierten im Nordwesten der Stadt, in der Nähe des Ark, des Burgviertels, während das Gebiet östlich desselben als „Handwerksviertel" bezeichnet wird. Die Gliederung in Quartiere stellt keine strenge Segregation dar, sondern charakterisiert Schwerpunkte in der städtischen Struktur. Die Stadtanlage Tahmasp I., die im 16. Jh. entwickelt wurde, erfuhr 300 Jahre lang keine wesentliche Veränderung, abgesehen von kleinen Vororten, die sich an den Ausfallsstraßen bildeten. Erst im späten 19. Jh. erfolgte die entscheidende Erweiterung der Stadt und die Vergrößerung ihres Areals. Unter Nasr-Edin Shah wurde das Stadtgebiet 1869—1874 auf eine Fläche von 19 km² ausgedehnt (Abb. 1). Die neue Stadtmauer umschrieb ein ungleichseitiges Achteck und zeigte in der Ausführung der Befestigungsanlagen deutlich die Nachahmung europäischer Befestigungsanlagen des Barock[6]). Zu einer Zeit, in der in allen europäischen Städten mit starken Wachstumsimpulsen die alten Mauern geschleift wurden oder schon beseitigt waren, wurde hier ein altes System kopiert, das unter den gegebenen Umständen durchaus als zweckdienlich erschien. Hier, in dem vorläufig nicht durch äußere Feinde mit westlich-moder-

---

[6]) Nach *Cruzon* (Persia and the Persian Question, London 1892), zit. nach *Ahrens*, a. a. O., S. 46, wurde das System des Festungsbaumeisters Vauban in Anlehnung an die alte Pariser Stadtmauer verwendet.

ner Technologie bedrohten Gebiet gewährte die Befestigung aus Lehmziegeln genügend Schutz gegen etwaige Angriffe schlecht bewaffneter einheimischer Stämme. Von dieser Mauer sowie von älteren Anlagen ist heute nichts mehr erhalten. Genaue Angaben über die Stadterweiterung vermittelt eine im Laufe mehrerer Jahre entstandene und 1891 fertiggestellte Karte eines gewissen Abdul Ghafar im Maßstab 1 : 4000. Abb. 1 ist eine aus der Stadtverwaltung Teheran stammende Umzeichnung dieser Karte, sie stellt den ersten vermessungstechnisch aufgenommenen Stadtplan Teherans dar und zeigt deutlich das Wachstum der Stadt über die alten Grenzen hinaus. Zugleich ist es möglich, aus der Karte des Abdul Ghafar eine generalisierte Flächennutzung des Zustandes knapp vor der Jahrhundertwende abzuleiten, wobei eine genaue Jahresangabe insoferne schwierig ist, als die Karte 1869 begonnen, aber erst 23 Jahre später fertiggestellt wurde.

Schon in dieser Epoche entwickelte sich die Stadt am kräftigsten nach Norden. Die soziale Viertelsgliederung setzte sich fort und verstärkte sich zunehmend. Im neuen Stadtgebiet im Norden lagen nicht nur zahlreiche von großen Gartenanlagen umgebene Paläste. Hier, nahe dem Regierungssitz und in Richtung zum guten, von den nördlich gelegenen Bergen kommenden Wasser ließen sich auch die europäischen Gesandtschaften nieder. Daneben sind die außerhalb des geschlossenen Stadtgebietes liegenden Kasernen sowie einige Parzellen zu erwähnen, die als „Eiskästen" bezeichnet werden. Letztere dienten der Erzeugung von Natureis-Platten während der kalten Jahreszeit, die, in den Kellern der Häuser gelagert, bis in den Sommer zur Verfügung standen. Die Parzellen dieser „Eiskästen" wurden durch hohe Lehmmauern vor Sonneneinstrahlung geschützt. Am südlichen Stadtrand lagen auch damals schon Ziegelgruben, Töpfereien und der große Friedhof. Die neue Stadtanlage zeigt nur in der Befestigung, nicht aber im Straßennetz europäische Züge. Dieses ist zwar klar und übersichtlich, geradlinige Straßen mit oft rechtwinkligen Kreuzungen kennzeichnen den Bereich außerhalb der Altstadt. Dennoch darf diese Struktur nicht als erster Eingriff westlicher Techniker in das Straßengefüge der orientalischen Stadt angesehen werden. Vielmehr entstanden die geradlinigen Straßen aus Feldwegen an den offenen Qanaten und an den Bewässerungskanälen, die das Gartenland nördlich der Altstadt durchzogen. Diese haben eben einen geradlinigen Verlauf, der mit den regelmäßigen Abgrenzungen von Feld- und Grünlandflächen übereinstimmt. Auch der Verlauf der Nebenstraßen in der heutigen City folgt vielfach alten Bewässerungsgräben, ihr Winkel zur Hauptstraße ist durch das notwendige Gefälle dieser Gräben bestimmt. Die Abb. 1 zeigt eine Reihe solcher Feldwege im Umland der Altstadt, die auch im heutigen Straßennetz weiterleben. Das Wegesystem blieb in diesem Gebiet solange

ebenmäßig, wie die lockere Bebauung keine weitere Aufschließung notwendig machte. Erst mit städtisch-dichter Besiedelung kleiner, durch Parzellierung gewonnener Flächen wurde eine weitere Aufschließung notwendig,
die nun zur Bildung von Sackgassen führte.

Im Verlaufe der ehemaligen Stadtmauern entstand ein unvollkommener
Straßenring. Er und auch andere Straßen wurden zu den neuen Stadttoren

Abb. 2: Generalisierte Flächennutzung Teherans um 1890.
Nach der Karte Abdul Ghafars (vgl. Abb. 1).

1 Palastbauten und andere Regierungsbauten, 2 Bazargebiet, 3 vorwiegend
agglutinierend-dichte Bebauung, 4 vorwiegend locker bebauter Stadtrand,
5 Gärten, 6 Friedhof, 7 Ziegelgruben. Weitere Signaturen: schwarz: Moscheen,
Punktreihe: Altstadtgrenze, K: Kasernen, Sterne: „Eiskästen" (Natureiser-
zeugung).

hin erweitert. Die außerhalb dieser Altstadtgrenze liegenden verbauten Flächen sind alte Vorstadt-Viertel.

Im Südosten der Stadt blieb im Wohngebiet der ärmeren Schichten jedoch weiterhin das traditionelle Gassensystem erhalten: von neuen, geraden Straßen aus schließen Sackgassen die Baublöcke auf. Sie sind unregelmäßig und verwinkelt, wie es die agglutinierende Bauweise unplanmäßiger Besiedlung mit sich bringt.

Die Altstadt selbst erhielt keine Haupt- oder Durchzugsstraßen, nur entlang der ehemaligen Befestigungsanlagen des Ark entstanden zwei Nord-Süd verlaufende Straßen. Diese Verkehrswege, wesentlich besser als das benachbarte Sackgassengewirr, begründeten die wichtige innerstädtische Verbindung zwischen dem Bazarviertel und dem neu entstehenden Geschäftsviertel europäischer Prägung nördlich des Ark. Trotz der beachtlichen Stadterweiterung hat die zweite Hälfte des 19. Jhds. nichts mit der Gründerzeit in Europa gemein, weder wirtschaftlich noch baulich im Sinn der Baumassen dieser Epoche. Dennoch hat sich der verstärkte europäische Einfluß niedergeschlagen. Es entstand ein eigener kadjarischer Stil bei Palästen und gehobenen Privathäusern, in dem sich autochton-persische Stilelemente mit gründerzeitlich-europäischen, speziell viktorianischen Bauformen mischen. Dieser Stil, obwohl an sich eigenständig, stellt einen starken Bruch, ja den Abbruch der traditionellen persischen Baukunst dar[7]). Bauten dieser Periode sind an den Straßenfronten der nördlichen Altstadt noch häufig zu finden, wenngleich sie vielfach bereits noch modernerer Verbauung weichen mußten. Die neben der Freitagsmoschee im Bazar zweite große Moschee Teherans, die Masjid-e-Sepahsalar, entstand im Ostteil der Stadt, ihr benachbart ist der Baharestan-Palast, der Sitz des Parlaments.

So gelangte Teheran mit seinen Neubauten, gepflegten Gartenanlagen und grünen Alleen zu Ende des vergangenen Jahrhunderts zu einer gewissen Blüte[8]). Es entstand in der Stadt eine wohlhabende Kaufmannschaft, deren Entwicklung durch den Frieden und die Ruhe im Lande begünstigt wurde. Diese Ruhe konnte jedoch stets nur durch drakonische Maßnahmen einer starken Regierung aufrecht erhalten werden. Nach dem Tode von Nasr-Edin Shah waren Unruhen um die Herrschaftsnachfolge der äußere Anlaß für das nach Süd- und Zentralasien expandierende Rußland und für Großbritannien, Persien 1907 zeitweilig zu besetzen und unter ihre Kontrolle zu bringen.

---

[7]) *A. U. Pope:* Persian Architecture, Asia Institute of Pahlevi University, Shiraz 1969, spricht von ... „dubios taste" in der kadjarischen Architektur.

[8]) Dennoch waren selbst die Hauptstraßen ungepflastert, und Sven Hedin, der die Stadt 1905 auf der Durchreise besuchte, äußerte sich eher abfällig.

1. 2 Von der Zeit Reza Shahs bis in die Fünfzigerjahre

Mit dem Staatsstreich des vormaligen Reiteroffiziers Reza Khan, der einige
Jahre später, 1926, als Reza Shah Pahlevi den Thron bestieg, begann für
Persien nicht nur eine neue Dynastie, sondern eine neue Ära wirtschaftlicher
und kultureller Entwicklung. Ermutigt durch den Erfolg Kemal Atatürks in
der benachbarten Türkei, versuchte Reza Shah so gut wie alle Funktionen
des öffentlichen Dienstes zu reformieren und zu modernisieren. Die konsti-
tutionelle Monarchie war eine solche nur dem Namen nach, denn die Wider-
stände der alten Bürokratie und Oberschicht in den Städten sowie der bis
dahin fast autonomen Stammesfürsten in den entfernten Teilen des riesigen
Reiches gegen Reformen und zentrale Staatsgewalt erforderten einen straffen Regierungsstil. Die Reformen setzten die Grundlage für eine moderne
Entwicklung des Staatswesens, und durch die Förderung der Kontakte mit
westlichen Ländern wurde in Teheran der technische Standard Europas bekannt. Bald erschienen die ersten Konsumgüter europäischer Zivilisation
und es entstanden die ersten Fabriken. Zeitweise verkehrten in Teheran
einige Straßenbahnlinien sowie eine Kleinbahn nach Rey. Durch die Aktivitäten der zentralistischen Regierung erhielt die Stadt einen gewaltigen Men-
schenzustrom aus allen Landesteilen, der von nun an nicht mehr abreißen
sollte. Teils waren es begründete wirtschaftliche Überlegungen, teils nur
Gerüchte von ungeahnten Lebensmöglichkeiten in der Großstadt, die zum
Zuzug aus anderen Städten und vom Lande her bewogen. Dieser Zustrom
vervielfachte in erster Linie die Schicht der Armen, die nur ihre tägliche
Arbeitskraft anzubieten hatten. Es wuchs aber auch die Schicht der Handwerker und Kleinhändler, der Professionisten neu entstandener Berufe, sowie der in der Verwaltung und beim Militär Tätigen. Auch die Oberschicht
erhielt erheblichen Zuwachs, denn für sie war das Leben in der Nähe des
Herrschers nicht nur sozial aufwertend, sondern mitunter auch überaus nutzbringend. Der ungeheure Aufschwung Teherans — die Stadt erreichte noch
vor dem Zweiten Weltkrieg die Einwohnerzahl von einer halben Million —
spiegelt sich auch im Baugeschehen und in der Stadterweiterung wieder. Das
stärkste Wachstum zielte wieder gegen Norden entlang der heutigen Straße
Kuroosh e Kabir zu dem am Gebirgsfuß gelegenen Ort Shemiran. Die Besiedlung übersprang die nördliche Stadtumgrenzung des 19. Jh., es entstand
außerhalb derselben der nach einem österreichischen Konsul benannte Vorort
Fischerabad (heute Gebiet um die Avenue Zahedi). In den dreißiger Jahren
wurde die alte Stadtmauer abgetragen, mit ihr leider auch die interessanten,
mit farbigen Kacheln geschmückten Tore. 1937 entstand ein neuer Verkehrs-
plan, der auch sogleich in Angriff genommen wurde (Abb. 3). In ihm wurden

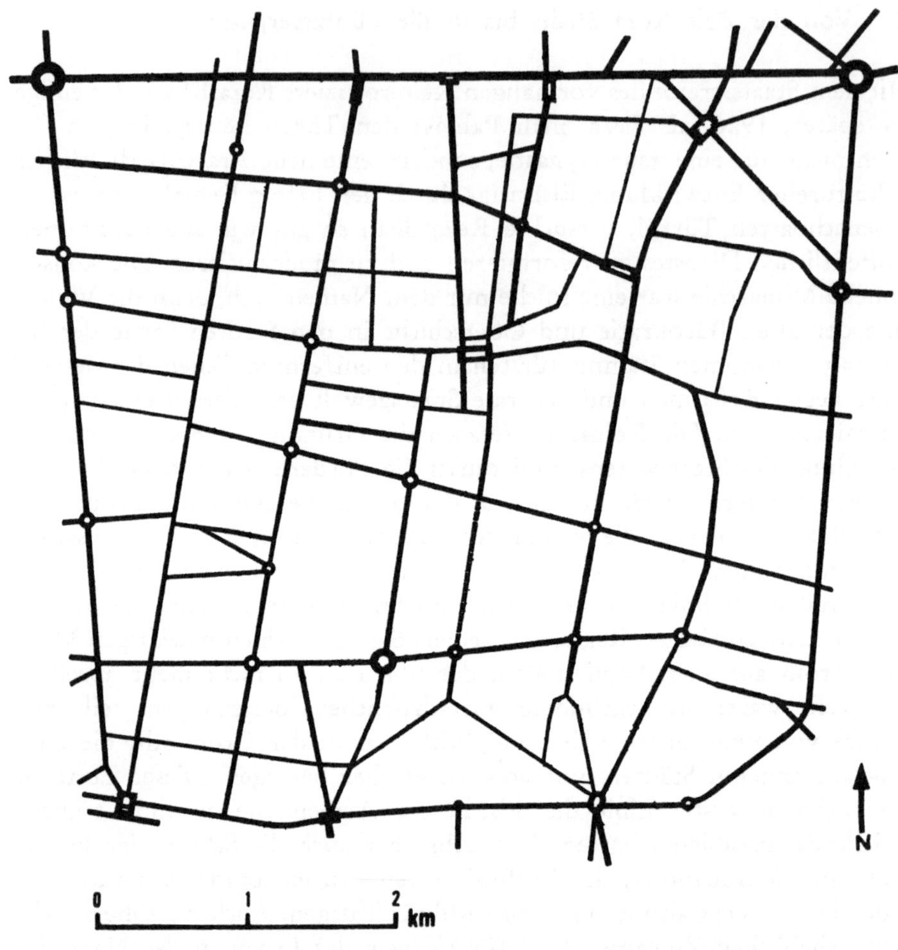

:Abb. 3: Straßenregulierungen 1937. System von Straßendurchbrüchen als
grundlegend neues Verkehrsnetz innerhalb der Stadtgrenzen der Zeit Reza Shas

Quelle: Stadtplanung Teheran

die großen Durchbruchsstraßen festgelegt. So wie schon früher bildete der
Verlauf der alten Mauer die Grundlage für neue Straßenzüge. Die Nord-
Süd und West-Ost verlaufenden Innenstadt-Tangenten wurden zu breiten
Avenuen ausgebaut, die, geradlinig weiterlaufend, die Grundlage eines ausgedehnten rechtwinkeligen Straßen- und Gassensystems bildeten. Das Straßennetz des modernen Teheran ist durch diese zwei Hauptrichtungen geprägt. Die großen Kreuzungen erhielten, dem aufkommenden Automobilverkehr Rechnung tragend, Kreisverkehrsanlagen nach britischem Vor-

16

bild. Durch das Tangentenviereck vergrößerte sich die Stadtfläche auf 24 km². Eine ganz wesentliche Neuerung stellt der Plan dar, auch durch das Gassengewirr der Altstadt einige breite Straßen zu ziehen, um so auch zentrale Teile, wie den Bazar, für den modernen Verkehr zugänglich zu machen. Diese städtebaulich brutal erscheinende Methode ist die einzige Möglichkeit, einen orientalischen Altortbereich vor einem weitgehenden Funktionsverlust und damit vor totaler Abwertung zu bewahren. Das Bazarviertel der traditionellen Stadt kann nur durch die Möglichkeit einer Anpassung an die Gegebenheiten des modernen Verkehrs und der industriellen Produktion als Standort konkurrenzfähig bleiben. Grundlage dafür schufen die erwähnten Straßendurchbrüche. Recht geschickt wurde eine Ost-West-Straße, die Khiabane Bouzarjomehri, dort durchgelegt, wo zwischen Ark und Bazar schon immer ein unverbauter Platz gelegen hatte. Zwei Nord-Süd-Straßen zu beiden Seiten des Bazarzentrums, die Khiabane Khayyam und die Khiabane Cyrus, bilden mit der erstgenannten Straße einen guten Aufschluß der Altstadt, insbesondere des Bazarviertels. Sie vermögen heute viele verkehrsorientierte Handels- und Gewerbebetriebe, vornehmlich Großhandelsgeschäfte, aus dem Zentrum des Bazars an dessen verkehrsgünstigen Rand zu ziehen. Eine dritte Nord-Süd-Straße mitten durch den Bazar ist im Plan von 1937 zwar verzeichnet, wurde aber nicht ausgeführt — zum Vorteil der Einheitlichkeit des schönen Bazars, der in gewissen Abschnitten zu den wenigen Resten orientalischer Bauelemente in dieser jungen Stadt zählt.

Zu Ende der Regierungszeit Reza Shahs, 1941, lebten im engeren Stadtbereich, d. h. in der Altstadt, etwa 476 000 Menschen[9]), Groß-Teheran insgesamt hatte nach einer anderen Schätzung 650 000 Einwohner. Das dichtest besiedelte Gebiet (vgl. Abb. 4) war mit 248 Ew/ha die Altstadt südlich des Bazars, während der stets locker verbaut gewesene Stadtteil nördlich des Bazars, zu beiden Seiten des Ark, nur 130—160 Ew/ha beherbergte. Alle übrigen Randdistrikte waren zu dieser Zeit Vororte und weit weniger dicht bewohnt. In lockerer Verbauung hatten die Siedlungsspitzen das Gebiet der heutigen Avenue Takht-e-Jamshid erreicht, die Dichte betrug hier nur 20 Ew/ha.

Im Zweiten Weltkrieg gelangte die Iranische Landbrücke zwischen dem Persischen Golf und dem Staatsgebiet der Sowjetunion in den strategischen Interessensbereich der Alliierten, die Nachschublinien für den Südflügel der russischen Westfront zum Schutz des Ölreviers Baku benötigten. Die damals ganz neue transiranische Eisenbahn, eines der Hauptanliegen der Aufbauarbeit Reza Shahs, bot sich dazu an: sie wurde bis zum Kaspischen Meer

---

[9]) Angaben der Stadtverwaltung von Teheran.

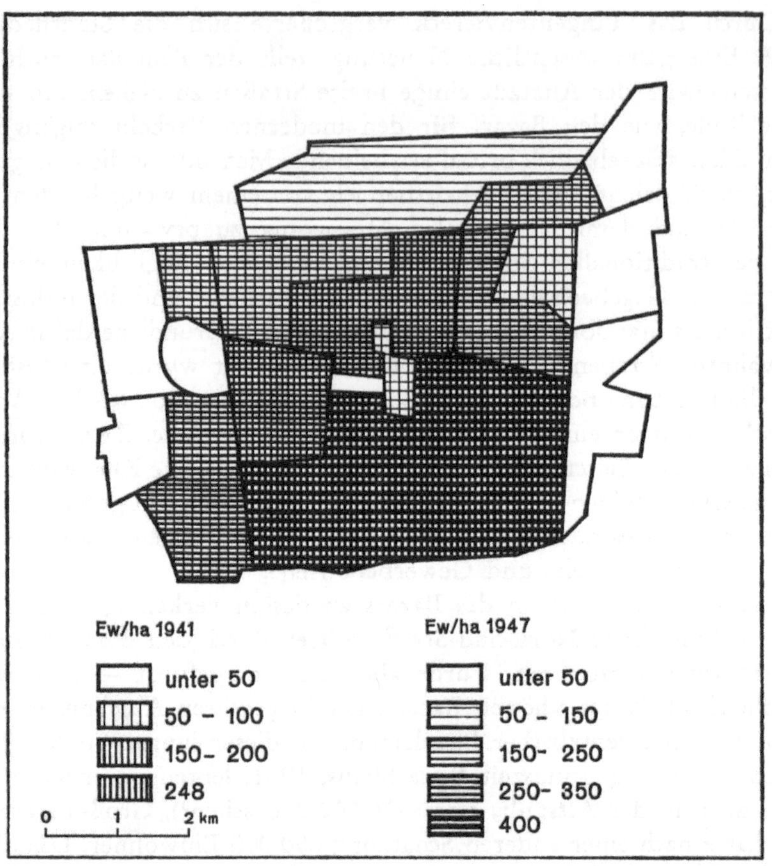

Abb. 4: Bevölkerungsdichte der Kriegs- und Nachkriegszeit
Daten: Teheran Municipality

verlängert. Russen und Briten hatten wieder Teile des Landes besetzt. Schon vorher war Reza Shah wegen seiner Neutralität von den Großmächten zur Abdankung gezwungen worden, er starb 1941 im Exil in Südafrika. Sein Nachfolger auf dem Thron wurde der damals achtzehnjährige Shah Mohammed Reza.

In den Kriegs- und Nachkriegsjahren nahm die Bevölkerung Teherans weiterhin kräftig zu. Viele Neuankömmlinge erhofften sich gesicherte Verpflegung durch das alliierte Militär. Auch nach dem Krieg hielt der Zuzug zur Stadt an. Denn dort wurden die Maßnahmen der Modernisierung, Industrialisierung und Wirtschaftshilfe zuerst sichtbar. 1947 war die Bevölkerung bereits auf 800 000 Einwohner angewachsen, wobei sich der Umfang des verbauten Gebietes nicht gleichermaßen vergrößerte. Die Bevölkerungsdichte erreichte daher im Gebiet der Altstadt Werte von 400 Ew./ha. Das Maß der Übervölkerung speziell der Viertel südlich des Bazars wird bewußt, wenn man bedenkt, daß die traditionelle Verbauung sich ja nur aus ein- bis zweigeschossigen Häusern zusammensetzt. Abb. 4 zeigt die Bevölkerungsdichte Teherans für die Jahre 1941 und 1947. Charakteristisch für diese Phase der Stadtentwicklung ist, daß die Bevölkerungszunahme im Zentrum noch stärker ist als in den peripheren Wohnvierteln. Zwar wachsen auch diese kräftig, doch reichen ihre Dichtewerte wegen der lockeren Bebauung nicht an jene der Altstadt heran. So nahm das Zentrum zwischen 1941 und 1947 noch zusätzlich 150 Personen pro Hektar auf, während diese Werte für die peripheren Gebiete wesentlich niedriger (50—60 Personen/ha) sind[10]).

Nur zwei der Altstadt unmittelbar benachbarte Gebiete zeigen einen noch stärkeren Zuwachs, nämlich das Gebiet südlich des Bagh-e-Shah im Westen und nördlich der Amir-Kabir-Straße im Osten. Diese beiden alten Vorstadtgebiete nahmen 200 Personen pro Hektar in den erwähnten sechs Jahren auf, wodurch sich ihre Einwohnerzahl vervielfachte. Der so erreichte Dichtewert (vgl. Abb. 4) ordnet sie jedoch in eine Bevölkerungsverteilung ein, die durch maximale Werte im alten Zentrum und durch einen abrupten Abbruch, speziell am südlichen Stadtrand, aber auch im Osten und Westen, gekennzeichnet ist. Nur nach Norden hin, wo schon stets eine lockere, d. h. auf größeren Parzellen erfolgende Bebauung durch die Oberschicht möglich war, erfolgt der Dichteabfall allmählich. Sieht man die Dichtewerte im Zusammenhang mit der sozioökonomischen Struktur, so sind zentrumsnahe, aber nicht übermäßig dicht bewohnte Gebiete, etwa zwischen Bagh-e-Shah und der heutigen Shah-Reza-Straße, als die Villenviertel der Zeit Reza-Shahs, und die nördlich der Shah-Reza-Straße gelegenen Gebiete als die nachkriegszeitlichen Villenviertel zu erkennen.

Um 1950 wurde die 1 Millionen-Einwohnergrenze (alle Angaben bis 1956 beruhen auf Schätzungen) überschritten, und das Stadtareal weitete sich rasch über die Grenzlinien der Vorkriegszeit aus. 1955 hatte das Stadtgebiet (vgl. Abb. 5) folgende Ausdehnung[11]): Die Stadt war weiterhin asymmetrisch, verstärkt gegen den Norden, gewachsen. Entlang der beiden Straßen nach Shemiran war die Verbauung am weitesten vorgedrungen. Es bestanden bereits das Siedlungsgebiet von Yussufabad sowie weite Teile um die Old

---

[10]) Gebiete geringer Dichte am Nordrand der Altstadt sind das Verwaltungsviertel im ehemaligen Ark-Bereich und der Stadtpark, der nach einer Brandkatastrophe in diesem Viertel geschaffen wurde.

[11]) Nach Karte Teheran Area 1 : 50 000, Photo Date 1955, NCC — National Cartographic Center, Teheran-Mehrabad.

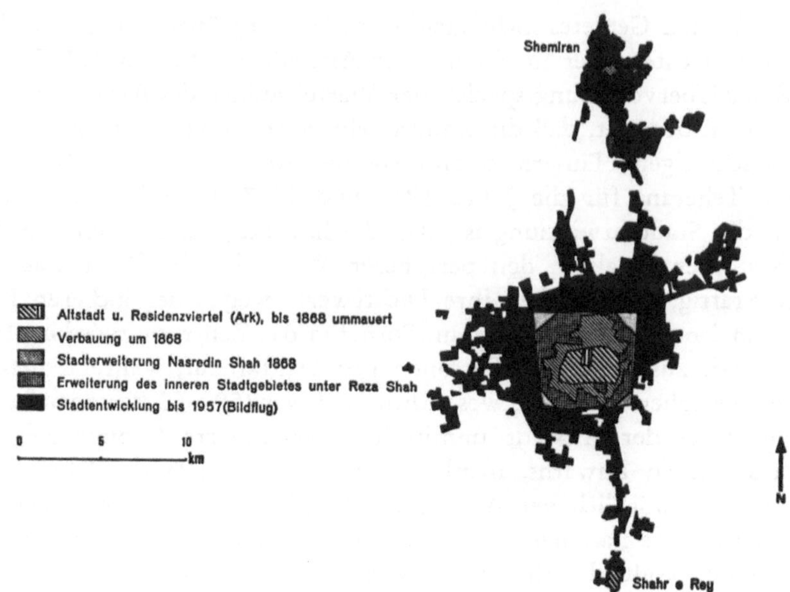

Abb. 5: Stadtregion Teheran 1955, Grundlage: Kartenauswertung älterer Karten,
der Karte Teheran Area 1 : 50 000 und eines Bildfluges (1957)

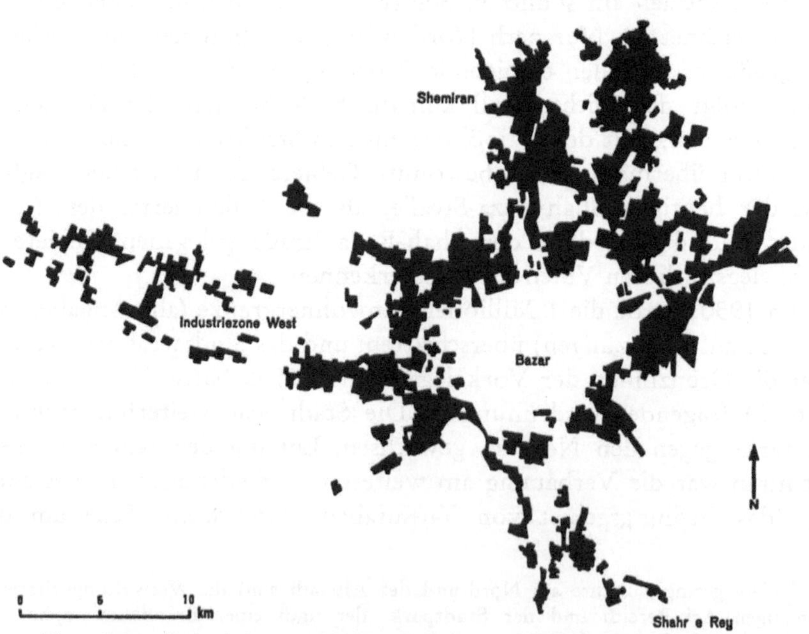

Abb. 6: Zuwachs an bebauter Fläche 1955—1971 in der Stadtregion Teheran.
Grundlage: eigene Kartierung und Kartenauswertung (vgl. Abb. 5)

20

Shemiran Road (heute Khiabane Kuroosh-e-Kabir). Im Nordosten stammt
der Stadtteil Narmak aus dieser Zeit, im Westen die umfangreiche Verbauung westlich der Simetri-Straße. Im Süden wirkte der Bahnhof als Barriere, den die Verbauung nur unwesentlich übersprang. Nur an der alten
Straße nach Shahr-e-Rey entstand ein schmales Siedlungsband von Industrie
und Notunterkünften zwischen den ausgedehnten Ziegeleiflächen. In der
weiten Bergfußoase Shemiran waren in lockerer Verbauung die Siedlungs-
räume von Tajrish und Qolhak bereits zusammengewachsen. Die dichtest
besiedelten Bezirke waren 1956 z. Z. des ersten Census neben dem Südteil
des inneren Stadtraumes die westlichen und östlichen Vorstadtbereiche sowie
das Arbeiterviertel Javadieh südlich des Bahnhofes.

Die Stadt war bereits auf 1 512 000 Einwohner angewachsen, wobei Shemiran und Rey miteinbezogen sind. Dieses rapide Wachstum beruht auf
einer Zuwanderung, die für die Jahre vor 1956 mit 62 000 Personen pro
Jahr berechnet wurde. Fast eine halbe Million Menschen, 433 000, wurden
vom Census als nicht in Teheran, sondern in anderen Städten geboren, als
Zuwanderer aus anderen Städten, erfaßt[12]). Diese Zahlen zeigen die starke
Zuwanderung aus dem durch Kriegsereignisse stark beeinträchtigten Azarbaijan. Weitere Kontingente stammen aus den zentralen und westlichen
Teilen des Landes. Die folgende Anzahl von Teherani stammt aus den
hier angeführten Städten (Census 1956):

Tabriz	94 000	Rasht	35 000
Ardebil	53 000	Meshed	29 000
Arak	87 000	Yazd	16 000
Isfahan	51 000	Kermanshah	13 000
Hamadan	49 000	Shiraz	13 000

1. 3 Teherans Wachstum in den Sechzigerjahren. Zuwanderung und Altersstruktur

Das Einsetzen einer überaus raschen Industrialisierung, ein unvermindert
starkes Bevölkerungswachstum durch Zuzug und Geburtenüberschuß und
als Folge davon eine ungeahnte Expansion der Stadt kennzeichnen die jüngere Entwicklung, die von der Hochkonjunktur in der Mitte der sechziger
Jahre bis heute unvermindert anhält. Der Übergang von der Nachkriegszeit
zu einer von den Kriegsereignissen nicht mehr mitbestimmten Wirtschafts-
entwicklung war in Persien durch kritische innenpolitische Situationen im
Zusammenhang mit der Frage nach den Rechten auf das Öl des Landes
(Mossadegh-Krise) gegeben. Die daraus erwachsene Verselbständigung des

[12]) Les Problemes Sociaux de la Ville de Teheran. IERS, Teheran 1964, S. 60.

Staates, die steigende Bedeutung Irans für das westliche Paktsystem sowie die konsolidierten und stabilisierten politischen Verhältnisse führten zu einem Industrieaufbau, der sich für Jahre auf das Gebiet von Teheran konzentrierte.

Es entstand eine Industriezone im Westen von Teheran, die sich zunächst an die alte Straße nach Ghazvin und Karaj anlehnte (Teheran West, südlicher Abschnitt). Erst später wurde außerhalb des Flughafens Mehrabad an der neuen Karadj-Straße und der Autobahn benachbart ein weites großflächiges Industriegelände geschaffen. Noch eindrucksvoller in bezug auf die Siedlungsentwicklung ist der Zuwachs an Wohngebieten zwischen 1956 und 1971 in Abb. 6, der durch einen Vergleich mit Abb. 5 deutlich wird. In einer West-Ost-Erstreckung von etwa zwanzig Kilometern hat sich der Stadtrand um einige tausend Meter weiter nordwärts verschoben. Besonders auffallend ist die Füllung des Raumes zwischen der Stadt und Shemiran, wo nun die Hangfußoase bereits in einer Breite von zehn Kilometern bebaut ist. Wie schon in vergangenen Epochen, ist das Wachstum in südlicher Richtung bedeutend schwächer. Neben einem eher industriellen Ausbau an der alten Straße nach Rey entsteht westlich davon, an der neuen Verbindung zu dieser alten Stadt, die jetzt nur mehr Vorort ist, eine Zone neuer Wohn- und Betriebsbauten. In dieser jüngsten Wachstumsphase Teherans wurden innerhalb von 15 Jahren soviele Flächen verbaut, daß sich der Stadtkörper seit 1955 mehr als verdoppelt hat.

Die Einwohnerzahl Teherans erreichte 1966 2,719 Mio, doch sind darin die Vororte Shemiran und Rey im Gegensatz zum Census 1956 nicht enthalten, wodurch die Vergleichbarkeit erschwert wird. Einen Überblick gibt die folgende Tabelle:

Tabelle 1

Jüngere Bevölkerungsentwicklung und Bevölkerungsverteilung in der Stadtregion Teheran

Einwohner in 1000

	1956	1966[3]	1966[4]	1974[5]	Dichte 1966 Ew/km²	Sharestan[7] Fläche
Teheran-Stadt	1.512[1]	2.720	110	4.000[6]	702	4027 km²
Shemiran	75[2]	186	15		122	1645 km²
Rey	50[2]	102	73	140	69	2635 km²

[1]) Unter Abzug von Shemiran und Rey: 1,387 Mio Ew.
[2]) Geschätzte Werte, die in der Einwohnerzahl von 1 512 000 für Teheran enthalten sind.
[3]) „Städtische Bevölkerung", d. h. im städtisch bebauten Gebiet lebend.
[4]) Zusätzliche, im landwirtschaftlich-peripheren Teil des Verwaltungsbezirkes (Sharestan) lebend.
[5]) Schätzung laut Iran Almanac 1974 für „städtische Bevölkerung".
[6]) Inklusive Shemiran.
[7]) Verwaltungsbezirk, Bezugsfläche für Dichtewert.
Quelle: Census 1966, Iran Almanac 1974.

22

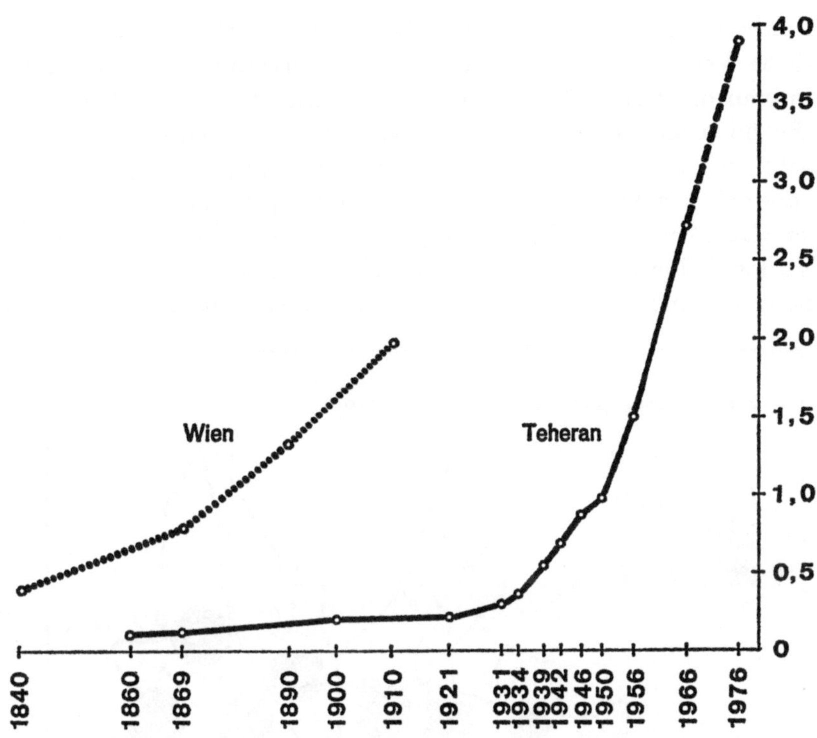

Abb. 7.: Bevölkerungsentwicklung Teherans und ein Vergleichswert
aus der Phase starken Wachstums europäischer Städte

Quelle: Bobek-Lichtenberger, Wien, und P. G. Ahrens, Teheran

Seit der Zeit Reza Shahs hat sich die Einwohnerzahl Tcherans in einem
Jahrzehnt jeweils verdoppelt. Dieses exponentielle Wachstum, das einem
jährlichen Zuwachs von 7 % entspricht, zählt zu den schwierigsten Proble-
men der Stadtentwicklungsplanung. Besonders aufgrund der nicht beliebig
steigerbaren Wasserbeschaffung ist es notwendig, den Zuzug in die Hauptstadt einzudämmen. Mit einer Zunahme von 38 % zwischen 1966 und 1974
liegt Teheran erstmals nicht mehr an der Spitze, sondern im Mittelfeld
der Zuwachsraten iranischer Städte, die Dezentralisierungsbestrebungen zeigen erste Erfolge. Für Großteheran wird 1976 eine Bevölkerung von 4,5 Mio
gerechnet, damit wird die Verdoppelung der Einwohner pro Dekade erstmals nicht erreicht.

Vergleicht man dieses Wachstum mit ähnlichen Stadtentwicklungen in
Europa, so drängt sich als Parallele die gründerzeitliche Expansion europäischer Städte auf. Stellt man die Bevölkerungskurve von Teheran der we-

23

sentlich schwächer ansteigenden von Wien (Abb. 7), das damals eine für europäische Verhältnisse starke Zunahme zu verzeichnen hatte, gegenüber, so kann man die rasante Ausdehnung der iranischen Metropole ermessen.

Die Bevölkerungsentwicklung im Innenstadtbereich selbst (Abb. 8) ist im Gegensatz zur Situation der Nachkriegszeit durch ein ausgeprägtes Wachstum in Randbezirken gekennzeichnet. Die Altstadt, ja die gesamte Stadt innerhalb der Grenzen der Vorkriegszeit („Tangenten-Viereck"), nimmt, bereits gesättigt, fast keine Bevölkerung mehr auf. So wächst die Altstadt und ihre Umgebung nur mehr um weniger als 5 %, während in den Randgebieten,

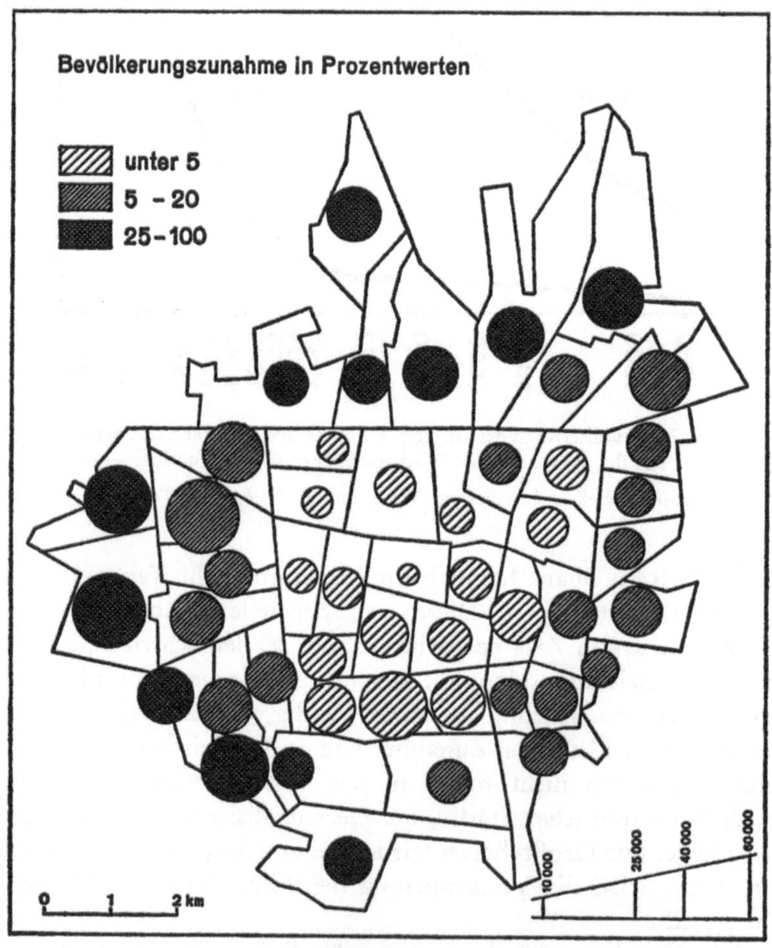

Abb. 8: Bevölkerungsverteilung 1966 und Bevölkerungsentwicklung
1956—1966

Daten: Teheran Municipality

speziell im Westen und Südwesten, nun großstädtische Dichte erreicht wird. Zentrum der Bevölkerungsballung aber bleibt die Altstadt, speziell der Bereich im Süden des Bazars.

Vergleichen wir die jüngere Bevölkerungsentwicklung Teherans mit der des übrigen Iran, so zeigt der Census 1966 die beherrschende Anziehungskraft der Hauptstadt. In Teheran zu leben ist für jeden Irani erstrebenswert, wenn auch für unterschiedliche Gruppen aus verschiedenen Gründen. Wuchs Teheran City 1956—1966 um 80 % und die gesamte Agglomeration um 100 %, so lag die Zunahme iranischer Städte durchschnittlich bei 64,5 %. Die Bevölkerung des ländlichen Gebietes dagegen (mit Siedlungen bis zu 5000 Einwohnern) nahm nur um 17,5 % zu. Bei einem Wachstum des iranischen Volkes auf 25,3 Mio (1966) um 38,9 % während der letzten Censusdekade bedeutet dies eine steigende Verstädterung, die in der Hauptstadt ihren maximalen Wert erreicht.

Die Zuwanderung nach Teheran, in der Statistik nicht entsprechend ausgewiesen, kann wie folgt ermittelt werden:

Die positive Wanderungsbewegung ist die Differenz zwischen der natürlichen Bevölkerungsentwicklung und dem Gesamtstand der Bevölkerung. Die natürliche Bevölkerungsbewegung zeigt für Iran im Zeitraum 1956—1966[13]) eine jährliche Zunahme von 3,25 %, für die Städte des Landes einen Geburtenüberschuß von 2,90 %. Für Teheran wird ein natürlicher Zuwachs von 2,7 % angenommen. Danach wäre die Bevölkerung der Stadtregion Teheran von 1,51 Mio Einwohner (1956) auf 2,0 Mio (1966) angewachsen. Die Differenz zur gezählten Einwohnerschaft, etwa 1 Mio Menschen, entfällt auf Zuwanderer und auf deren in der Censusperiode in Teheran geborene Nachkommenschaft (die in den Statistiken nicht mehr als zugewandert erfaßt wird). Tatsächlich werden für 1956—1966 633 600 Zuwanderer angegeben, die jedoch auch bei altersstrukturell glaubhaft starker Reproduktion die Lücke nicht ganz zu schließen vermögen.

Von der Gesamtzahl der Zuwanderer sind 40 % Berufstätige, die übrigen jedoch mitwandernde Familienmitglieder. Von den Berufstätigen ziehen 50 % zur Arbeitssuche nach Teheran und 15 %, um ihre Berufsposition zu verbessern. 10 % heiraten in die Stadt, 5 % besuchen dort höhere Schulen. Die übrigen haben andere Beweggründe zur Wanderung.

Die Zuwanderer verstärken die Altersgruppe, die sich in der reproduktiven Phase befindet. Die hohen Geburtenziffern dieser Zuwanderer und der städtischen Bevölkerung selbst führen zu der typischen nach unten sich verbreiternden Alterspyramide (Abb. 10).

[13]) Diese und die folgenden Daten berechnet aus: Statistical Yearbook, 1968, Teheran 1971, S. 23—25.

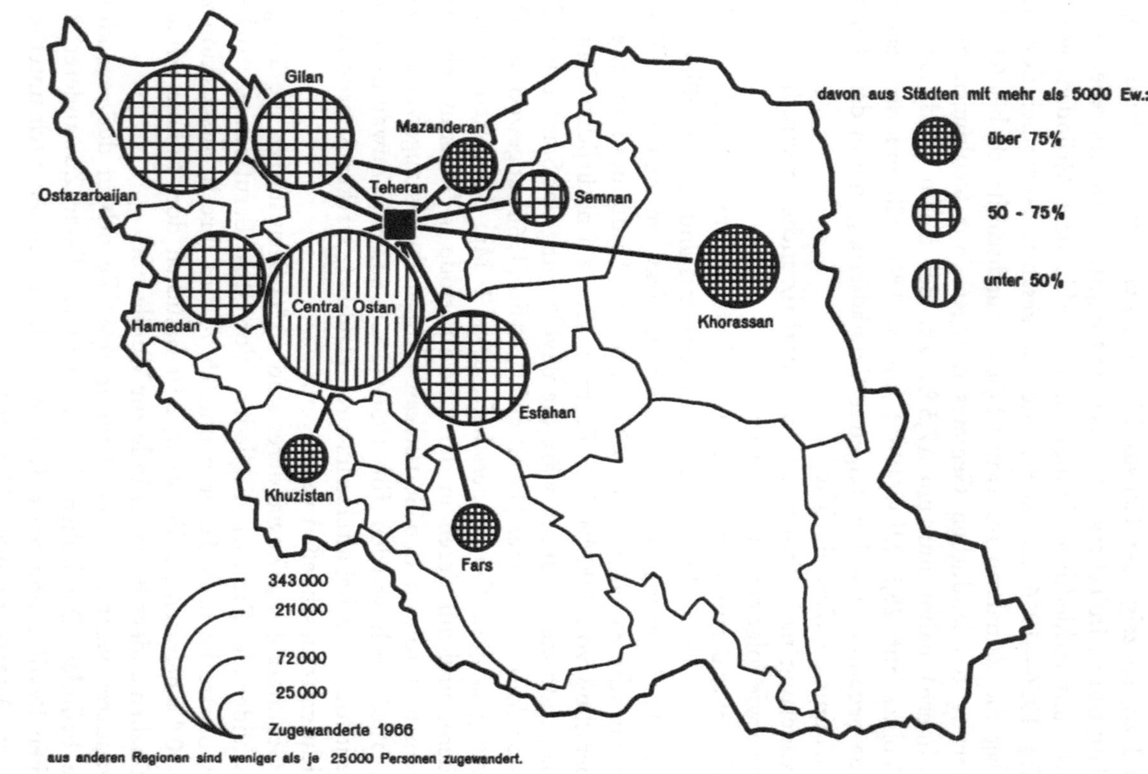

Abb. 9: Die Herkunft der Zuwanderer nach Teheran. Heimatprovinzen der nicht aus Teheran gebürtigen Einwohner der Stadt 1966

Quelle: Statistical Yearbook 1968

Die schon seit Jahrzehnten starke Zuwanderung zur Hauptstadt Teheran führt dazu, daß 1,2 Mio ihrer (1966) 2,7 Mio Einwohner nicht in der Stadt selbst geboren sind. Die Verteilung der Zuwanderer nach Altersgruppen zeigt, daß die mehr als 25 Jahre alte Bevölkerung zu 60—80 % von auswärts stammt. Die meisten Zuwanderer (vgl. Abb. 9), nämlich 343 000, stammen aus der vergleichsweise näheren Umgebung, aus der Provinz Teheran („Central Ostan"). Doch nicht weniger als 211 000 waren in Ost-Azarbaijan beheimatet, davon etwa 60 % aus städtischen Gebieten. Darin liegt wie 1947 ein großes Kontingent von Zuwanderern aus Tabriz und Ardebil verborgen. Die Herkunft der Zugewanderten im Zähljahr 1966 und ihr Anteil an der heutigen Bevölkerung ihrer Geburtsprovinzen zeigt Tabelle 2.

Tabelle 2

Zugewanderte in der Bevölkerung Teherans, Abwanderungsanteil der Provinzbevölkerung und Beteiligung städtischer Bevölkerung an der Wanderung

Herkunftsprovinzen	Zugewanderte in 1000	Anteil an Bevölkerung der Herkunftsprovinz in %	davon aus Städten[1] in %
Central Ostan	343	19,3	47
Ost-Azarbaijan	211	8,1	54
Esfahan	140	8,2	55
Gilan	123	7,0	69
Hamadan	113	12,8	58
Khorrassan	72	2,9	77
Mazandaran	38	2,1	75
Semnan	32	15,6	52
Fars	25	1,7	78
Khuzestan	25	1,6	96

(aus anderen Provinzen stammen jeweils weniger als 25 000 Personen)

[1] Städte = urban population: nach Censusdefinition aus Orten mit mehr als 5000 Einwohnern stammend.

Quelle: Statistical Yearbook 1970. NSC, Teheran.

Diese Zahlen zeigen zunächst die zu erwartende Abhängigkeit der Wanderung von der Entfernung. Überproportional in bezug auf die Distanz ist die Wanderung aus Ost-Azarbaijan, was wohl auch in der unsicheren Nachkriegssituation dieser an die gleichnamige Sowjetrepublik grenzenden Provinz begründet ist. Überproportional in bezug auf die Intensität ist der Zuzug aus der Wüstenprovinz Semnan, deren karge wirtschaftliche Möglichkeiten das Abwandern fördern. Die Wanderungsdaten zeigen ferner eine deutlich stärkere Wanderung der städtischen Bevölkerung. Der Anteil der städtischen Bevölkerung beträgt in Iran 39 %, an der Zuwanderung nach Teheran ist die städtische Bevölkerung aber mit durchschnittlich 58 % vertreten! Die Großstadtauffüllung erfolgt mehrheitlich durch Städter, ein nicht zu unterschätzender Faktor bei der Frage der möglichen Eingliederung der

Zuwanderer in das Sozial- und Wirtschaftsgefüge Teherans. Da die Abwanderer abgebenden Provinzstädte, die zugleich Zentren lokaler Zuwanderung sind, ihrerseits auch kräftig wachsen, erweisen sie sich als Zwischenstationen im vielschichtigen Prozeß der Verstädterung. Die Wanderungsbereitschaft der ländlichen Bevölkerung erweist sich als deutlich entfernungsabhängig, ihr Anteil am Zuzug aus Randprovinzen ist gering.

Der Altersaufbau selbst, der in Abb. 10 dargestellt ist, zeigt die für rasch wachsende Population typische, daher für viele Entwicklungsländer charakteristische Pyramidenform. Die jungen Jahrgänge sind wesentlich stärker vertreten als andere Altersgruppen. Bedingt durch eine große Kinderzahl vornehmlich der ärmeren Bevölkerungsgruppen sind 30 % der Bevölkerung jünger als 10 Jahre oder 50 % jünger als 20 Jahre. Das Durchschnittsalter lag 1966 bei 19,3 Jahren. Diese Pyramide, die (1966) noch keine Eindämmung der Bevölkerungsexplosion erkennen läßt, unterscheidet sich auch in anderer Hinsicht ganz deutlich vom Bild der Altersstruktur europäischer Städte, woraus die wirtschaftliche und politische Vergangenheit der letzten zwei Generationen abgelesen werden kann. Aber auch im Vergleich mit dem Altersaufbau von Teheran 1956, dessen wesentlich steilere Pyramide Ausdruck einer langsamer wachsenden Bevölkerung ist, zeigt sich die Verjüngung der Bevölkerung deutlich.

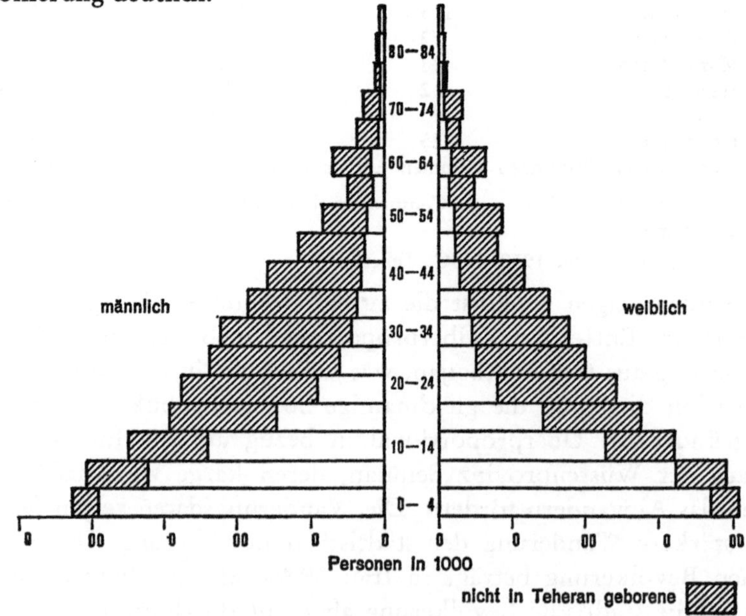

Abb. 10: Zugewanderte im Altersaufbau der Bevölkerung Teherans

Daten: Census 1966

2. BAULICHE STRUKTUR UND FLÄCHENNUTZUNG[14])

Wer sich in einer zunächst fremden und wissenschaftlich noch wenig durchforschten Stadt mit einer geographischen Analyse versucht, muß zunächst den dafür nötigen Überblick zu gewinnen trachten. Dabei stehen unterschiedliche Hilfsmittel zur Verfügung. Im vorliegenden Falle kann auf die L u f t b i l d p l ä n e 1 : 2500 sowie auf die darauf aufbauenden Pläne 1 : 10 000 verwiesen werden, die zur Einführung in die Vielfalt des Stadtkörpers gute Dienste leisten. So geben die Straßenführung, die Breite der Straßen und die Art der Verzweigung des Straßennetzes dem Literaturkundigen zusammen mit dem Bild der Hausgrundrisse, deren Stellung, Dichte und Größe, wichtige Hinweise, die Rückschlüsse auf die sozioökonomische Struktur gestatten.

Ein weiterer vorbereitender Schritt ist die Interpretation von L u f t b i l d e r n. Dafür standen Bilder aus den Jahren 1969 und 1971 zur Verfügung. Die Luftbildinterpretation läßt im Vergleich zum Luftbildplan eine Fülle weiterführender Aussagen zu und erhärtet bzw. falsifiziert die Annahmen zur sozioökonomischen Gliederung nach dem Baubestand. Sie bietet vor allem aber den unschätzbaren Vorteil, homogene Bebauungstypen in ihrer bestimmten räumlichen Erstreckung erkennbar und abgrenzbar zu machen, was bei der Kartierung im Gelände oft zeitraubend und schwer durchführbar ist. Dennoch ist die physiognomische Kartierung eine wesentliche Arbeitsmethode bei der Erfassung der baulichen Struktur. Die Kartierung, die der Luftbildinterpretation folgt, ordnet ausgegrenzte Flächen ihren aus dem Luftbild nicht immer erkennbaren Funktionen zu und korrigiert überall dort, wo durch das Fehlen eines Aufrisses die Luftbilder ihre Schwächen zeigen[15]).

Aus diesen Kartierungsarbeiten entstand die Karte „Teheran — bauliche und funktionelle Struktur", aber auch die Tabelle 3 „Entwicklungsschema

---

[14]) Vgl. auch Farbkarte im Anhang.
[15]) Bei der Kartierung wurden im Stadtgebiet von Teheran 2500 km zurückgelegt.

Tabelle 3 *Entwicklungsschema der Wohnbauten im Stadtgebiet*

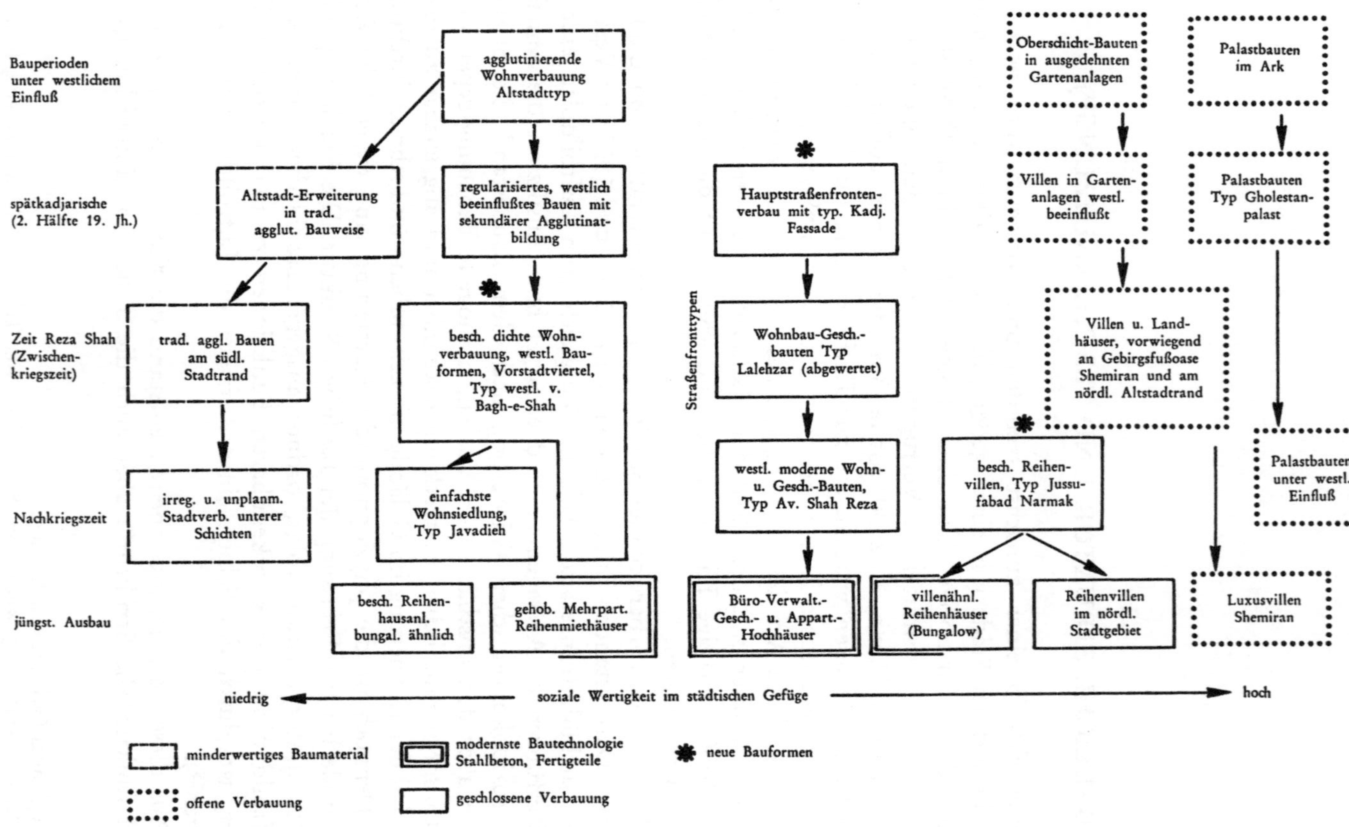

der Wohnbauten im Stadtgebiet"[16]). Dieses Schema versucht, die Bautypen verschiedener Perioden in einen genetischen Zusammenhang zu stellen[17]). Es zeigt z. B. die Übernahme westlicher Bauformen und die damit verbundene Verdrängung des traditionellen Bauens in eine periphere und untergeordnete Position sowie die Ausbreitung des heute dominanten Reihenhauses in seinen unterschiedlichen Qualitätsformen.

2. 1 Die traditionelle Bauform und ihr Verfall

Deutlich ist der älteste Teil Teherans auch baulich als solcher zu erkennen, denn in ihm hat sich die traditionelle Hausform orientalischer Städte erhalten. Im Zentrum der Altstadt, etwa in den Wohngebieten südlich des Bazars, ist der Typ der ineinandergeschachtelten und verwinkelten Wohnhäuser am klarsten zu beobachten. Nicht nur die Siedlung wuchs und verdichtete sich hier seit den Anfängen der Stadt ohne regulierendes Planen, auch die Bauten selbst werden bei Bedarf erweitert, umgebaut oder aufgestockt. Dieses allmählich sich verdichtende Wachstum führt zu Bauformen, die als „Agglutinate"[18]) bezeichnet werden. Zugleich entsteht in Einengung des verbleibenden Freiraumes eine Abfolge minimaler Zugänge zu den einzelnen Parzellen: die Sackgassen[19]). Die Abb. 49 zeigt einen Ausschnitt eines Teils aus dem südöstlichen Teil des Bazarviertels, eines der besterhaltenen Altstadtgebiete. Die unregelmäßige, oft schiefwinkelige oder hakenförmige Parzellenform der bazarnahen Grundstücke unterscheidet sich deutlich von den wesentlich jüngeren Parzellen an der südlichen Begrenzungsstraße (Khiabana Molawi).

Der G r u n d t y p des alten orientalischen Hauses ist ein einräumiger Bau mit einer Türöffnung. Das Baumaterial sind luftgetrocknete Lehmziegel, die beiderseitig mit einer im ariden Klima ziemlich langlebigen Mischung aus Lehm und zerkleinertem Stroh händisch beschichtet werden. Das Dach bilden Pappelhölzer, die von Riedmatten überdeckt sind. Darauf kommt eine ziemlich dicke und daher schwere Lehmschicht (Einsturzgefahr bei Erdbeben), die vor Erwärmung sowie vor winterlicher Kälte und vor Regen

---

[16]) Diese Einschränkung schließt Lagerhallen (von den Khanen des Bazars bis zu modernen Hallenbauten) sowie Betriebsgebäude und auch dörfische Bauten zur Vereinfachung des Schemas aus.

[17]) In Anlehnung an das Schema von E. Lichtenberger in: Bobek-Lichtenberger 1966: Wien — bauliche Gestalt und Entwicklung seit Mitte des 19. Jh., S. 216.

[18]) Diesen Begriff verwendet *E. Egli:* Sinan, Baumeister der osmanischen Zeit, Zürich 1954, und übernimmt *P. G. Ahrens,* Teheran, a. a. O., von dem auch dieses Zitat stammt.

[19]) *E. Wirth,* 1975: Die orientalische Stadt. Säculum 26/1, S. 69 ff.

schützt. Erneuerungen und Ausbesserungen sind bei dem schlechten Baumaterial des öfteren notwendig, stellen aber keine allzu schwere Aufgabe dar. Aus demselben Grund gibt es keine sehr alten Gebäude dieses Typs. Was alt ist und sich erhalten hat, ist der Typ an sich. Die Lehmbauweise wird im Stadtbereich nicht mehr durchgeführt, alle Neubauten bestehen aus gebrannten Ziegeln. Erweitert wird der ganze Bau, wenn die Haushaltsgröße dies erfordert, durch den unkomplizierten Zubau eines weiteren Raumes. Verbliebene freie Plätze werden verbaut oder die Bauten werden höher, zweigeschossig. Ursprünglich hoflos[20]), zeigen die meisten Altstadthäuser heute einen Innenhof, in dem sich oft ein Wasserbecken und Räume befinden. Zu diesem Hof hin öffnen sich die Räume des Hauses, während die Seite zur schmalen, für den Kraftfahrzeugverkehr meist nicht geeigneten Straße stets fensterlos ist. Die Dächer, die durch ihre charakteristisch unterschiedliche Höhe die Altstadt-Silhouette interessant beleben, sind über einen eigenen Stiegenaufgang begehbar. Sie dienen im Sommer als Schlafplatz und werden so in das Wohnareal miteinbezogen. Gegen die Blicke der Nachbarn schützt man sich durch mit Tüchern behängte Geländer, und so bleibt auch hier das Grundrißprinzip der Innenhofhäuser, nämlich die individuelle Abgeschiedenheit, gewahrt. Diese Individualität des Wohnens, die Variabilität der Wohnungsgrößen und die doch sehr städtisch dichte Verbauung lassen

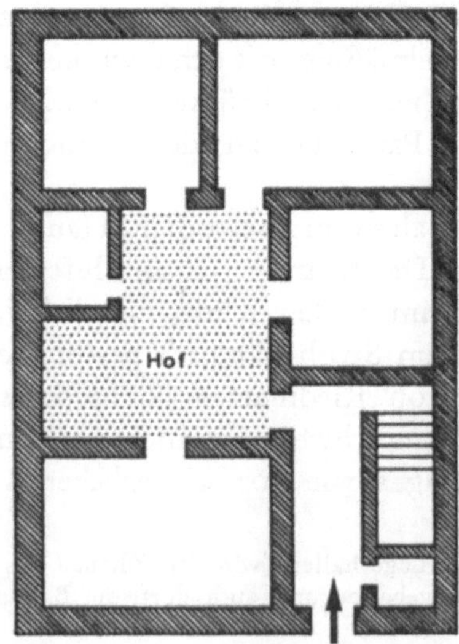

Abb. 11: Einfaches Altstadt-Wohnhaus mit Innenhof, Schema
Quelle: Les problemes sociaux . . ., IERS Teheran, 1964, S. 257

[20]) *P. G. Ahrens*, Teheran, a. a. O., S. 52.

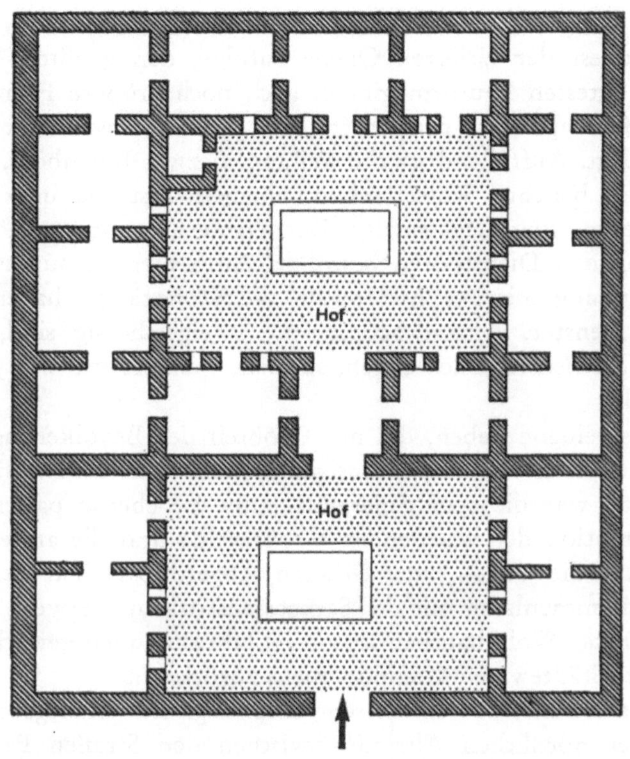

Abb. 12: Gehobenes Altstadthaus mit Innenhöfen und
Wasserbecken
Quelle: Les problemes sociaux . . ., IERS Teheran, 1964, S. 258

die traditionellen Wohnbauformen der orientalischen Stadt als eine Siedlungsweise erscheinen, die vielen Forderungen des modernen Städtebaues gerecht wird[21]. Das primäre Fehlen jeder technischen Infrastruktur (Versorgung und Entsorgung) sowie die gegenüber dem rationellen städtischen Wohnbau unökonomisch hohen Kosten der Installation dieser Einrichtungen dürfen jedoch ebenso wenig übersehen werden wie die hohe Wohndichte (bis zu 400 Ew/ha Bruttobauland bei ein- bis zweigeschossiger Verbauung).

Die Abb. 11 zeigt den Grundriß eines typischen Altstadthauses aus dem Gebiet südlich des Bazars[22]. Es ist eingeschossig und hat keine Fensteröffnungen nach außen. Auch die Wohnräume, die sich um den Innenhof gruppieren, sind fensterlos, Licht fällt durch die Türöffnungen ein. Über eine Treppe wird das flache Dach erreicht. Diese „geschlossene" Hausform

---

[21] Vgl. *R. Rainer:* Lebensgerechte Außenräume, 1972.
[22] Aus dem Serai Amin Hozu. Quelle: Les Problems Sociaux, a. a. O., S. 257.

wird auch als der patriarchalische Typ bezeichnet, der Familienvorstand bewohnt, zumindest der zitierten Quelle zufolge, den größten Wohnraum.
Neben dieser ältesten Bauform gibt es auch noch größere Formen des geschlossenen Haustyps. Das Beispiel in Abb. 12 ist aufwendiger und regelmäßiger angelegt. Auffallend ist die Teilung in zwei Innenhöfe, von denen
jeder über das beliebte Wasserbecken, ehemals Zisterne und Mittel zur
Klimaverbesserung zugleich, verfügt. Der Vorderhof mit zugehörigen Räumen wird von den Dienstboten bewohnt. Auch hier ist nur eine Tür die
einzige Verbindung mit der Außenwelt, die Wohnräume haben aber hof-
seitig bereits Fenster. Altstadtbauten, die zweigeschossig sind, haben im
Obergeschoß oft Fenster nach außen, speziell, wenn es sich um jüngere Zu-
bauten handelt.

Für das bescheidene Leben, das der Großteil der Bevölkerung im orientalischen Städtewesen vor dem intensiven Kontakt mit dem westlichen Kulturkreis führte, war die agglutinierende Bauweise ebenso passend, wie für
die soziale Situation der wachsenden Großfamilie und die ariden Klimabe-
dingungen. Auf die Vorteile der sicheren Abgeschlossenheit des Wohnens,
speziell im Zusammenhang mit der Sackgassenstruktur, verweist E. Wirth[23]
wiederholt. Dieser Wohnhausbau ist ein in Jahrtausenden gewachsener Typ,
der auf das alte Städtewesen Mesopotamiens zurückgeht.

Als Kartenausschnitt aus einem sehr ursprünglichen Stadtgebiet wird ein
Agglutinat der nördlichen Altstadt, zwischen den Straßen Pamenan und
Cyrus in Abb. 13 gezeigt. Ein weiteres gutes Beispiel der agglutinierenden
Verbauung gibt das Luftbild des Bazarviertels, in dem die dunklen, meist
baumbestandenen Innenhöfe sich klar von den sie umgebenden Dächern des
Wohngebäudes absetzen. Ein unregelmäßiges Muster dieser Höfe und damit
der Parzellen zeigt die ältesten Siedlungsteile, während eine regelmäßige
Stellung der agglutinierenden Bauten auf eine später erfolgte Besiedlung
ehemaliger Vorstadtgebiete schließen läßt. Beispiel dafür sind die Agglutinate
südlich des Bazarviertels an der Straße Kazemian-Seyyed Saqqa, die dieses
Gebiet in nordwest-südöstlicher Richtung durchzieht. Parzellierungsform
und Sackgassensystem hängen aufs engste miteinander zusammen, und so
erscheint bei regelhafter Altbebauung auch das Sackgassensystem als Struk-
turelement gleichlaufender Stichstraßen. Modellhaft klar erscheint die
zwangsläufig zunehmende Regelhaftigkeit der Bebauung im Falle der Stadterweiterung bei der Betrachtung des Luftbildes von Shahr-e-Rey. Dort ist
die landwirtschaftliche Fläche, wohl bedingt durch die Bewässerungskanäle,
wesentlich regelmäßiger gegliedert als die benachbarte Altstadt. Siedlungs-

[23] *E. Wirth*, 1975: Die orientalische Stadt, a. a. O., S. 81 ff.

Abb. 13: Altstadt-Agglutinat nördlich des Bazarviertels zwischen dem
Nord-Süd-Straßen Pamenar (ältere, schmale Durchbruchstraße) und Cyrus.
Südliche Begrenzung des Kartenausschnittes: Khiabane Bouzarjomehri.
Unregelmäßige Sackgassen und Parzellensysteme, sehr alter Siedlungsteil
Aus: Greater Teheran 1 : 2000, Block 23/E3, Wiedergabe 1 : 4000

vergrößerungen, wie etwa die unmittelbar nördlich des Stadtkernes, folgen
der ehemaligen Feldgliederung. Die ungeregelt agglutinierende Verbauung
ordnet sich einem regelhaften Schema verdrängter Nutzungsform unter.

Dort, wo parallele Straßen oder rechteckige Straßenblöcke den Beginn
einer gewissen P l a n m ä ß i g k e i t zeigen (nach Ahrens: regulierte Agglutinate), leitet die agglutinierende Bauweise zur reihenhausartigen Verbauung
über. Der Grundtyp individueller Zu- und Aufbauten bleibt jedoch, wie das
Luftbild zeigt, gewahrt. In verschiedenen Wohnvierteln ist sogar zu beobachten, daß Reihenhausparzellen mit weiterer Grundfläche von den Bewohnern
im Laufe der Jahre agglutinatartig verbaut werden[24]. Diese Beibehaltung
traditioneller Bauformen, die in einer aktiven Umgestaltung westlicher Rei-

---

[24]) Vgl. *P. G. Ahrens*, a. a. O., S. 59.

henhausformen zum Ausdruck kommt, muß als eine wesentliche Form der
vielzitierten R ü c k o r i e n t a l i s i e r u n g angesehen werden. Auch heute
entstehen Agglutinate noch dort, wo einfache und arme Bevölkerungsschichten sich ihre Unterkünfte selbst erweitern oder neu errichten: im Bereich
südlich der Altstadt sowie an den südlichen Stadträndern. Die traditionell-
städtische Bauweise findet sich in Teheran in der reinen, völlig unplanmäßigen Form im Zentrum der Altstadt. Aber auch die übrigen Bereiche des
ehemals ummauerten Stadtgebietes (mit Ausnahme des Oberschicht-Viertels
nahe dem Ark), sowie die früh entstandenen der Altstadt benachbarten Gebiete (die nördliche, eher villenartige Randlage wieder ausgenommen) sind
in agglutinierender Bauweise entstanden. Ein schönes Beispiel für diesen
urtümlichen Stadttyp stellt das alte Shahr-e-Rey (Luftbild) dar. Dieser südliche Vorort, der von dem Arbeiter-Viertel der Teheraner Stadtregion bereits erreicht ist, grenzt mit seinen Agglutinaten auch heute noch ganz unvermittelt an das Ackerland der fruchtbaren Umgebung. Nach ihrer ineinandergeschachtelten Bauweise sind auch die Dörfer am Gebirgsfuß sowie
die verstädterten, mit Teheran längst verschmolzenen Dörfer der näheren
Umgebung ebenfalls diesem Typ unregelhafter Siedlung zuzuordnen. Hier
sind Dulab, Sarasya im Osten und Mehrabad im Westen zu nennen, die als
heute ihrer ursprünglichen Funktion entfremdete Siedlungskörper slum-
ähnlichen Charakter angenommen haben. Nahe den genannten Orten sind
noch vor kurzem frei gewesene Flächen durch primitive, neue Agglutinate
unter Verwendung alter traditioneller Materialien verbaut worden. Diese
Siedlungsformen leiten räumlich wie funktionell zu den Stadtrandbehelfs-
siedlungen über, die in Teheran zwar vorhanden sind, aber einen wesentlich geringeren Raum einnehmen als analoge Siedlungen in anderen orientalischen Städten. Nur mehr in dieser Stadtrandlage entstehen heute noch
die einfachsten Bauten, die ehemals den Ausgangstyp zur agglutinierenden
Verbauung gebildet haben.

2. 2 Die westlich beeinflußte Stadtgestalt

2. 2. 1 Das Reihenhaus als prägender Bautyp

Schon bei der regularisierten Form der geschlossenen Bebauung wird eine
geradlinige Anordnung auch der traditionellen Haustypen zu beiden Seiten
der Straßen oder Sackgassen erreicht. Eine weitere Veränderung tritt mit
geregelter Parzellierung ein. Bei den im Vergleich zu den quadratähnlichen
Parzellen der Altstadt schmalen Grundstücken neueren Baulandes muß vielfach die allseitige Umbauung des Innenhofes aufgegeben werden. Die Enge

der Parzellen zwingt zur neuen Bebauungsform, die aus zwei Quertrakten
besteht — einer straßenseitig, der andere an der Rückfront der Parzelle. Dazwischen bleibt der Innenhof erhalten. So entwickelt sich das Reihenhaus
als ein neuer Bebauungstyp, der ab der Zeit Reza Shahs, d. h. ab den zwanziger Jahren entstand. Als Typ löst er die althergebrachten Formen der geschlossenen Bebauung ab. In zeitlich und räumlich verschiedenen Varianten
ist er im gesamten jüngeren Stadtgebiet zu beobachten. Dabei ändert sich
vielfach auch die soziale und besitzrechtliche Grundstruktur des herkömmlichen Wohnens, in der ein Haus in der Regel von einer Familie, der Großfamilie, u. U. mit deren Personal, bewohnt wurde. Mit dem verstärkten
Zuzug zur Stadt, mit der Existenz einer in der Stadt bislang nicht durch
Verwandte etc. verankerten Bevölkerung, wurde das Reihenhaus zum Miet-
haus.

Überall dort, wo Besitz- und Nutzungsrechte auseinanderfallen ist die
Entwicklung zur individuell gestalteten, zum Agglutinat führenden Weiter-
verbauung erschwert. Äußerst regelhaft ist die Nord-Süd-Ausrichtung der
Objekte, wobei dem Wohnobjekt südseitig eine Hof- oder Gartenfläche zugeordnet ist, zu der sich die Fenster der Wohnräume richten. Diese Parzellennutzung führt zur bevorzugten Anlage von West-Ost verlaufenden Straßen
und zu Baublöcken, die in der Nord-Süd-Erstreckung zwei Parzellen tief
sind. Damit ist jede Parzelle von der Straße her zugänglich. Der Zugang
zum Wohnhaus erfolgt bei der nördlichen Bebauungsreihe direkt, bei der
südlichen durch die Hofflächen. Die nördliche Häuserzeile wird wegen der
unmittelbar benachbarten, meist fensterlosen Mauer der südlich angrenzenden Objekte weniger geschätzt. Die Stellung des Objektes auf den Baupar-
zellen führt zu einer auffallenden Verbauungsasymmetrie, bei der die südliche
Seite von West-Ost-Straßen stets von der Baufluchtlinie weg mehrgeschossig
bebaut ist, während an der nördlichen Straßenseite nur die Ummauerung
der Hofflächen zu sehen ist, an die eine in der Regel weniger hohe Bebauung anschließt. Das gilt besonders für reine Wohngebiete in Nebengassen,
während an größeren Straßen, an Geschäfts- oder Gewerbestraßen, die
Straßenfront als hochwertigster Teil der Parzelle stets entsprechend verbaut
ist.

Die einfachsten und ältesten Reihenhäuser finden sich in den an die Altstadt westlich und östlich angrenzenden Bezirken, so an den Straßen
Navab und Sepah Gharbi westlich des Bagh-e-Shah, an den Straßen Gorgan
und Nezam Abad nordöstlich des Shahnaz-Platzes, sowie östlich der Shabaz-
Straße, die von diesem Platz südwärts führt. Die schmalbrüstigen, mehrgeschossigen Reihenmiethäuser, aus gebrannten Ziegeln errichtet, können
als Pendent zu gründerzeitlichen Arbeiterhäusern Europas gesehen werden.

Ältere Reihenhausverbauung hat sich, speziell im Nahbereich der Altstadt, nach traditioneller Bebauungsweise weiterentwickelt. Besonders bei
tieferen Parzellen ergibt sich neuerlich ein agglutinatartiger Grundriß bebauter Flächen und damit auch die Entstehung neuer Sackgassen (Abb. 14).

Abb. 14: Unterschiedliche Reihenhausverbauung im Südosten der
Stadt (Shahbaz-Straße)
Aus: Greater Teheran 1 : 2000, Block 27/A4, Wiedergabe 1 : 2500
1. agglutinierende Verbauung tiefer Parzellen ohne Planung des
   Straßennetzes (südlicher Ausschnitt)
2. ältere Reihenhäuser mit ungeregelter Weiterentwicklung, Straßenfront geschlossen gebaut (Bildmitte)
3. planmäßig-regelmäßige Klein-Reihenhäuser (nördlicher Ausschnitt)

Auch südlich des Bahnhofes entstanden Reihenhaussiedlungen für die
ärmere Bevölkerung. Aus den fünfziger Jahren stammt Jawadiyeh, zwischen
dem Bahnhof und dem Qalehmurghi-Militärflughafen. Das überaus dicht
bewohnte Viertel ist als echtes Slumgebiet zu bezeichnen.

Von diesen einfachsten Miethausformen besteht ein fließender Übergang
zu den oft primitiven und behelfsmäßigen Stadtrandbauten, die jedoch in
der Regel ebenfalls reihenhausartig ausgerichtet sind. Dennoch besteht die
Tendenz, beim allmählichen Auffüllen der Fläche, wie Abb. 15 zeigt, wieder
zur gewohnten Undurchgängigkeit des Gassennetzes zurück zu kehren.

Abb. 15: Südöstlicher Stadtrand. Dorf Dulab wird von städtischer Bebauung
erreicht
Aus: Greater Teheran 1 : 2000, Block 27/A5, Wiedergabe: 1 : 8000

Mit dem aus nördlichen Stadtteilen übernommenen, meist eingeschossigen
Reihenhaustyp wird in den Arbeiterbezirken eine neue und wesentlich bessere Bauform eingeführt. Wohntrakt und Hofform werden zwar äußerst
klein (Abb. 14). Dennoch bleiben so auch für das Gros der einfachen Bevölkerung die Vorteile des ursprünglichen orientalischen Wohnens, die Nutzung
des Hofraumes, eines Freiraumes bei gleichzeitiger Abschirmung gegen die
Nachbarschaft, gewahrt. Die jungen Arbeitersiedlungen sind an ihrem regelhaften Parzellierungsbild zu erkennen, dem neben den meist schmalen Straßen auch geplante Sackgassen angehören. Dieser Bebauungstyp ist am südöstlichen Stadtrand, etwa zu beiden Seiten der Shabaz-Straße, sowie als
Form der Überbauung abgewohnter, älterer Wohnbauten zu finden, aber
auch in Yaftabad südlich der Bahnlinie Teheran-Tabriz oder im Nohom-e-
Aban-Viertel auf dem Weg nach Shahr-e-Rey. Die Siedlungen bestehen aus
ein- bis zweigeschossigen Reihenhäusern und machen einen durchaus gepflegten Eindruck.

2. 2. 2 Die Sukzession gehobener Bebauung

Neben den Reihenhäusern der Arbeiterbezirke und der aus ihnen entstandenen Abfolge im Bautyp existiert ab den Nachkriegsjahren in Teheran
auch eine gehobene Reihenhausbebauung, Wohngebiet der neuen Mittelschicht. Diese Bauten verdichten zunächst den nördlichen Teil des zwischenkriegszeitlichen Teheran, erreichten aber im Norden bereits die Avenue
Takht-e-Jamshid, wo sie heute, noch bevor sie als Objekte abgewohnt sind,
durch Bürohochhäuser ersetzt werden. Das Eindringen der Reihenhausbebauung in die Zone der villenartig offenen Gebiete am damaligen nördlichen
Stadtrand zeigt Abb. 16, wobei ein Größenvergleich von Objekten und
Parzellen mit den vorangegangenen Abbildungen schon die sozioökonomisch
andere Stellung dieser Bauten zeigt. Auch hier wieder entstehen Sackgassen
beim Aufschließen großer Parzellen. Diese aktuelle Sackgassenbildung ist

Abb. 16: Bebauung am Stadtrand der Nachkriegszeit, nördlich der
Avenue Shah Reza

Aus: Greater Teheran 1 : 2000, Block 23/C4, Wiedergabe 1 : 2500
Ältere und offene Verbauung der Zwischenkriegszeit wird durch
Reihenhausbebauung der Fünfzigerjahre ersetzt

bei planmäßiger Aufschließung weniger aktives Fortführen alter Tradition, sondern eher eine Maßnahme zur Unterbindung des Durchzugsverkehrs in neuen Wohngebieten.

Diese vor 1960 in geschlossener Bauweise errichteten mehrgeschossigen Wohnhäuser stellten das erste ausgedehnte westlich-europäische Wohnviertel für den modernen Teherani dar. Sie sind mittlerweile veraltet und in ihrer sozialen Wertigkeit nun in dem Maße abgesunken, als modernere Wohnviertel entstanden. Der auch westliche Ansprüche befriedigende Miethaus- oder Eigentumswohnungsbau füllt die zentral gelegenen Gebiete des nördlichen Stadtteiles, also die Zone nördlich der großen West-Ost-Straße Eisenhower-Shah Reza. Hier sind besonders das Viertel um die Straßen Taj, Jamshidabad und Amirabad im Westen, anschließend der Bereich zu beiden Seiten des Boulevard Elizabeth sowie die zentrale Zone zwischen Shah Reza Avenue und der nördlichen Parallelstraße Takht-e-Tavus zu nennen. Diese neuen Wohnviertel liegen meist außerhalb der Villenzone nachkriegszeitlicher Verbauung, was besonders im Viertel um die Universität deutlich wird. Waren die Ziegelbauten der fünfziger Jahre noch recht bescheiden und in der Fassadengliederung antiquiert, so spiegeln die hellen Fassaden der jungen großstädtischen Bauformen den derzeit weltweit gültigen Standard an Bautechnologie und Stilempfinden wider. Sie könnten ebensogut in irgendeiner europäischen oder amerikanischen Stadt stehen.

Diese Bebauung ist ferner durch die weiter oben angeführte Asymmetrie im Höhenprofil sowie durch extreme Regelhaftigkeit im Straßen- und Parzellennetz gekennzeichnet (Abb. 17). Sackgassen sind hier funktionell unnötig und nicht vorhanden.

Das Beispiel von Abb. 17 erinnert an die gleichmäßigen Teilungen in europäischen Cottage-Vierteln, mit deren kapitalträchtiger Entwicklung sich auch das nördliche Teheran durchaus vergleichen kann. Vom Typ des gehobenen Reihenhauses führt eine aufsteigende Linie zu den Reihenvillen am nördlichen Stadtrand, wo luxuriöse Etagenwohnungen in Reihenbebauung seit den letzten Jahren entstehen. Hier zwang der enorme Preisanstieg der Grundstücke von der ursprünglichen offenen Verbauung abzugehen.

Die Villenviertel finden sich in Abbas Abad, an der Khiabane Bucarest, auf dem Weg nach Shemiran sowie in den Neubaugebieten von Shemiran selbst. Überall dort, wo die qualitativ unterschiedlichen Reihenvillen nicht auf vorher wüstenhaftem Boden entstanden sind, sind sie mehr oder weniger mit anderen Bautypen gemischt. So stehen sie im Nordosten Teherans in Rostemabad und Ekhtyarieh, neben dörfischen Bauten und deren jüngeren verstädterten Erweiterungen, zwischen Feldflächen und ummauerten Gärten.

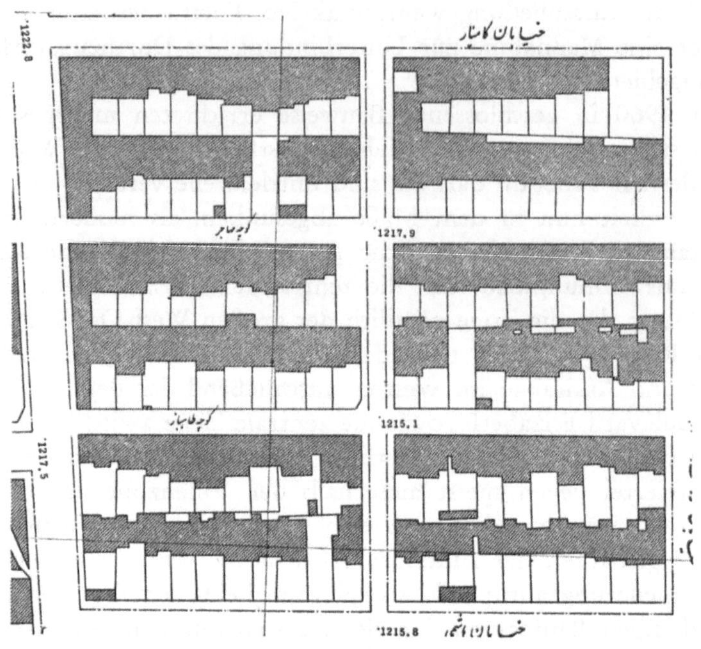

Abb. 17: Gehobene Reihenhausverbauung und gleichförmig-plan-
mäßige Parzellierung im nördlichen Stadtteil (nördlich der Avenue
Takht-e-Jamshid)
Aus: Greater Teheran 1 : 2000, Block 23/B3, Wiedergabe 1 : 2500

In den weiten Oasen von Shemiran mischen sich die neuen Villen mit den
alten Oberschichtenbauten, die aus der Vorkriegszeit, ja sogar aus der kadjarischen Zeit stammen. Diese alten Landsitze inmitten schattiger Gartenanlagen stellen den einzigen Typ freistehender Wohnbauten dar. Abb. 18
zeigt solche alte Villen, ehemals für den Sommeraufenthalt vornehmer Teheraner Familien gebaut, am Rand des Hauptdorfes Tajrish in der Gebirgsfußoase Shemiran. Sie stehen in den ehemaligen Gärten des Dorfes und sind
Elemente alter Verstädterung. Werden die vielfach abgewohnten Landhäuser
durch Neubauten ersetzt, so erfolgt damit auch eine wesentlich intensivere
Nutzung der Parzelle. Aber selbstverständlich entstehen auch heute noch
freistehende Großvillen, ist doch in Teheran die finanzkräftigste Oberschicht
des Landes konzentriert. Als Beispiel für eine solche Verbauung zeigt Abb. 19
einen Ausschnitt aus dem westlichen Shemiran. Hier, bereits außerhalb der
alten bewässerbaren Oase, liegt an einer Linie, die durch die Dörfer Evin-
Velenjak-Darband gegeben ist, die nördlichste Wachstumsspitze der Villenviertel Teherans.

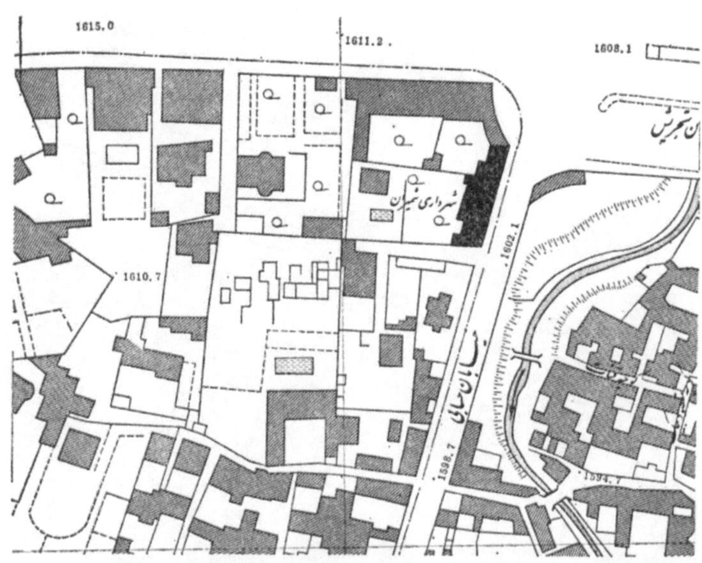

Abb. 18: Villen und Landhäuser am Rand des Dorfes Tajrish in
Shemiran
Aus: Greater Teheran 1 : 2000, Block 12/C3, Wiedergabe 1 : 2500

Auch das kadjarische Teheran kannte in dem Viertel um den Ark gehobene Einzelhäuser, von gepflegten Grünflächen umgebene Villen. Diese
Verbauung setzte sich auch unter Shah Reza nordwärts verschoben fort. Sie
nimmt die Flächen um die Straßen Pasteur und Hedayat, generell einen
Halbkreis zwischen Bagh-e-Shah und Meidan Baharestan, ein. Heute sind
solche alte Villen nur mehr selten zu finden, die meisten sind bereits dichterer Baunutzung gewichen.

Die ältesten noch erhaltenen Villen liegen nahe dem nördlichen Stadtrand,
der agglutinierenden Altstadtbebauung benachbart und von jüngerer dichten
Bebauung mittlerweile umgeben. Abb. 20 zeigt die Reste der offenen Bauweise außerhalb der ehemaligen Stadtmauern (Amir-Kabir-Straße), deren
Parzellen hauptstraßenseitig mittlerweile nutzbringend verbaut wurden. Daß
sich alte Villenparzellen, wohl dank der Stellung ihrer Besitzer, gegen geplante Straßendurchbrüche behaupten konnten, zeigt in Abb. 20 die breite,
aber kurze ostseitige Verlängerung der Amir-Kabir-Straße, die vor dem
Gebiet offener Verbauung halt macht.

Jüngere, d. h. zwischenkriegszeitliche Villen in vergleichsweise geringer
Entfernung zum Zentrum finden sich im vornehmen Nordwesten des damaligen Stadtgebietes, so z. B. (Abb. 21) an der Pahlavi-Avenue zwischen Shah-,
Shah Reza und Takht-e-Jamshid-Avenue. In diesem Streifen, den die Nord-

43

Abb. 19:   Villenviertel in West-Shemiran
Aus: Greater Teheran 1 : 2000, Block 12/C3, Wiedergabe 1 : 2500

Süd-verlaufenden Straßen Pahlavi, Saba und Khakh bilden, ist die nordwärts zunehmende Verjüngung des Baubestandes durch die einfacheren Grundrisse der offenen Verbauung zu sehen. Auch das Straßennetz, das im Süden noch Sackgassen aufweist, wird weiter nördlich geometrischnüchtern, westlicher Parzellierung angeglichen.

Die gehobene Bebauung der Nachkriegszeit verfügt, wie gezeigt, über eine Bautypenabfolge, die von dichter und mehrgeschossiger Reihenhausbebauung bis zu den aufwendigen Villen am Gebirgsfuß bei Shemiran reicht. Diese Gliederung wäre unvollständig, blieben die ausgedehnten Einfamilienhausviertel der neuen Mittelschicht unberücksichtigt. Im nördlichen Teil der deutlich zweigeteilten Stadt gelegen, ordnen sie sich lateral an die mediane Zone hoher Bodenpreise an. So finden sich diese Vororte-Siedlungen am westlichen und östlichen Stadtrand. Von der Bausubstanz und der Parzellengliederung her stellen sie billigere und kleinere Varianten der Reihenvillen dar und stehen so zwischen diesen und den neueren Arbeiter-Reihensiedlungen des südlichen Stadtteils. Auch sie sind reihenhausartig aneinander-

44

Abb. 20: Bebauungstypen am nordwestlichen Altstadtrand. Altstadt-agglutinate, geschlossene Bebauung der Stadtrand-Nachfolge-Straße mit gewerblich genützten Innenhof-Bauten. Agglutinate des alten Vorstadt-viertels, regelhafte Strukturen vorwiegend außerhalb der Mauern. Ende der geplanten Durchbruchstraße vor Villengrundstücken.

Aus: Greater Teheran 1 : 2000, Block 23/E4, Wiedergabe 1 : 4000

gestellte Objekte, die in ihrer eingeschossigen und Flachdach-Bauweise an Bungalows, Stadtrandbautypen westlicher Städte, erinnern.

Wohnviertel dieser Art bilden eine Kette nordwestlicher Vorstadt-Siedlungen, die von Shahr Ara über Teheran Villa und Aria Shahr bis nach Shahr-e-Ziba, nördlich des Flughafens Mehrabad gelegen, reichen. Am östlichen Stadtrand sind diesem Typ die Viertel zu beiden Seiten der äußeren Farahabad-Straße sowie der neue Stadtteil Teheran-Pars nördlich der Mazandaran-Straße zuzuordnen.

Vorläufer der jüngsten Einfamilien-Reihenhaus-Siedlungen für die neue Beamtenschicht sind Anlagen der fünfziger Jahre in Yussufabad oder die etwas später entstandenen Bauten in Narmak, einem nordöstlichen Vorort der bescheidenen Mittelschicht.

Abb. 21: Villenverbauung an der Pahlavi-Avenue, gehobenes Wohngebiet seit den
Dreißigerjahren. Übergang von älterer Villenverbauung mit schmalen Sackgassen
zu sackgassenfreien, entsprechend schmalen Gassenblöcken

Aus: Greater Teheran 1 : 2000, Block 23/C2, Wiedergabe 1 : 4000

2. 2. 3 Die überhöhte Straßenfront- und Wohnhausbebauung

Schon in der traditionellen orientalischen Stadt war der Bazar als das
Wirtschaftszentrum zugleich der Ort maximaler Bodenpreise und mit Ausnahme sakraler Objekte der Bereich der aufwendigsten und höchsten Bauten. Wie die Untersuchungen über die Bodenpreise Teherans zeigen, ist auch

in der Stadt von heute der Preis an den Straßenfronten wesentlich höher als im Inneren der Baublöcke[25]), wobei die maximalen Differenzen zwischen den beiden Preisen zugleich das Citygebiet kennzeichnen. Im Gegensatz zu europäischen Städten, deren Bauhöhen durch entsprechende Gesetze begrenzt sind — was zu einer gleichmäßig hohen Überbauung führt —, spiegelt sich der Bodenwertunterschied in Teheran in einer ungleich hohen Bebauung wider: die Hauptstraßen, speziell die Hauptgeschäftsstraßen, sind durchwegs höher bebaut als das dahinter liegende Wohngebiet. Begünstigt wird diese Entwicklung durch die Neuorientierung des Bodenwertgefüges bei der Schaffung von neuen Durchbruchsstraßen oder bei einer Verbreiterung schon bestehender Straßenzüge, die eine Neubebauung zu beiden Seiten zur Folge hat. Doch auch schon die älteste und aus der Zeit der Kadjaren stammende Geschäftsstraße außerhalb des Bazars, die Straße Nasser Khosrow, die vom Bazar nordwärts führt, ist durch überhöhte Straßenfrontbebauung gekennzeichnet. Ähnlich der Situation im Bazar sind hier alte Ladenkomplexe zur Straße hin orientiert, doch verraten zwei- bis dreigeschossige vornehme Wohnbauten, heute schon längst zu Geschäftsfunktionen gewandelt, daß die Straße ursprünglich nicht ausgesprochene Geschäftsstraße war. Diese Wohnbauten öffnen sich — ganz im Gegensatz zum traditionellen, nach außen abgeschlossenen Altstadthaus — mit Fenstern und Balkonen zur Straßenfront. Das ist eines der westlichen Elemente im kadjarischen Baustil, in dem orientalische und viktorianisch-europäische Merkmale zu einer neuen Ausdrucksform zusammenflossen.

Große, vielfach geteilte und verzierte Fenster, Balkone, hohe Räume und Blendfassaden sowie Halbsäulen, Pilaster und Friese gliedern die Fassaden, hinter denen flach geneigte Blechdächer liegen. Im späteren Verlauf dieses kadjarischen Stadtwachstums wurden immer mehr importierte europäisch-gründerzeitliche Merkmale übernommen und nachempfunden. Auch die Geschäftsstraßen der Zeit Reza Shahs unterscheiden sich von der übrigen Bebauung dieser Periode, jedoch weniger durch die Bauhöhe als durch die Geschlossenheit der Bebauung, wie sie in der Lalehzar-Straße nördlich des Sepah-Platzes am deutlichsten zum Ausdruck kommt. An der Shah Reza-Straße dagegen treten uns erstmals Gebäude mit bis zu sechs Geschossen, aus den fünfziger Jahren stammend, entgegen. Seit dem Import von Stahlträgern für Bauzwecke sind die Gebäudehöhen von der Bautechnik her nicht mehr begrenzt, die Überhöhung der Hauptstraßenfronten wird damit noch deutlicher. Die geschlossene Bebauung aber wird durch das Nord-

---

[25]) *P. Vieille:* Marché des terrains et société urbaine. Recherche sur la ville de Teheran. Anthropos, Paris 1970, S. 97 ff.

wärtswandern des Cityrandes weder in der Shah Reza-Straße noch an der
nördlich davon gelegenen Takht-e-Jamshid-Straße erreicht. Hier allerdings
entstehen Gebäude mit großstädtischer Stockwerkzahl, wodurch die Haupt-
straßenbebauung eine regelmäßige Zunahme der Bauhöhe vom Bazar bis
zu den jüngsten Cityausläufern erhält.

Seit einigen Jahren ist jedoch zu beobachten, daß das moderne Bauen auch
die älteren Stadtteile erfaßt. Im Gegensatz zu vorangegangenen Ausbrei-
tungsphasen, die sich immer weiter vom Zentrum der ersten westlichen City
(Bereich der Straßen Lalehzar und Shah) entfernt hatten, beginnt nun eine
Überbauung in diesem Gebiet, die die Zone zwischen den staatlichen Verwaltungszentren nahe dem Bazar und den wirtschaftlich zentralen Funktionen im Norden der City aufwertet.

Neben diesen modernen Stahlbetonbauten hat auch der Wohnhausbau
sich erstmals der neuen Technologie bedient, obwohl er gewiß nicht unter
denselben Zwängen des Standortwertes wie die Bürobauten steht. So sind
am Boulevard Elizabeth und nahe der Avenue Karim Khan Zand (Behjat-
abad Building) Appartmentbauten entstanden, die als Kopien des Bauver-
haltens westlicher Großstädte die weiteste Abkehr vom klimabedingten
Bauen, welches noch in alten Reihenhäusern mit ihren Höfen und Wasserbecken weiterverfolgt wurde, darstellen. Gleiches gilt für das ASP-Building
nördlich von Yussufabad und das Puma-Building in Shemiran, neue „land-
marks" in Teherans Stadtlandschaft.

Daneben existieren in Teheran auch einige größere, einheitlich gestaltete
Stadtrand-Wohnsiedlungen. Sie sind Wohnviertel für Familien von Angehörigen des Militärs, wie etwa das Lavizan Officers Quarter oder die Army
Area in Farahabad. In der Nähe des Flughafens liegt eine Wohnsiedlung
für Zollbeamte, die größte Stadtrandsiedlung aber ist Shahr-e-Ziba im
Nordwesten Teherans. Die Zukunft wird zeigen, ob sie den Anfang zur
Entwicklung von Satellitenstädten darstellen, wie dies die Planung wünscht,
oder ob sich der aus gemäßigten Klimaten übernommene Wohnblock unter
der enormen Wärmestrahlung doch nicht bewährt.

2. 3 Flächennutzung im Umland der Stadt

Bereits die unmittelbare Umgebung der Agglomeration Teheran ist, den
ariden Klimaverhältnissen entsprechend, eine kahle Halbwüste. Nur dort,
wo genügend fließendes Wasser zur Verfügung ist, kann sich eine auch während der sommerlichen Trockenzeit grüne Vegetation erhalten. Das ist dort
der Fall, wo die engen Täler der Točal-Kette, die Teheran nördlich begrenzt,

sich öffnen und damit die Bildung einer Reihe von Hangfußoasen ermöglichen. Während die Oase von Shemiran schon der Agglomeration von Teheran angehört, sind ähnliche Naturräume westlich und östlich davon von der städtischen Verbauung noch nicht erreicht. Das Wasser des Baches wird zur Bewässerung von Obstgärten und Feldanlagen verwendet. Das fruchtbare, mit Wasser versorgte und bewaldete Land rund um die kleinen Gebirgsdörfer war Ansatzpunkt städtischer Überformung, die von hier, stets abhängig von der Existenz von Wasserleitungen, in benachbartes wüstenhaftes Gelände vordringen konnte. Der Bebauung selbst geht eine ungeheure Baulandspekulation voran, besonders das wellige Gelände des Ödlandes speziell im Nordwesten von Teheran läßt auf dem Luftbild bereits Straßen- und Parzellengrenzen erkennen. Hier sind größere Teile der Wüste bereits in bebaubare Grundstücke geteilt, die Parzellen zur Sicherung des Rechtsanspruches mit einer Mauer umgeben. Einige Parzellen sind mit Bäumen bepflanzt, denn Grundstücke, die „Grünland" sind, fallen in eine niedrigere Steuerklasse. Alle randlichen Flächen dürfen zur Zeit nicht bebaut werden, weil die Stadtverwaltung mit ihren Infrastrukturleistungen den Bebauungswünschen nicht folgen kann. Doch ist es nur eine Frage der Geschwindigkeit der weiteren Stadtentwicklung, bis auch diese ehemals wertlosen Wüstenböden in Bauland umgewidmet werden. Am nördlichen Stadtrand, dort, wo sich in Abbas Abad zwischen den beiden nach Shemiran führenden Straßen noch ein Stück unverbauten Landes erhalten hat, ist zur Zeit das Wachstum der Stadt in ihre wüstenhafte Umgebung besonders gut zu beobachten. Derselbe Prozeß vollzieht sich auch im Norden von Shemiran, wo auf schon parzelliertem Ödland das Oberschichtviertel gegen den Gebirgsrand, zu den Dörfern Evin, Velenjak und Hesarak wächst.

Während es dort aufwendige Villen sind, ist die Verflechtung zwischen Stadt und Umland im südlichen Randbereich wesentlich trister. Hier sind es einfachste reihenhausartige Bauten in traditioneller billiger Bauweise, die sich in das Industriegelände zwischen den Straßen nach Ghazvin und Saveh mischen. Daneben findet man verschiedenartige Notunterkünfte, etwa primitive Landarbeiterwohnungen in den für den südlichen Iran so typischen Lehmkuppel-Bauten, oder aufgelassene Ziegelei-Gebäude, in denen sich (z. B. an der Straße nach Shahr-e-Rey) die wahrscheinlich ärmste Bevölkerung Teherans befindet. Das Ziegeleigelände prägt das Weichbild der Stadt. Die bis zu 10 m mächtige Tegelschicht wird zu beiden Seiten der nach Saveh und Shahr-e-Rey führenden Straßen abgebaut, wobei Abbau und Ziegelproduktion langsam südwärts wandern. Die nicht mehr aktiven Ziegelgruben wurden, wie erwähnt, Aufenthalt der untersten sozialen Schichten der Stadt. Schließlich folgt eine neue Überbauung der ausgebauten Ziegelgruben durch städtische Bauelemente. So entstanden bereits Industrieanlagen und Lagerplätze, einfache Reihenhäuser und ein kalorisches Kraftwerk (Farahabad, östlich des Bahnhofgeländes) auf der Sohle alter Ziegelgruben. Gerade für dieses Gebiet hat der (vielleicht etwas theoretische) Master-Plan für Teheran ehrgeizige Ausbaupläne.

Eine weitere Stadtranderscheinung, besonders im Osten der Stadt, ist die Verbauung der Trockenbette der hier auch bei den seltenen Hochwässern versickernden Flüsse. Dieses nicht nutzbare Niemandsland wurde von mittellosen Zuwanderern, die hier ihre mehr als bescheidenen Unterkünfte errichteten, in Besitz genommen.

In jüngster Zeit wurden die kahlen Hügel an einigen Orten, und zwar nördlich der Industriezone sowie im Nordosten der Stadt, aufgeforstet. Hangparallele Furchen sollen den Abfluß des spärlichen Regenwassers verlangsamen. Im Sommer müssen die jungen Kiefernwälder allerdings kräftig bewässert werden. Gegenwärtig sind die Jungpflanzen der frühesten Aufforstung (nahe dem Flughafen Mehrabad) bereits zu übermannshohen Wäldern herangewachsen. Die Ödlandzone besteht aus Schuttmaterial, welches den Gebirgsfuß bis in eine Höhe von 1700 m bedeckt. Das Gelände fällt nach Süden ab, wobei die Neigung mit zunehmender Entfernung vom Gebirge geringer wird. Südlich des Bahnhofes, in einer Höhe von weniger als 1100 m geht diese sehr schräge Ebene in das Flachland über. Die periodischen Hochwasser der Gebirgsbäche haben die Schuttfächer gegliedert, bisweilen entstanden tiefe, grabenartige Trockenbette. Die wachsende Stadt nutzt diese siedlungsfreien Bachbettstreifen nun teilweise als Straßenflächen, Autobahnen in Abbas Abad, besonders tiefe Gräben stellen aber (z. B. östlich von Yussufabad) eine echte Grenze organischen Wachstums dar. Der wüstenhafte Charakter der Umgebung Teherans ändert sich dort schlagartig, wo die Qanate, die unterirdischen Bewässerungskanäle, die Oberfläche erreichen. Sie führen von den Schuttfächern am Gebirgsrand, wo sie in großer Tiefe den Grundwasserstrom anzapfen, flach geneigt gegen das Beckeninnere, sodaß sie in gewisser Entfernung vom Gebirge zutage treten und dort zur Feldbewässerung verwendet werden können. Bei Teheran liegt das auf diese Weise nutzbare Ackerland südlich einer West-Ost-Linie, die etwa in der Höhe des Bahnhofes verläuft. Vorwiegend wird Getreide gebaut, vielfach aber auch verschiedenes Gemüse. Speziell in der Nähe der Dörfer und um Shar-e-Rey gibt es intensiven Feldbau. Es ist überaus auffallend, wie sehr beispielsweise südlich von Rey diese fruchtbaren und gut bewässerten Felder jede größere Siedlungsausweitung hintanhalten konnten. Im Vergleich zu einem humiden Klimagebiet ist der Bodenwert des nur spärlich vorhandenen Bewässerungslandes hier eben ungleich höher.

2. 4 Wachstumsphasen und Schema der Stadtentwicklung

Die obigen Ausführungen verstehen sich zugleich als Erläuterung zur
Karte „Teheran — bauliche und funktionelle Struktur". Diese stellt primär
den derzeitigen Entwicklungsstand der Stadt dar, wenngleich auch die zeitliche Stufung der abgebildeten Bebauungstypen den Prozeß der Stadtver-
größerung klar erkennen läßt.

Um die für weitere Stadtforschungsansätze wesentliche Dynamik des
Wachstums von Teheran gesondert hervorzuheben, wurden die wichtigsten
Entwicklungsphasen gesondert und schematisch generalisiert dargestellt
(Abb. 22 a—c).

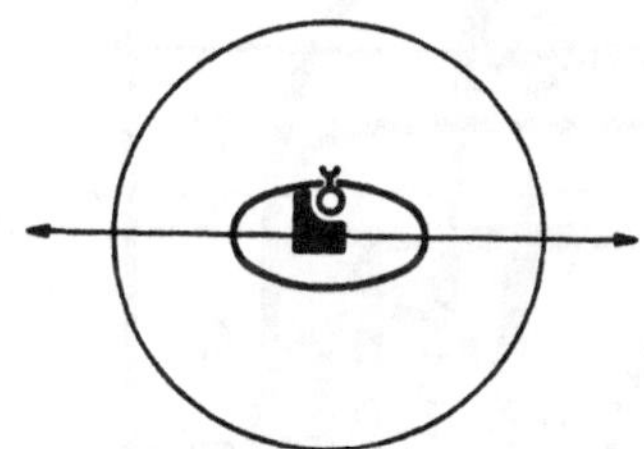

Abb. 22a: Schema einer frühen Landstadt-Phase: Siedlung
an einer Fernverkehrsstraße, zentraler Stadtbereich mit
Bazargassen und Moschee

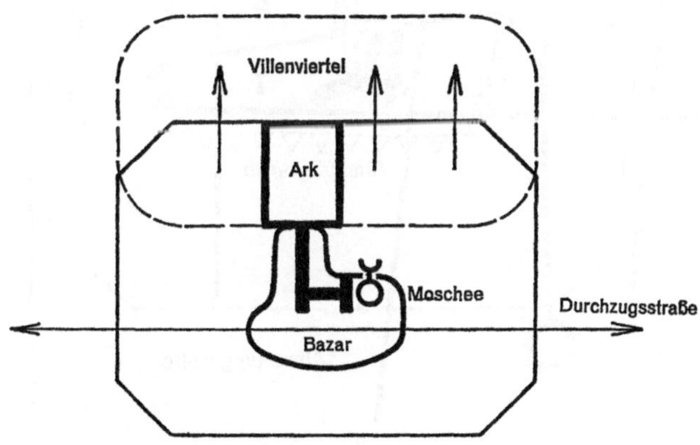

Abb. 22b: Teheran — Residenzstadt: Palast- und
Regierungsviertels bestimmt das Zentrum der Stadt;
„Nobelviertel" dehnt sich gebirgswärts aus

Der Aufbau der ursprünglich unbefestigten und eher unbedeutenden
Stadt (Abb. 22 a) wird als dem normalen Siedlungsschema entsprechend an-

gesehen, die Mitte der Stadt ist durch Moschee und zentralen Bazar gekennzeichnet. Diese wird von der weiteren Handels- und Gewerbezone des
Bazars umgeben, wobei die stärkere West-Ost-Erstreckung sich aus der
ebenso verlaufenden wichtigsten Fernverbindung ergibt.

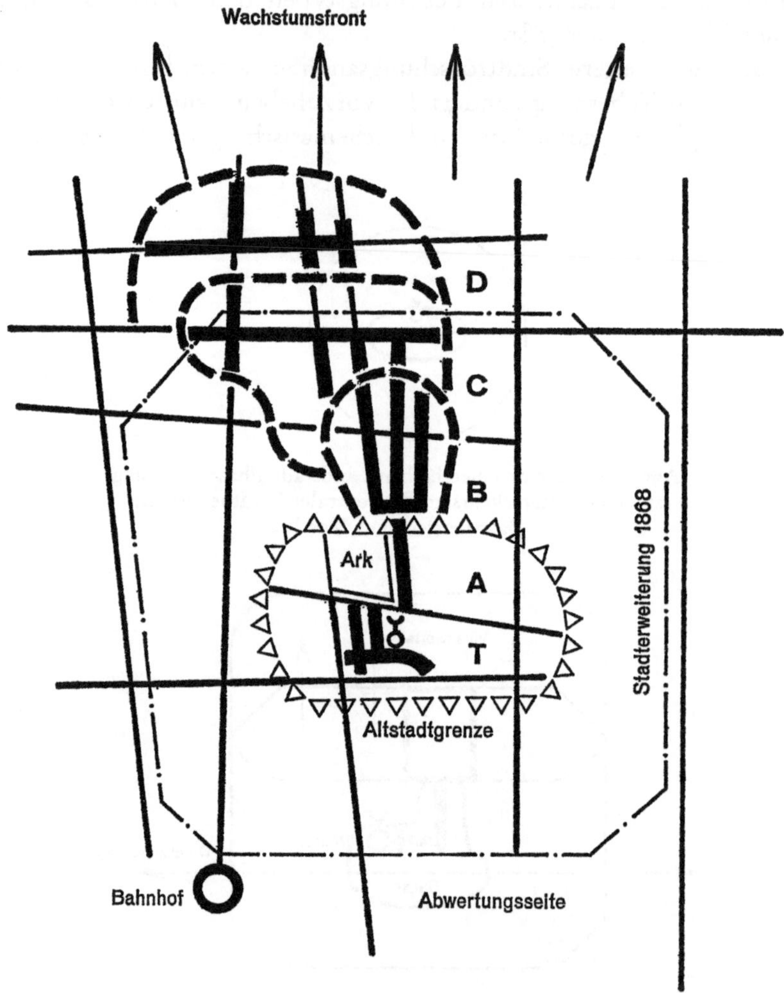

Abb. 22c: Teheran: Phasen der Entwicklung

A Kadjarische Geschäftsstraße
B erstes westliches Zentrum unter Reza Shah
C die City der fünfziger Jahre
D rezente Cityausweitung
T traditionelles Zentrum: Bazar und Altstadt

Eine grundlegende Veränderung erbrachte die Errichtung von S t a d t - m a u e r und A r k (Shah Tahmasp 1553), die jedoch erst mit der Hauptstadt- funktion während der kadjarischen Herrschaft zum Tragen kam (ab 1786). Mittelpunkt der Stadt war nicht mehr die Hauptmoschee allein, das Burg- und Palastviertel bildete einen zweiten Pol besonderer innerstädtischer Zen- tralität (Abb. 22 b). In diesem Spannungsfeld zwischen geistlicher und welt- licher Macht entwickelte sich der Bazar weiter, indem südlich des Ark jün- gere, planmäßige Anlagen entstanden. Die Lage des Palastviertels bestimmte, von den klimaökologischen Kriterien unterstützt, die soziale Differenzierung und die Entwicklung eines nördlich über die Altstadtgrenze wachsenden Villenviertels, während die anderen Vorstadtbildungen eher bescheiden blie- ben. Die Richtung bevorzugter Siedlungsentwicklung ist durch Pfeile an- gedeutet.

Einen weiteren und zugleich den für die heutige Struktur maßgebenden Wandel brachte die schrittweise V e r w e s t l i c h u n g, die zu einem Nebeneinander von traditioneller und moderner Stadt führte. Begann diese Entwicklung bereits zu Ende des 19. Jh. mit der ersten Straße nach westlich-städtischem Vorbild nördlich des Bazars (Nasser Khosrow-Straße, Abb. 22 c), so wirkt sie sich doch erst mit der Ära Reza Shahs verstärkt im Gefüge der Stadt aus. Im Citybereich sind deutlich drei Ausbauphasen der Annäherung an westliche Stadtstrukturen zu unterscheiden, die von- einander abgesetzt und jeweils nordwärts verschoben sind. Es handelt sich um die City der Zwischenkriegszeit, den durch Nachkriegsimpulse ge- prägten Ausbau der fünfziger Jahre und die jüngsten Cityerweiterungen, die die Wirtschaftszentren des sich industrialisierenden Landes beherbergen. Ein grobes Straßennetz zeigt die Affinität zu älteren Stadtgrenzen, auf die isolierte Lage des die Stadtstruktur nicht beeinflussenden Bahnhofes sei verwiesen.

Diesen Stadtentwicklungsphasen entspricht auch ein spezifisches H ö h e n - p r o f i l (Abb. 23). Ausgehend von einer niedrigen, nur im Bazargebiet zweigeschossigen Altbebauung und ihren nördlichen Ausläufern (Garten- und Villenviertel), kommt es mit den Phasen westlich beeinflußter Stadt- erweiterung zu einer stufenweisen Erhöhung der Bebauung. Dabei schließt die neue Entwicklung stets an markanten Stellen an die ältere Bausubstanz an (am Altstadtrand, an der Shah Reza-Avenue) und überführt Ansätze älterer Besiedlung, die daher nur mehr in Resten vorhanden sind.

Das Bauhöhenprofil nimmt so von der Altstadt zu den jungen Ge- schäftsstraßen hin zu, um von dort gegen die Vorstädte abzufallen. Die jüngere Entwicklung überlagert dabei das Wachstum der Vorkriegszeit. Nur die hohen Verwaltungsbauten, die Ministerien im ehemaligen Palast-

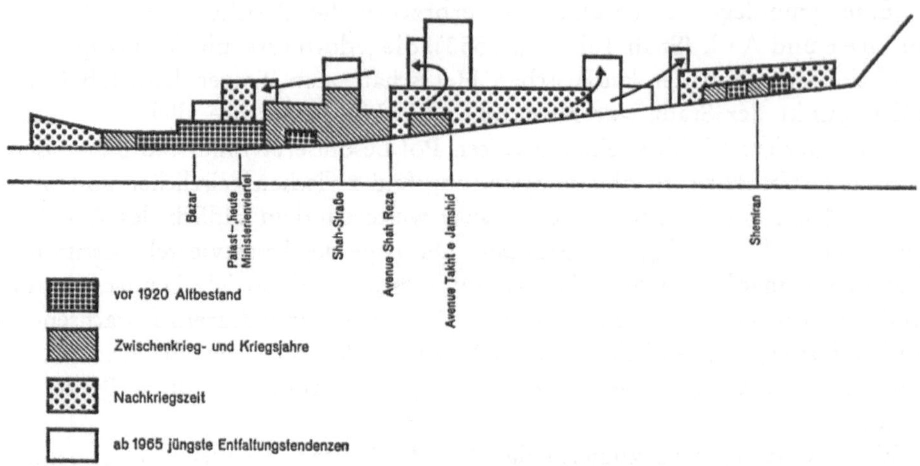

Abb. 23: Höhenprofil im N-S-Schnitt und Stadtentwicklungsphasen

viertel, fügen sich nicht in dieses Schema. Doch auch die jüngste Bebauung weicht von der bisherigen Entwicklung ab. Denn neben maximaler Bauhöhe an den jungen Cityrand-Straßen (Avenue Tahkt-e-Jamshid) kommt es zu einer vorerst partiellen sekundären Überbauung älterer Citystandorte und damit erstmals zum Abgehen vom Prinzip wachsender Bauhöhen mit zunehmender Entfernung vom alten Zentrum. Diese neue Überhöhung älterer Stadtteile setzt sich südwärts bis in den Bazar fort, wo Großhandelsbauten oder Banken das überkommene Höhenprofil verändern. Am nördlichen Stadtrand dagegen deuten extrem hohe Einzelobjekte die Tendenz zur Auflösung des flächigen und im Durchschnitt gleich hohen Wachstums an.

Ein Strukturschema der Stadt (Abb. 24) soll die räumlichen und funktionellen Leitelemente, die aus den Kartierungen gewonnen werden, zusammengefaßt wiedergeben. Es zeigt die generalisierten Hauptstraßenzüge, den Rand gegenwärtiger Verbauung und Abgrenzungen zwischen sozioökonomisch unterschiedlich zu bewertenden Bebauungstypen. Der Grundriß der Agglomeration Teherans zeigt die multiradiale Stadtentwicklung, die die frühere Nord-Süd-Erstreckung erweitert hat. Speziell die Siedlungsbänder der Mittelschicht-Vororte (Shahr-e-Ziba, Narmak-Teheran Pars) sowie die weite Industriezone in Richtung Karadj, nach Westen, sind hier zu nennen. Doch auch die südlichen Ausfallsstraßen sind, wenn auch bescheidener, durch entsprechende Bebauung zu erkennen. Diesen Siedlungsbändern folgt die geschlossen bebaute Stadtfläche durch Auffüllen der interradialen Räume, speziell im nördlichen Stadtteil. Nach wie

54

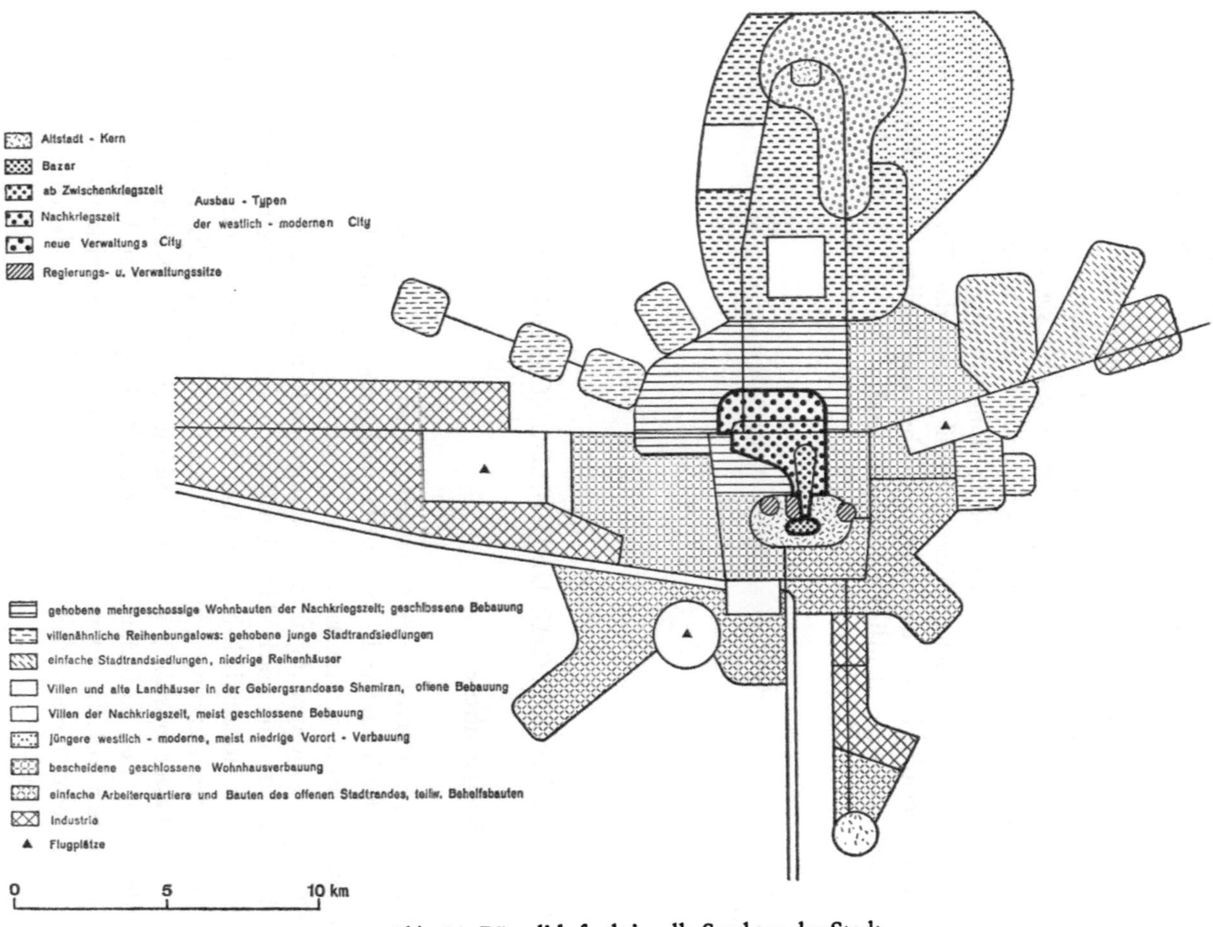

Abb. 24: Räumlich-funktionelle Struktur der Stadt
Grundlage: eigene Erhebung

vor ist die Achse Teheran-Shemiran Schwerpunkt der jüngeren Stadtentwicklung, wobei nach einer Bebauung noch freier Flächen nahe den
beiden Hauptverbindungsstraßen mit einer intensiveren Bautätigkeit in
dem noch teilweise agrarisch genutzten Gebiet östlich der alten Oase Shemiran zu rechnen ist.

Im Stadtkern selbst sind die Altstadt mit dem Bazar sowie die staatlichen Verwaltungszentren am ehemaligen Altstadtrand zu erkennen. Im
ehemals gehobenen Stadtteil gegründet, konnten sie der nordwärts wandernden Wirtschaftscity, die in ihren drei wesentlichen Entwicklungsphasen dargestellt ist, nicht folgen. Eine Abfolge der sozialen Wertigkeit ist von Norden nach Süden sowohl durch das Zentrum wie auch
über die Peripherie zu beobachten, wobei die östlichen Randlagen den
westlichen Vororten deutlich unterlegen sind.

3. SOZIOÖKONOMISCHE UND BILDUNGSSTRUKTUR

3. 1 Bildungsstruktur

Der Lebensstandard einer Gesellschaft steht in direktem Zusammenhang
mit ihrem Bildungsstand. Es wurde nachgewiesen, daß Investitionen zur
Hebung des Bildungsstandards sich — mit einer Verzögerung von einigen
Jahren — in Steigerungen des Nationaleinkommens umsetzen[26]). Damit
wird die Forderung nach Alphabetisierung und nach breiterer Weiterbil-
dung aus dem idealistisch-humanitären Bereich herausgenommen; sie kann
als Grundvoraussetzung für den Aufbau der industrialisierten National-
wirtschaft besser einsichtig gemacht und mit viel mehr Nachdruck betrieben
werden. So stellen auch Ausgaben für die Bildung in allen Fünfjahresplänen
des iranischen Staates einen wesentlichen Teil des Entwicklungsprogramms
dar. Ihre positiven Auswirkungen sind statistisch bereits deutlich abzulesen.

[26]) *Millendorfer-Gaspari:* Immaterielle und materielle Faktoren der Entwicklung in: Zeitschrift f. Nationalökonomie 31 (1971), Springer 1971, S. 81—120.

Die Bildungssituation im Iran ist heute wesentlich günstiger als in den meisten Nachbarländern. Noch 1956 waren 85 % der Bevölkerung Irans (80 % der Männer und 94 % der Frauen) Analphabeten. Damals lag der Iran zusammen mit dem Irak ziemlich weit zurück in einer Reihung der Entwicklungsländer nach der Lesekundigkeit. Die sehr beachtliche Steigerung des Anteiles schriftkundiger Bevölkerung von 14,9 % (1956) auf beinahe den doppelten Wert 28,1 % (1966) ist das Resultat einer bis dahin ungekannten straffen Erfassung fast der gesamten schulpflichtigen Jugendlichen. Gleichen Zuwachs vorausgesetzt — was aufgrund des hohen Anteils Jugendlicher durchaus möglich ist — liegt die Alphabetisierungsrate heute bei 50 %. Die Erfassung gelingt in Städten wesentlich leichter als auf dem flachen Lande, weshalb hier auch wesentlich höhere Lesekundigkeitsraten erreicht werden. So waren 1966 49 % der städtischen Bevölkerung schriftkundig, während die Rate für die ländliche Bevölkerung (Bevölkerung aus Orten mit weniger als 5000 Einwohnern) bei nur 14 % lag. Der Stadt-Land-Gegensatz wird demnach zur Zeit noch vergrößert. Daß der Schulbesuch während der 6jährigen Pflichtschulzeit dennoch nicht mit dem europäischer Länder vergleichbar ist, wird noch gezeigt werden.

Eine minimale Alphabetisierung weisen nach wie vor die Frauen auf, durchschnittlich können nur 16,5 % lesen und schreiben. Außerhalb der Städte, in denen doch 36 % der Frauen lesen können, beherrschten auch

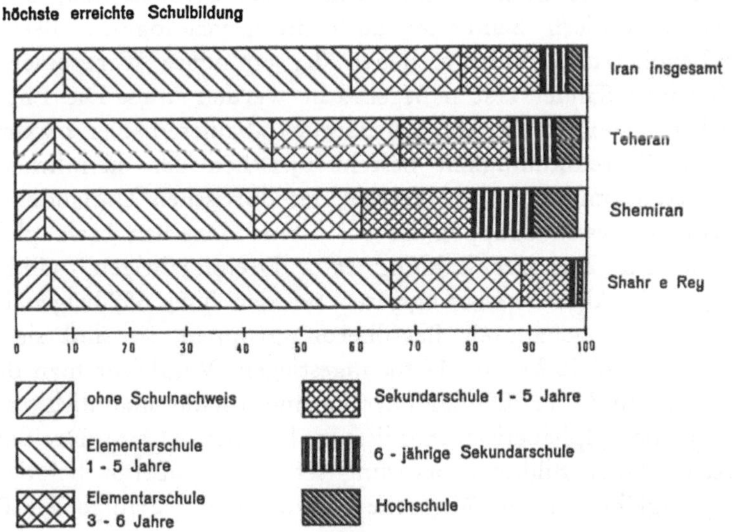

Abb. 25: Bildungsstruktur schriftkundiger Bevölkerung in Groß-Teheran, ein Vergleich (ohne Raster: keine Zuordnung)
Daten: Census 1966

1966 nur 3,4 % der mehr als 10jährigen Frauen[27]) die Schrift! In Teheran,
der Stadt, in der die Einflüsse westlicher Zivilisation am längsten und
intensivsten wirken, ist mit 62 % der unter den Großstädten höchste Anteil an Schriftkundigen festzustellen. Diesen Bildungsvorsprung zeigt auch
ein Vergleich der Werte weiterführender Schulbildung zwischen Teheran
bzw. seinen Nachbarstädten Shemiran und Rey und dem Landesdurchschnitt (Abb. 25). Sind landesweit nur etwa 20 % der Schriftkundigen
über die Elementarschule hinausgekommen, so steigt dieser Anteil in
Teheran auf 35 %, in Shemiran sogar auf über 40 % an. Der südliche
Vorstadtbezirk, der Arbeiter- und Wallfahrtsort Rey und seine landwirtschaftliche Bevölkerung liegen dagegen unter dem Landesdurchschnitt.

3. 1. 1 Alphabetisierung und Schulbildung

Entscheidend für die Beurteilung des Standes der Alphabetisierung sind
jedoch nicht so sehr diese Durchschnittswerte, sondern Daten, die zeigen,
wieweit die junge Generation in die Schulen gebracht werden kann. Aus
diesen ist für die Stadt Teheran eine Progression in der Grundbildung
abzulesen, durch die in Kürze europäische Maßstäbe annähernd erreicht
sein werden (Abb. 26). Nicht weniger als 92 % der 10—14jährigen werden als des Schreibens fähig ausgewiesen; ein sehr beachtlicher Erfolg der
Bildungspolitik. Diese erschöpft sich nicht in der Bereitstellung von Schulen
und Lehrern, sondern beinhaltet auch die psychologische Beeinflussung
einfacher Bevölkerungsschichten, denen der eminente Wert einer Primärbildung für ihre Kinder erst nahegebracht werden muß. Die Entwicklung
der Alphabetisierung ist in Abb. 26 deutlich abzulesen. Der maximale Abstand in der Schreibkundigkeit besteht zwischen der männlichen Bevölkerung Teherans und der Bevölkerung des dörfischen Umlandes. Die Distanz zwischen diesen Gruppen ist bei alten Menschen etwa gleich groß
wie bei den zur Zeit der Zählung etwa Dreißigjährigen, nämlich etwa
35 %: liegen die Alphabetisierungsraten bei den über 65jährigen bei 42 %
und 7 % für die genannten Bevölkerungsgruppen, so sind sie bei den
Dreißigjährigen auf 50 % und 18 % angestiegen. Vergleicht man die Kurve
der Teheraner und der Umlandbevölkerung (beide männlich und weiblich), so ist die Alphabetisierungsdistanz bei den (1966) Dreißigjährigen
am größten. Dieser Bildungsvorsprung setzt ganz abrupt bei den (1966)
Fünfundvierzigjährigen ein. Wir erkennen darin die Erfolge der Bildungs-

---

[27]) Die statistischen Angaben beziehen sich auf die Bevölkerung, die älter als 10 Jahre ist;
    erhoben wird die Schreibkundigkeit, eine weitere Angabe der Statistik weist Personen
    auf, die nur lesen, aber nicht schreiben können (Teheran: etwa 3 %).

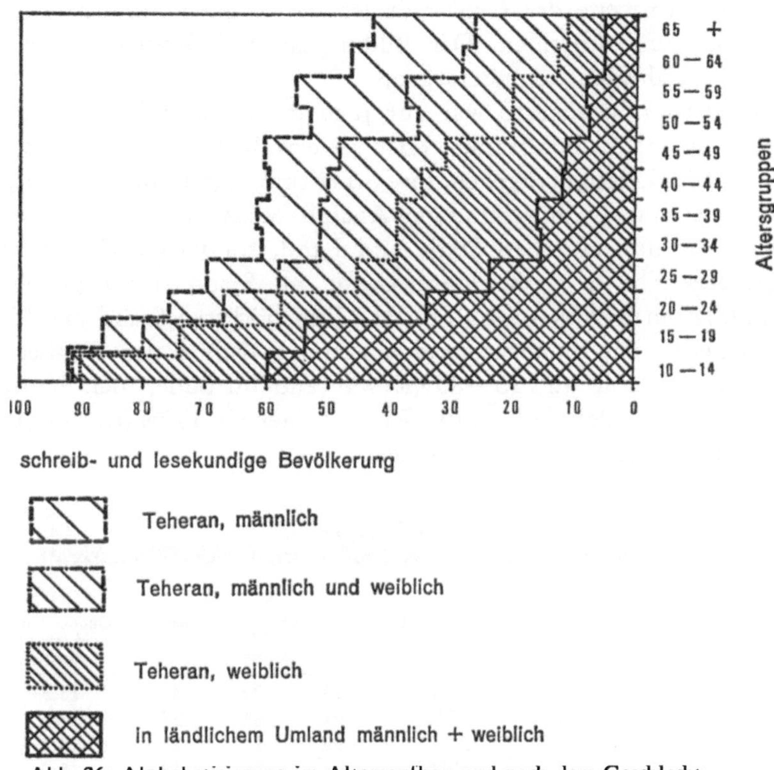

Abb. 26: Alphabetisierung im Altersaufbau und nach dem Geschlecht
Daten: Census 1966

politik Reza Shahs, der die Schreibkundigkeit zumindest der städtischen Bevölkerung auf ein Niveau von 50 % angehoben hat. Das kommt, vergleicht man mit den nur ein oder zwei Jahrzehnte älteren Menschen, einer Verdoppelung gleich.

Das Diagramm zeigt auch ganz deutlich, daß dieser Bruttoerfolg durch die Bildungsemanzipation der Frauen erreicht wurde, deren Alphabetisierungsgrad von althergebrachten minimierenden Werten — bei den älteren Jahrgängen bis zur (fast) vollen Gleichstellung bei den heutigen Volksschülern führt. Bei den in der Kriegs- und Nachkriegszeit schulpflichtigen Jahrgängen ist ein weiterer bedeutender Anstieg des Schulbesuches festzustellen, wohl unter kulturpolitischer Hilfe der damals in Teheran engagierten Westmächte. Geradezu ein Sprung nach vorne, speziell in ländlichen Bereichen und in der Schulpflichtigkeit der Mädchen, findet seit den Fünfzigerjahren statt. Dennoch bleibt ein deutlicher Bildungsabfall zwischen Teheran und seinem unmittelbaren Umland auch weiterhin bestehen.

Noch in Sichtweite der Großstadt lebend, können nur 60 % der Dorfkinder lesen und schreiben. Der Bildungsabstand Stadt-Land ist bei den heute 40—50jährigen besonders groß.

Ein modernes Schulwesen war zur Jugendzeit dieser Generation nur auf die größeren Städte beschränkt. Hier sei erwähnt, daß viele Personen, die einfachen Tätigkeiten nachgehen, ihre Schriftkundigkeit durch Nichtgebrauch wieder verlernen, also zu sekundären Analphabeten werden.

Aber nicht nur zwischen Stadt und Land, sondern auch innerhalb des Stadtgebietes gibt es große Unterschiede im Stand der Alphabetisierung der wohnhaften Bevölkerung (Tab. 3a). Den höchsten Stand der Alphabetisierten erreicht das moderne Stadtzentrum zwischen den Straßen Pahlevi und Kurosh-e-Kabir mit 75—80 %, während im Süden der Stadt, in den Vororten um den Bahnhof und in Rey weniger als 50 % (der 7- und mehrjährigen) schreiben und lesen können.

Tabelle 3a
Daten zur Bildungsstruktur in Groß-Teheran nach Zählbezirken[1])

Zählbezirk		Alphabet. der 7- u. mehrjährigen Bevölkerung	Einwohner pro Elementarschule	Schulbesuchsquoten der 10-	14- jährigen	20-	Quoten höherer Maturanten	Bildung Akademiker
Westliche City	2	80	1400	94	83	43	13,3	6,3
Nordwest	1	72	2600	94	81	27	7,6	2,7
Nord	9	78	2400	92	81	39	13,7	5,2
Mitte-Ost	3	65	3500	94	76	19	5,0	1,4
Nordost	8	68	4200	93	79	19	3,9	1,1
Altstadt	5	57	2200	86	68	16	3,8	0,9
Mitte-West	4	57	5700	90	71	10	1,6	0,2
Südwest	7	46	7300	85	58	4	0,5	0,4
Mitte-Südost	10	61	3500	91	68	12	2,2	0,3
Südost	6	57	2500	89	66	10	2,2	0,6
Shemiran		68		90	77	24	1,1	0,8
Rey		44		82	50	6	0,1	0,0

[1]) Inklusive Shahrestan Shemiran und Rey, jeweils „urban area". Angaben in %.

Dabei zeigt sich, daß der Lesekundigkeits-Anteil in den einzelnen Bezirken nicht direkt mit der Schuldichte, sondern, wie noch zu zeigen ist, mit der sozioökonomischen Struktur der Bewohner des betreffenden Gebietes zusammenhängt. Auf die Verwendung von Bildungsdaten als sozioökonomische Kennziffer wird später zurückgegriffen. Die Schuldichte ist vielmehr unter dem Aspekt der Stadtentwicklung zu sehen. Die beste Elementarschul-Versorgung hat die City nördlich der Altstadt, gefolgt von der Altstadt selbst (!) sowie von den westlich orientierten Vierteln im

Norden. Deutlich unterversorgt sind dagegen die Unterschichtviertel westlich und südlich des Bahnhofes.

Im Gegensatz zu Ländern mit bereits alter Pflichtschultradition beginnt der Schulbesuch selbst in Teheran nicht für alle Schüler nach der Vollendung des sechsten Lebensjahres, sondern oft ein oder zwei Jahre später. So zeigt die Altersgliederung der Schüler der einzelnen Elementarschulklassen (Abb. 27) ein unerwartetes Spektrum Ungleichaltriger im selben Bildungsstadium. Dies läßt vermuten, daß beim Schulbesuch den individuellen Vorstellungen der Eltern viel Entscheidungs-Spielraum gelassen wird und daß er „von Amts wegen" — wenn überhaupt — sehr spät erzwungen wird. Zwar dominieren z. B. in der ersten Schulstufe die Sechs- bis Achtjährigen, doch sind mehr als ein Viertel der Schulanfänger mehr als acht Jahre alt. Diese Alterstufung nimmt in den höheren Schulstufen zu.

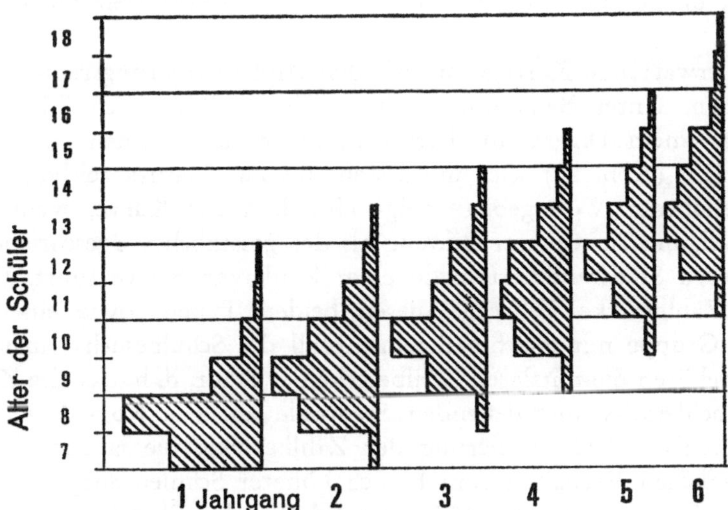

Abb. 27: Altersstruktur in den Elementarschulstufen
(1 mm pro Altersstufe entspricht 2000 Schülern)
Daten: Census 1966

Die Schwierigkeiten eines geregelten Schulbesuches dürfen nicht übersehen werden: die orientalische Wirtschaft, die vorwiegend gewerbliche Kleinbetriebe und nur manuelle Produktion kennt, war stets auf Kinderarbeit angewiesen (Teppichknüpfereien!), und heute noch besuchen viele Kinder die Schule nur teilweise, weil sie immer wieder zu Hilfsdiensten im Familienbetrieb herangezogen werden. So zeigt die Statistik bereits bei den Schulkindern den Begriff des „zeitweiligen Schulbesuches".

3. 1. 2 Die weiterführende Bildung

Für die Weiterentwicklung eines Landes ist die über die Primärschule hinausgehende Bildung von Bedeutung. Nach 6jährigen Elementarschulen kann die ebenfalls 6jährige Sekundarschule, unserer höheren Schule entsprechend, besucht werden. Ihr Abschluß ist Grundlage für ein Hochschulstudium, wozu es aber noch einer strengen Abschlußprüfung bedarf[28]).

Wie die Abb. 25 zeigt, reicht die Schulbildung der schriftkundigen Bevölkerung vielfach über einfache Grundkenntnisse nicht hinaus: nur etwas mehr als 20 % der alphabetisierten Bevölkerung Irans haben die 6jährige Grundschule voll besucht[29]). Wesentlich günstiger liegt die Bildungssituation in Teheran besonders im Villenvorort Shemiran, wo nicht weniger als 20 % der schriftkundigen Bevölkerung Maturanten sind[30]). Der weiterführende Schulbesuch ist für die Zählbezirke Teherans in Tabelle 3a durch Stichjahre, die in die Sekundärschulzeit bzw. Hochschulzeit fallen, festgehalten.

Die zu erwartende Korrelation mit den Alphabetisierungsraten ist deutlich gegeben. Unter Benutzung weiterer Daten lassen sich Schulbesuchskurven in einem Diagramm darstellen. Diese haben einen charakteristischen Verlauf (Abb. 28). Der mindestens bis zur Matura reichende Schulbesuch gehobener Wohngebiete zeigt eine konvexe Kurve, während die geringe Neigung zu weiterer Bildung als der gesetzlich vorgeschriebenen in den südlichen Stadtrandvierteln zu einer konkaven Kurve führt. Deutlich sind die Zählbezirke Teherans diesen beiden Typen sowie einer intermediären Gruppe mit gleichmäßigem Abfall des Schulbesuchs zuzuordnen, letzterer gehören die mittleren Zählbezirke der Stadt, d. h. das alte Zentrum und die beiderseits anschließenden Stadtteile an. Die Kurven zeigen die sozioökonomische Differenzierung der Zählbezirke, die ja auch in ihrem unterschiedlichen Verhalten zum Besuch höherer Schulen ausgedrückt werden kann. So schieden etwa 17 % der Schüler der Elementarschulen vorzeitig, d. h. vor Absolvierung der sechs Grundschulklassen, aus dem Bildungsprozeß aus. Die wachsende Zahl vorzeitiger Abgänge zeigt, daß die Steigerung der Alphabetisierung und des Schulbesuchs auch Randgruppen erfaßt, die aus dem Bildungsprozeß rasch wieder ausscheiden. Auch beim

[28]) Platzmangel an den Universitäten zwingt zum „numerus clausus". Ein Teil der abgewiesenen Studenten besucht infolgedessen Universitäten europäischer Länder.

[29]) 50 % der Schriftkundigen haben die 6jährige Primärschule nicht fertig besucht.

[30]) Gleichzeitig sind in Shemiran nicht weniger als 31,6 % der Bevölkerung Analphabeten. Dieses Paradoxon ist jedoch siedlungsgenetisch leicht zu erklären: der Vorortegürtel am Gebirgsrand wird neben einer gehobenen überdurchschnittlich gebildeten auch von einer ländlichen Grundschicht bewohnt.

62

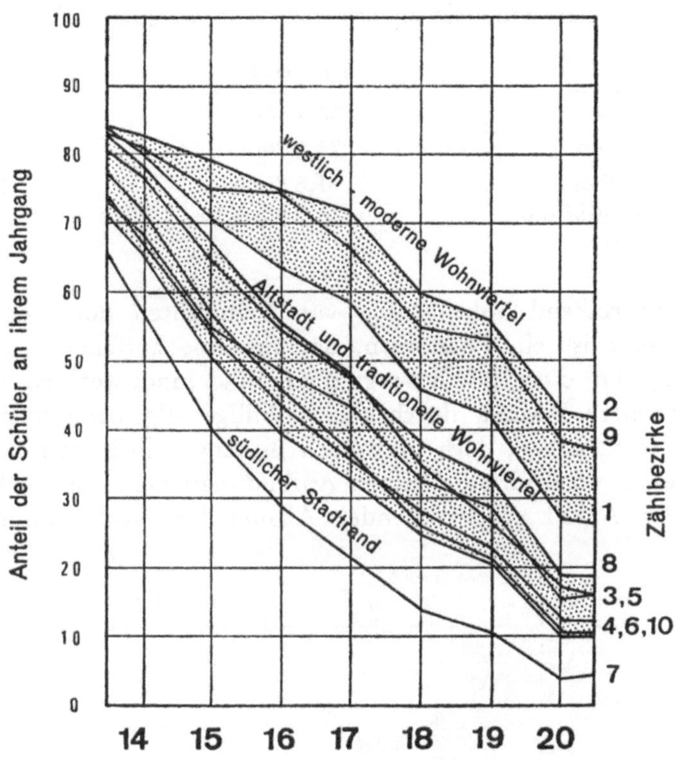

Abb. 28: Schulbesuchsquote weiterführender Schulen nach Alter
der Schüler und nach Zählbezirken als Maß sozialer Differenzierung.
Lage der Zählbezirke vgl. Abb. 40
Daten: Census 1966

weiterführenden Schulbesuch erfolgt ein permanenter Abgang, wie Abb. 28
zeigt. Dennoch besteht auf dem Sektor der allgemeinbildenden Sekundär-
schulen, die unseren Gymnasien entsprechen, bereits eine Überproduktion:
von den Alphabetisierten (76 %) dieser Altersgruppe[31]) besuchten immerhin 22 % die höhere Schule durch sechs Jahre, was einer Maturantenquote
von 16 % entspräche. Damit werden europäische Werte überschritten,
doch vermag die Wirtschaft in ihrem derzeitigen Entwicklungsstand diese
Maturantensteigerung nicht zu verkraften. Daher ist der Anteil der Maturanten unter den Arbeitslosen fast dreimal so groß wie unter den Beschäftigten:

[31]) 20—24jährige, männlich, 1966.

63

Bildungsstand der Arbeitslosen und der Beschäftigten in Teheran:

	Arbeitslose	Beschäftigte
Analphabeten	30,4 %	26,2 %
Maturanten	21,8 %	7,9 %
Akademiker	1,6 %	3,9 %
sonstige Bildung	46,2 %	62,0 %

Daten: Census 1966.

Dieser erschreckend hohe Anteil von Maturanten unter den Arbeitslosen der Stadt ist ein Phänomen, das auf eine auffallende F e h l e n t w i c k l u n g i n d e r B i l d u n g s p o l i t i k hindeutet. Es ist verlokkend, die höhere Bildung durch relativ billige allgemeinbildende höhere Lehranstalten zu heben, doch muß auch Bildungspolitik stets im Einklang mit dem realen volkswirtschaftlichen Ausbildungsbedarf stehen. Demgegenüber ist der Anteil arbeitsuchender Akademiker noch minimal (1,6 %

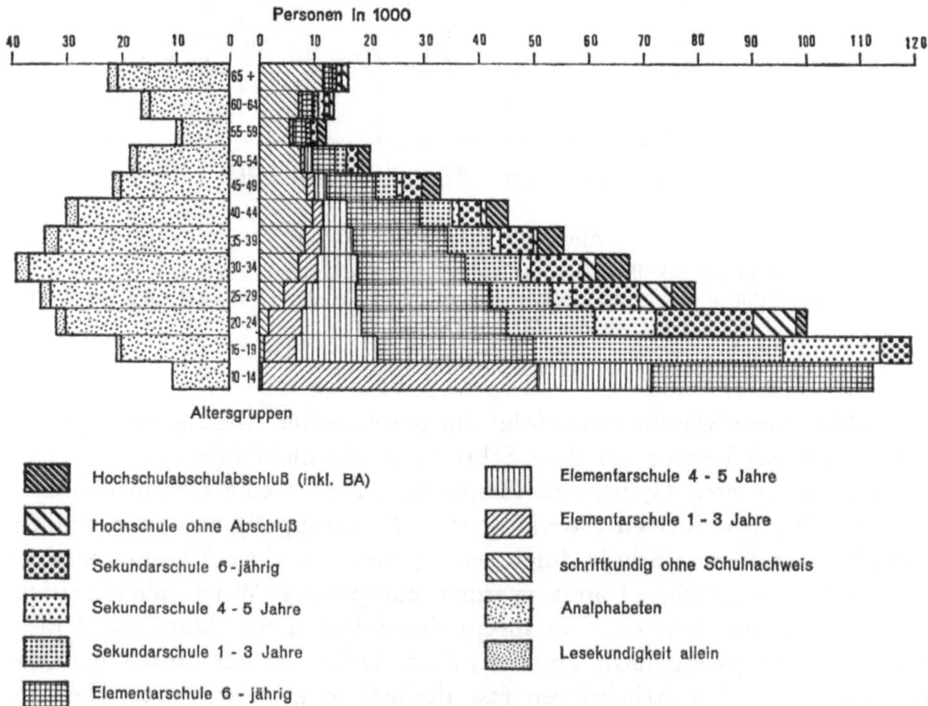

Abb. 29: Bildungsstruktur im Altersaufbau der männlichen Bevölkerung Teherans nach höchsten erreichten Bildungsstufen

Daten: Census 1966

der Arbeitslosen oder 1,5 % der Akademiker insgesamt). Aber es wäre auch hier zu klären, ob darin nicht schon der Ansatz einer Fehlentwicklung sichtbar wird, die in naher Zukunft ähnlich verlaufen könnte wie bei den Maturanten. Darüber hinaus fällt auf, daß die Analphabetenrate bei Arbeitsuchenden höher liegt — ein Zeichen dafür, daß nicht mehr nur billige, sondern zumindest einfach gebildete Arbeitskräfte gesucht werden.

Die übermäßige Entwicklung der Sekundärschulbildung, die leider zuwenig technische und andere berufsbildende höhere Schulen umfaßt, ist auch aus Abb. 29 zu ersehen. Positiv ist die Zunahme eines vollen sechsjährigen Schulbesuchs zu werten. Der Akademikeranteil ist in den älteren Jahrgängen ziemlich konstant, den jüngeren Jahrgängen fehlt wegen der rigorosen Aufnahmebeschränkungen der Universitäten die rapide Zunahme vergleichbarer Jahrgänge westlicher Staaten. Um in der Bildungsstruktur im Altersaufbau den vollen Umfang der jeweiligen Jahrgänge zu zeigen, wurden auch die Analphabeten dargestellt. Hier ist der Abbau des Analphabetismus im Bereich der Altersgruppen bis zu fünfundzwanzig Jahren besonders auffallend, doch liegt die Vermutung nahe, daß die hohen Analphabetenraten der Fünfundzwanzig- bis Vier'gjährigen auf ungebildete Zuwanderer nach Teheran zurückzuführen sind.

3. 2 Sozioökonomische Struktur

3. 2. 1 Berufs- und Wirtschaftsgr ppen im Spiegel der Volkszählung

Die Frage nach der wirtschaftlichen Zugehörigkeit und nach der sozialstrukturellen Gliederung der Bevölkerung versucht zu klären, wie weit die Verwestlichung der Stadt auch die typische Berufsgruppierung der orientalischen Stadt verändert hat. Seit den beiden letzten Volkszählungen sind dazu Daten bekannt. Es ist möglich, die Beschäftigten nach Hauptberufsgruppen, der Stellung im Berufsleben und der höchsten erreichten Bildung zu gliedern und diese Gliederungskriterien miteinander in Beziehung zu setzen.

Daneben ist eine Verbindung mit der Zugehörigkeit zu den Hauptwirtschaftsgruppen herstellbar, wodurch eine Charakterisierung des Wirtschaftslebens durch das Arbeitskräftepotential gegeben ist. Wesentliche Merkmale einer Berufsstruktur, die aus traditionellen und westlichen Elementen gebildet wird, zeigt bereits die folgende Tabelle.

Tabelle 4

Hauptberufsgruppen und Stellung im Berufsleben (für berufstätige Bevölkerung der 10- und Mehrjährigen in Teheran). Angaben in Prozentwerten

Hauptberufsgruppen	Berufstätige insgesamt 755 174 = 100,0	Selbständige	Selbständige ohne Mitarbeiter	öffentlich Bedienstete	unselbständig Berufstätige
		4,1	18,5	26,2	50,0
Technische, Intelligenz- und verwandte Berufe	8,3	4,2	3,5	20,2	3,9
Management- und Verwaltungsberufe	0,9	5,0	0,5	1,7	0,3
Büroberufe	10,9	2,5	1,0	27,5	6,9
Handelsberufe	15,1	34,7	50,0	0,9	8,0
andere Dienstleistungsberufe	15,4	10,7	7,7	13,0	20,1
Produktion, Bauwesen u. Bauhilfsgewerbe, Verkehrswesen	40,5	39,1	34,9	13,2	57,6
übrige Berufe	8,9	3,8	2,4	23,5	3,2
insgesamt	100,0	100,0	100,0	100,0	100,0

(Die Spaltenüberschrift lautet: *Stellung im Berufsleben*[1])

[1]) Daneben noch: übrige 1,2 %.
Quelle: Census 1966.

So ist bei der Gliederung nach Hauptberufsgruppen der Anteil von „Produktion etc." mit knapp der Hälfte aller Berufstätigen eher gering, wenn die umfassende Weite dieser Gruppe in Rechnung gestellt wird (hier sind Industrie und produzierendes Gewerbe, das Bauwesen und die gesamten Bauhilfsbranchen sowie der Transportsektor mit Fahr- und Reparaturpersonal enthalten). Daneben ist zu berücksichtigen, daß Teheran neben seinen übrigen Funktionen zugleich auch die weitaus stärkste Industriekonzentration des Landes darstellt. Die Industrialisierung wird in der Berufsstruktur nicht sichtbar. Sowohl die neuen zentralen Funktionen wie auch der traditionelle Dienstleistungssektor sind dafür zu deutlich ausgeprägt. Letzterer ist durch den Handel (15,1 %) und durch den Großteil der Gruppe „andere Dienstleistungsberufe" ausgewiesen. Neben diesen knapp ein Drittel der Berufstätigen umfassenden einfachen Diensten ist es der staatliche und private Verwaltungsapparat, der durch höherqualifizierte und Büroberufe (zusammen 20,2 %) die Dominanz des tertiären Sektors deutlich macht. Die Berufsgliederung ist jedoch nicht das geeignete Instrument, um den tertiären Sektor meßbar zu machen.

Die Gliederung nach der Stellung im Berufsleben zeigt die Bedeutung des Staatsapparates für das Arbeitsplatzangebot Teherans: 26,2 % aller Beschäftigten sind öffentlich Bedienstete. In dieser Zahl sind auch Militärpersonen, 5 % nach anderer Quelle, enthalten, die innerhalb der entsprechenden Spalte der Tabelle 4, in den „übrigen Berufen" verborgen sind.

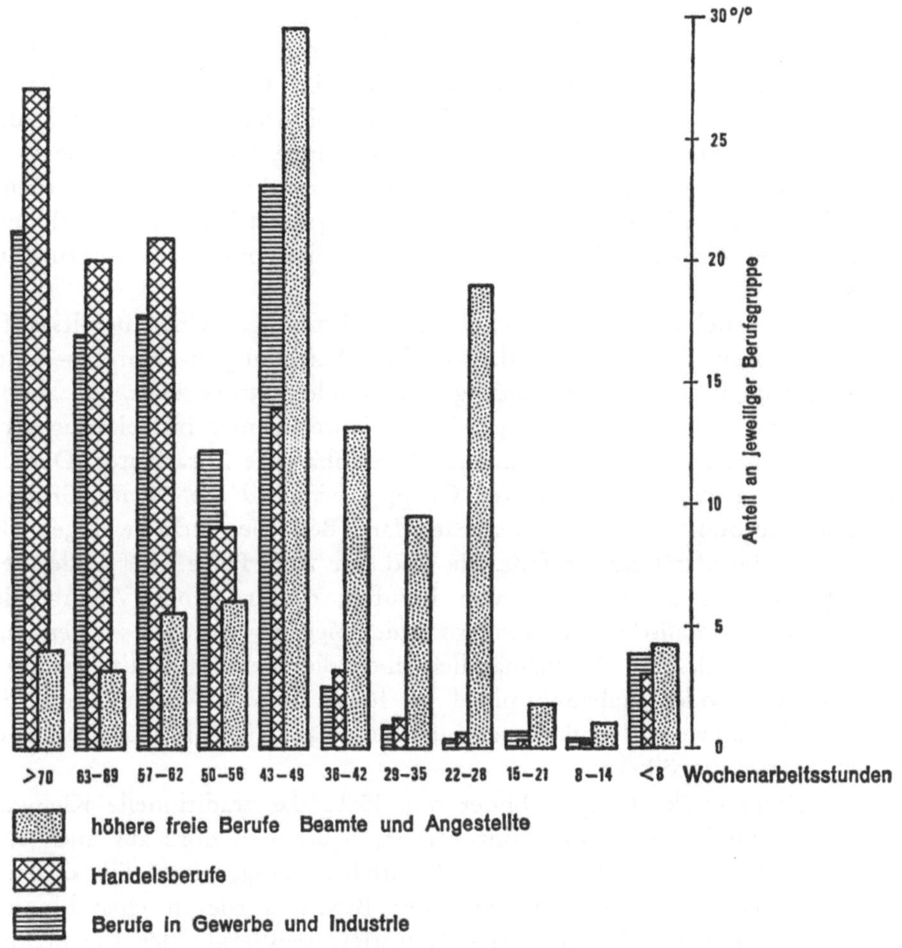

Abb. 30: Wöchentliche Arbeitsleistung ausgewählter Berufsgruppen
Daten: Census 1966

Daneben stellen Führungskräfte mit hohem Ausbildungsniveau und Büro-
dienste die wesentlichen Berufsgruppen im öffentlichen Dienst dar, während im Sektor Produktion (13,2 %) Berufe zu finden sind, die etwa unseren „Beamten in handwerklicher Verwendung" entsprechen. Die Sonder-
stellung des Verwaltungsapparates innerhalb der Arbeitswelt Teherans
wird durch die Darstellung der wöchentlichen Arbeitsleistung (Abb. 30)
deutlich, wobei die Beamtenschaft sich durch die reale Existenz einer 45-
Stunden-Woche von den übrigen Arbeitskräften unterscheidet. Die noch
geringere Arbeitsleistung betrifft bereits Halbtagsangestellte und Lehr-

67

personal, während die hohen Wochenstundenzahlen der geistigen und Beamtenberufe vielfach auf Doppelbeschäftigungen zurückzuführen sind. So ist es durchaus nicht unüblich, vormittags im Büro und nachmittags bei einer Privatfirma tätig zu sein. Während bei Berufen der Produktion die geregelte Arbeitszeit (45 Stunden-Woche) junge Industriebetriebe verrät, werden im Gewerbe ähnlich dem Handel regelmäßig hohe Wochenstundenleistungen erbracht. Zwei Drittel der Berufstätigen im Handel und die Hälfte der Arbeiter in der Produktion arbeiten mehr als 57 Stunden pro Woche.

In Tabelle 4 nehmen mit nur 4,1 % die Selbständigen einen bereits auffallend niedrigen Anteil ein, während ihre Aufteilung in Handels- und Gewerbeberufe bereits die Bedeutung des Handelssektors zeigt. Die Selbständigen sind in zwei Gruppen geteilt, in Unternehmer mit eigenen Arbeitskräften und in kleine Selbständige ohne abhängige Mitarbeiter. Daraus resultiert der geringe Wert ersterer Gruppe, während die zweite Gruppe der „own account workers", der Ein-Mann-Betriebe, nicht weniger als 18,5 % aller Berufstätigen umfaßt. Sie sind nur zur Hälfte im Handel beschäftigt. Ein breites Spektrum von Berufen, das in seiner Vielfalt die Buntheit des orientalischen Stadtwesens widerspiegelt, wäre hier zu nennen. Es reicht vom kleinen Teppichhändler über die Verkäufer diverser Bekleidungsartikel oder Nahrungsmittel bis hinab zu den Wasser- und Limonadenverkäufern und anderen ambulanten Händlern, die laut schreiend die Bazargassen bevölkern.

Eine weitere starke Gruppe bildet mit 35 % das traditionelle Kleingewerbe, ursprünglich im Bazar konzentriert, heute von dort aus auch auf andere Standorte der traditionellen Stadthälfte ausgedehnt. Sie ordnen sich in der Hierarchie des Ansehens der Bazargewerbe in eher hintere Plätze ein. Ähnliches gilt für übrige Dienstleistungsberufe der Ein-Mann-Betriebe (7,7 %), die als Barbiere oder Lastenträger etc. zu den gering bewerteten Tätigkeiten im traditionellen Bazarleben zählen.

Wir erkennen in dem beachtlichen Anteil von Handel, Diensten und Kleingewerbe, die zusammen mehr als die Hälfte des Arbeitskräftepotentials binden, eine deutlich kleinbetriebliche Wirtschaftsstruktur und damit ein Element der traditionellen orientalischen Stadt.

Die Berufstätigen nach der Stellung im Beruf gegliedert, zeigen im Altersaufbau (Abb. 31) in den älteren Jahrgängen einen wesentlich höheren Anteil von Selbständigen, die als „Ein-Mann-Betriebe" aufscheinen. Diese umfassen über 30 % der Beschäftigten dieser Altersgruppe, während bei den Zwanzigjährigen nur mehr 8 % in dieser vollkommen ungesicherten, prekären Berufsform tätig sind. Hier wird der Wandel in der Berufsstruktur

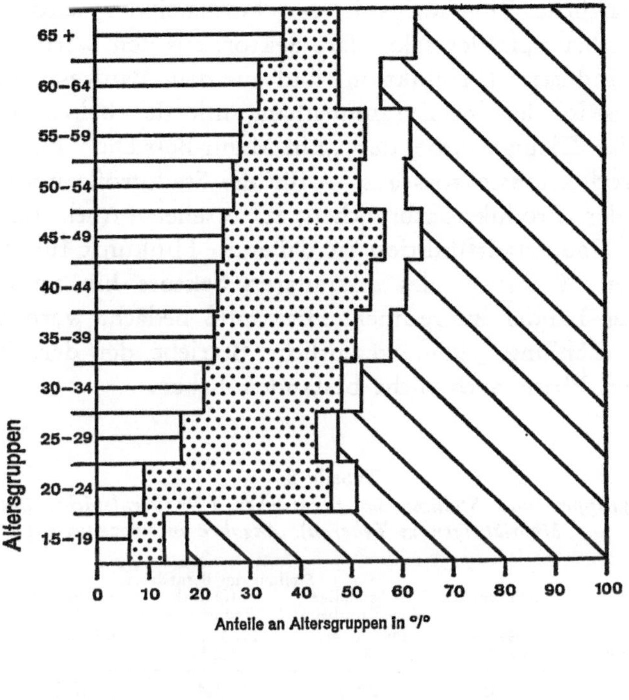

Abb. 31: Berufstätige nach Stellung im Beruf und Altersaufbau

Daten: Census 1966

als Generationsfrage deutlich. Er ist durch eine allgemeine Zunahme der unselbständig Berufstätigen gekennzeichnet. Das Miteinbeziehen der über 65jährigen in eine Zählung der Berufsstruktur zeigt nochmals, daß das junge Sozialversicherungssystem vorerst nur für einen kleinen Teil der Bevölkerung, so für bestimmte Beamtengruppen, einen geregelten Ruhestand ermöglicht.

Die wirtschaftliche Zugehörigkeit der Beschäftigten wird aus Tab. 5 sichtbar. Hier schrumpft der sekundäre Sektor, aus den Wirtschaftsgruppen Gewerbe und Industrie (Produktion) und aus dem Bauwesen gebildet, auf 35,2 %. Daraus ist der im Zusammenhang mit der bekannten Betriebsstruktur — das Kleingewerbe der „Ein-Mann-Betriebe" macht etwa ein Viertel des Produktionssektors aus — für die Stadtgröße noch immer geringe Anteil der Produktionsbranchen zu ersehen. Auch unter Berücksichtigung der Hauptstadtfunktion ist daher in Hinkunft für Teheran mit einem kräftigen Wachstum des sekundären Sektors hin zu den Werten industrialisierter Länder zu rechnen. Hier muß bedacht werden, daß zum Zeitpunkt der Zählung, 1966, wesentliche Betriebe der derzeitigen hochkonjunkturellen Phase noch nicht bestanden haben.

Tabelle 5

Hauptwirtschaftsgruppen und Stellung im Berufsleben (für berufstätige Bevölkerung der 10- und Mehrjährigen in Teheran). Angaben in Prozentwerten

| | Stellung im Berufsleben[1] | | | | |
Hauptberufsgruppen	Selbständige 30 997 = 4,1 %	Selbständige ohne Mitarbeiter 139 970 = 18,5 %	öffentlich Bedienstete 197 706 = 26,2 %	unselbständig Berufstätige 375 190 = 50,0 %	Beschäftigte insgesamt 755 174 = 100,0
Landwirtschaft	8,0	27,6	3,4	47,0	100,0
Gewerbe u. Industrie	5,4	15,0	6,2	71,6	100,0
Bauwesen	3,6	14,0	1,6	80,0	100,0
Handel	7,3	50,1	8,4	33,2	100,0
Transport	2,1	17,7	34,6	45,3	100,0
Dienste	1,9	6,8	56,7	33,9	100,0
sonstige	2,1	15,8	33,2	48,2	100,0

[1] Daneben „übrige" 1,2 %, auf die auch Restwerte auf 100,0 % (waagrecht) entfallen.
Quelle: Census 1966.

Mit etwa 60 % ist der tertiäre Sektor, der in Tab. 5 klar gefaßt ist, überaus stark vertreten. Welchen Anteil daran der öffentliche Dienst hat, ist bereits bekannt (26,1 %). Detaillierte Angaben zur Wirtschaftsklassifizierung gestatten es, den Verwaltungs- und Militäranteil, also diejenigen staatlichen Dienste, die nicht der unmittelbaren Versorgung der ortsständigen Bevölkerung (wie etwa das Schulwesen oder der öffentliche Verkehr) dienen, auszusondern. Als Staatsdienste im engen Sinne werden 102 000 Beschäftigte, davon 43 000 nach der herkömmlichen Berufsgliederung nicht zugeordnet und zum Großteil Sicherheitskräfte, angegeben. Das entspricht einem Anteil von 13,5 % an der Summe der Beschäftigten. Der Dienstleistungssektor zur Versorgung der Bevölkerung beträgt daher etwa 47 % der Beschäftigtenzahl. An ihm ist die öffentliche Hand mit kulturellen Gesundheits- und Wohlfahrtsdiensten (57 000 Beschäftigte), öffentlichem Verkehr und Fernmeldewesen (28 000 Beschäftigte), sowie Wasser- und Elektrizitätsversorgung (10 000 Beschäftigte) vertreten. Der Anteil der staatlichen und städtischen Verwaltung zur Versorgung der Bevölkerung mit neuen, westlich geprägten technischen und immateriellen Diensten umfaßt somit etwa 95 000 Beschäftigte oder 12,6 % des Arbeitskräftepotentials. Bei der Beurteilung des Umfanges des tertiären Sektors muß berücksichtigt werden, daß die zahlenmäßig starke und in jeder Hinsicht bedürfnislose Unterschicht ja weder an die öffentlichen noch auch an die privatwirtschaftlichen Dienste große Ansprüche stellt. Demzufolge sind die alteingesessene Oberschicht und der vorwiegend neue Mittelstand als die Hauptnutzer der Dienste, die über die Erfüllung der täglichen Bedürfnisse hinausgehen, mit solchen Dienstleistungen bestens versorgt.

Wie in allen Gesellschaften mit starken sozioökonomischen Unterschieden ist auch in Teheran die Gruppe „häusliche Dienste", das private Dienstpersonal, entsprechend vertreten. Nicht weniger als 5,3 % aller Beschäftigten sind Dienstboten, ihre Zahl ist jedoch tatsächlich noch wesentlich zu erhöhen, weil hier nur die wirklich angestellten Dienstboten und nicht die vielen Halbtagsbeschäftigten, Hilfskräfte etc. mitgezählt werden. Der Census 1956 nennt 28 % der Erwerbspersonen, das sind 210 000 Menschen, 60 % davon Frauen, als Hausangestellte. Sind die beiden Zählungen auch nicht miteinander vergleichbar, so ist doch sicher eine starke relative Abnahme der häuslichen Dienste eingetreten, die als ein charakteristischer Schritt weg von der traditionellen Struktur gesehen werden muß. Interessant ist, daß diese 5,3 % (= 40 000 Personen) den gesamten übrigen persönlichen Diensten entsprechen: Restaurants, Hotels, Wäschereien, Friseure und Photographen verfügen zusammen über die gleiche Arbeitskräftequote.

Aufschlußreich ist eine Aufgliederung der Wirtschaftsabteilungen nach Altersgruppen (Abb. 32). Darin findet man ebenfalls den Wandel von der traditionellen, jahrhundertealten Wirtschaftsform orientalischen Städtewesens zur modernen industriellen Stadtstruktur angedeutet: die Berufstätigen im Handel nehmen mit Zunahme der jüngeren Altersgruppen laufend ab, während Industrie und Gewerbe an Bedeutung gewinnen. So steigt der Anteil der in der Produktion Beschäftigten von 25 % bei den Sechzigjährigen auf 62 % bei den Fünfundzwanzigjährigen an. Dem steht eine Veränderung der Handelsberufe von 28 % auf 15 % bei gleichen Altersstufen gegenüber, während die Dienstleistungsberufe mit 32 % scheinbar altersunab-

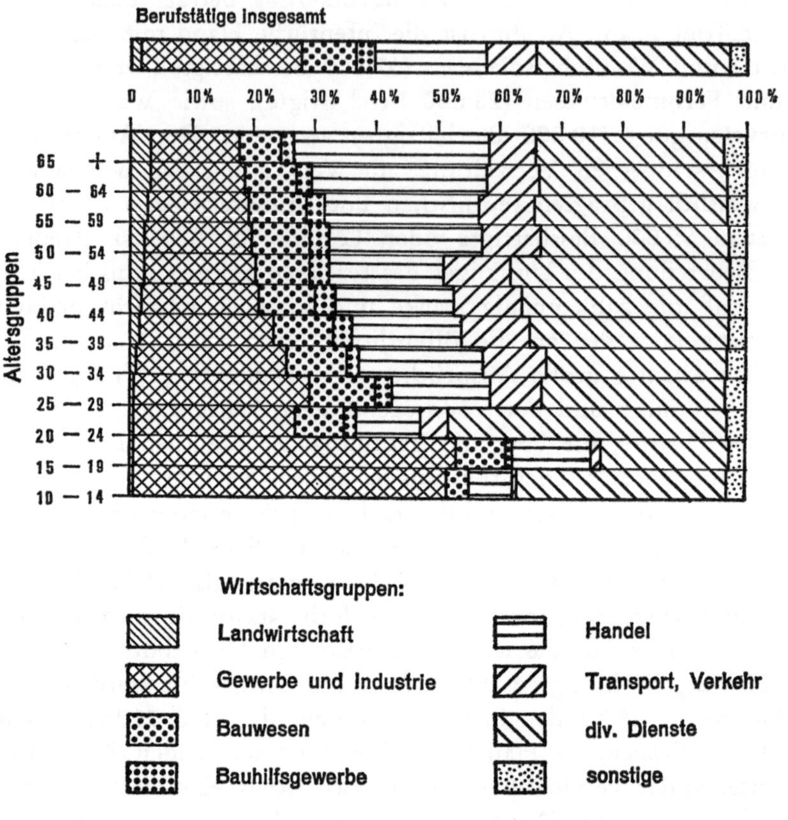

Abb. 32: Berufe und Altersgruppen

hängig gleichmäßig verteilt sind. Dahinter verbirgt sich ebenfalls eine Umschichtung, die Beschäftigten im Staatsdienst, die Beamten und Lehrer sind durchwegs aus jüngeren Jahrgängen zusammengesetzt.

Die älteren Jahrgänge zeigen in ihrer Berufszusammensetzung den Zustand der vorindustriellen Wirtschaft Teherans. Die Werte jüngerer Jahrgänge nehmen eine in der Zukunft für alle Berufstätigen gültige Verteilung der Hauptwirtschaftsgruppen vorweg. Langfristig tritt eine Reduktion all jener Dienste ein, die wirtschaftlich nicht mehr attraktiv sind. Zu dieser Verlagerung kommt es dort, wo der Verdienst aus dem traditionellen Beruf nicht mehr mit der Aufwärtsentwicklung des Einkommens neuer Berufe mithalten kann. In der wirtschaftlichen Realität bewirkt dies eine Verringerung oder das Aussterben einzelner Berufe oder ganzer Berufsgruppen. Der Rückgang des Einzelhandels und der häuslichen Dienste sind die bekanntesten Beispiele. Der tertiäre Sektor an sich kann jedoch gleich bleiben, die ver-

schiedenen Berufe werden durch neue substituiert, — teilweise auf gleicher
sozialer Ebene (Karawanenführer durch Fernlastfahrer), meist aber, dem
Wandel der wirtschaftlichen Struktur entsprechend, durch höherrangige
Büro- und Verwaltungsberufe.

3. 2. 2 Erwerbsquote und Berufstätigkeit der Frau

Eine Meßzahl für die Beteiligung der Bevölkerung am Wirtschaftsprozeß
ist die Erwerbsquote, das Verhältnis von Gesamtbevölkerung zu Berufstätigen. Sie liegt in Teheran mit 34,5 % vergleichsweise sehr niedrig[32].
Hier wirken sich natürlich die überaus starken Jahrgänge der Kinder und
Jugendlichen aus. Hauptursache der niedrigen Erwerbsquote ist aber die
geringe Frauenarbeit. Nur 10,1 % der Berufstätigen sind Frauen. Seit jeher
ist der Frau im islamischen Bereich ihr gesicherter Platz in der Abgeschlossenheit des Hauses und der Familie zugewiesen.

Wenn auch traditionell-religiöses Gedankengut heute nicht mehr so sehr
das Handeln der Gesellschaft bestimmt, so ist es doch das F e h l e n g e -
e i g n e t e r A r b e i t s p l ä t z e in großer Zahl, die g e r i n g e B e -
r u f s v o r b i l d u n g der Frauen mittleren Alters und vor allem das
ausreichende Angebot männlicher Arbeitskräfte, das die Geschlechtspropor-
tion der Berufstätigen in der orientalischen Stadt mit 9 : 1 (männlich :
weiblich) so stark von der europäischen Stadt (6 : 4) abweichen läßt.

Im krassen Gegensatz zu westlichen Ländern steht die geringe Eingliederung auch der jungen Frau in den Arbeitsprozeß. Während in Österreich fast 90 % der Frauen bis zur Verehelichung einem Beruf nachgehen,
sind es in Teheran nur 11,7 %. Es wird dabei klar, daß die Fortschritte in
der Bildung der weiblichen Bevölkerung keine (oder noch keine) Auswirkungen auf den Anteil weiblicher Arbeitskräfte haben, weil traditionelle
Normen dem entgegenstehen. Nicht weniger als 72 % der 77 000 berufstätigen Frauen Teherans sind in Dienstleistungsbetrieben beschäftigt. Dieser
Anteil ist deshalb so groß, weil eben die anderen Bereiche der Wirtschaft
noch sehr wenige Frauen beschäftigen: in Industrie und Gewerbe 13 %,
im Handel nur 4,7 %[33]. Wir erinnern in diesem Zusammenhang an die
vielen Selbständigen in Handel und Gewerbe, meist ohne Mitarbeiter, und
denken an die traditionelle Berufswelt der orientalischen Stadt, den Bazar.
Dort treffen wir auch heute noch keine weiblichen Arbeitskräfte, auch
nicht in Geschäften, in denen bei uns Verkäuferinnen dominieren, wie
etwa in Schuh- und Textilgeschäften, bei Küchengeräten und in Gemischt-

---

[32]) Österreich 1961: 47,6; wachsende europäische Stadt (München 1960): 53,2 %.
[33]) Zum Vergleich Werte aus München (1960): Anteil berufstätiger Frauen in: Dienste 54 %,
Produktion 30 %, Handel 20 %.

warenhandlungen. Als Käuferpublikum treten hingegen die Frauen im Bazar dominant auf, sie bewähren sich auch beim üblichen Gespräch um die Festlegung des Preises.

Erst im modernen Teheran, an der großen Magistrale, der Shah Reza-Straße und nördlich davon findet man weibliche Arbeitskräfte als Sekretärinnen und Verkäuferinnen, durchaus ein gravierender Faktor des westlich-europäischen Einflusses in einer orientalischen Stadt. In den staatlichen Stellen hat die landweite Kampagne zur Emanzipation der Frau am raschesten ihren Niederschlag gefunden, 32 % der weiblichen Berufstätigen sind Staatsangestellte.

Im Vergleich der Erwerbsquoten nach Altersgruppen (Tab. 6) wird als weiteres Charakteristikum der Arbeitswelt eines Entwicklungslandes das Hineinreichen der Phase der Erwerbstätigkeit in Jugend und Alter erkannt. Schon über 10 % der bei uns noch schulpflichtigen Kinder — und es sind die, die die Grundschule vorzeitig verlassen — sind berufstätig. Nicht weniger als 43 % der Männer über 65 gehen, weil ihnen eine Altersversorgung nach westlichem Muster fehlt, noch ihrem Beruf nach. Die islamische Gemeinde und der Familienverband stellen im traditionellen Bereich den Rückhalt und die Existenzsicherung bei Arbeitsunfähigkeit dar. Die Untätigkeit eines arbeitsfähigen Mannes wird nie unterstützt.

Tabelle 6

Erwerbsquoten nach Altersgruppen und Geschlecht, ein Vergleich

Altersgruppe	männlich		weiblich	
	Teheran 1966[1])	Österreich 1966[2])	Teheran 1966[1])	Österreich 1966[2])
65 und mehrjährig	43,3	22,1	6,3	10,8
60—65	66,3	66,0	9,0	19,7
50—60	83,0	90,5	9,3	43,8
30—50	97,0	97,4	11,4	55,5
20—30[3])	88,0	91,3	11,7	87,0
15—19[4])	80,4	77,0	6,3	69,0
10—14	11,2	—	3,5	—

[1]) Census 1966.
[2]) Bildungsplanung, Bd. 1.
[3]) Für Österreich: 18—30.
[4]) Für Österreich: 15—38.

3. 2. 3 Gesellschaftsaufbau in der verwestlichten orientalischen Stadt

Die Gliederung der berufstätigen Bevölkerung nach den Hauptberufsgruppen, die neue Verwaltungs- und Büroberufe erkennen ließ, die Gliederung nach der Art der Tätigkeit, die das traditionelle Gewerbe und Kleingewerbe und den Bereich der öffentlichen Hand aussondert, sowie die Ordnung nach Hauptwirtschaftsgruppen, aus der die Produktion dem Handels- und Dienstleistungssektor gegenüberstellbar ist, ermöglichen den Versuch einer hierarchischen Ordnung der Gesellschaft unter Zugrundelegung bekannter Rangordnungen für westliche und traditionelle Berufsgruppen. In Ermangelung anderer datenmäßig erfaßter Prestigemaße werden die Hauptberufsgruppen in ihrer Relation zu einer Bildungsskala in Tabelle 7 dargestellt. Sie zeigt deutlich die Gliederung der Gesellschaft in einen bildungsabhängigen Bereich neuer Berufe, der Intelligenz-, Administrations- und Büroberufe und in den eher bildungsunabhängigen Bereich der manuellen Tätigkeit, des Handels und der einfachen Dienstleistungen[34]. Sowohl die Büroberufe wie auch die Handelsberufe nehmen eine Zwischenstellung ein. So verfügen 20 % der Büroangestellten nur über Elementarschulbildung, während 10 % der einfachen Handelsbediensteten Sekundarschulbildung besitzen[35].

Tabelle 7

Beschäftigte nach Hauptberufsgruppen und nach erreichtem Bildungsstand.
Angaben in Prozent

erreichter Bildungsstand	Beschäftigte insgesamt	Hauptberufsgruppen							
		geistige u. techn. Berufe	administrative Berufe	Büroberufe	Dienste[1])	Handelsberufe	Gewerbe u. Industrie	Landwirtschaft	sonstige
		8,3	0,9	10,9	15,9	15,4	49,5	3,2	7,5
Hochschulabschluß	3,8	26,3	37,8	5,9	0,9	0,7	0,1	1,1	6,5
Sekundarschule vollständig	6,7	48,3	28,5	26,5	0,9	3,6	0,9	2,3	15,3
Sekundarschule unvollständig	14,2	14,9	14,5	30,4	3,9	10,0	6,8	4,6	19,2
Elementarschule vollständig	18,0	6,7	7,6	20,7	14,2	21,5	21,1	6,9	20,7
Elementarschule unvollständig	18,4	5,7	7,4	11,7	18,9	21,8	23,4	18,4	14,7
Analphabeten	38,0	3,1	1,4	4,2	60,7	41,9	47,2	65,2	21,9
Bildung unbekannt	0,7	1,5	1,4	0,6	0,5	0,5	0,5	0,5	1,7
zusammen	100,0	100,0	100,0	100,0	100,0	100,0	100,0	100,0	100,0

[1]) Persönliche Dienste, Haus- und Reinigungspersonal, Gaststättenpersonal.
Quelle: Census 1966.

Nicht zur Schreibkundigkeit gelangt sind 61 % der Beschäftigten in Dienstleistungsberufen, 47 % der Arbeiter in der Produktion und 42 % der im Handel Tätigen. Bereits aus diesen Daten wäre ein bildungsbe-

[34]) Restanteile niedriger Bildung in „gehobenen Berufen" sind auf die relativ junge Bildungsexpansion sowie darauf zurückzuführen, daß die iranische Statistik auch Geistliche, Kulturschaffende oder Sportler, die nicht notwendigerweise eine höhere Schulbildung besitzen müssen, diesen Gruppen zuzählt.
[35]) Leitende Positionen des Handels werden unter „administrative und Management Berufe" geführt.

zogener S t u f e n b a u der Gesellschaft abzuleiten, dessen vertikale Einheiten der erreichten Bildungsstufe und dessen horizontale Anordnung den jeweiligen Prozentsätzen entsprächen. Doch ist gerade die orientalische Gesellschaftsordnung durchaus nicht nur bildungsorientiert. Die Differenz zwischen dem sozialen Oben und Unten ist in stärkerem Maße besitzbezogen und berufsabhängig. Die Einkommensunterschiede sind äußerst weit gespannt und laufen in bestimmten Berufsgruppen, so etwa bei den Selb-

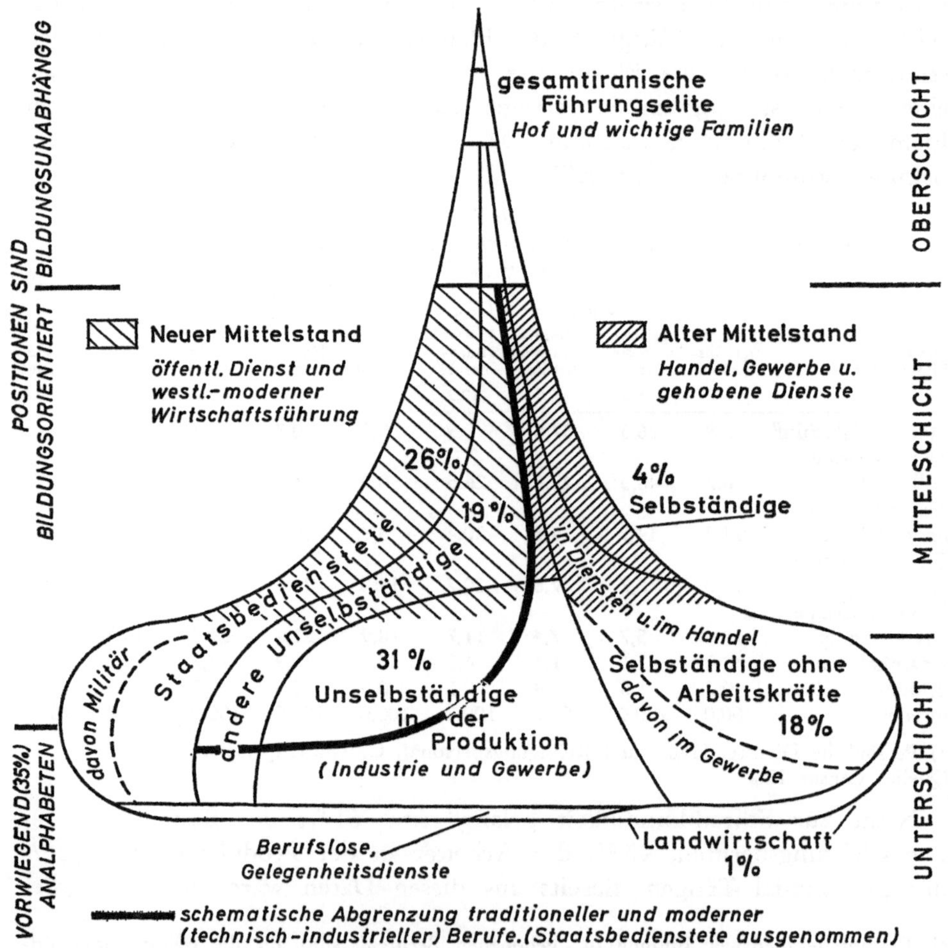

Abb. 33: Gesellschaftsaufbau Teherans. Schema der Einordnung neuer sozioökonomischer Gruppen in die Sozialstruktur der traditionellen Stadt. Felder einzelner Berufsgruppen in flächenproportionaler Darstellung (Gesamtfigur = 100 %)

Daten: Census 1966

ständigen, nicht mit der Bildungsskala parallel. Letztere ist daher vorwiegend für die relativ jungen, westlich-moderner Wirtschaftsführung entsprechenden Berufe ein gültiges Gliederungskriterium.

Beim Entwurf eines Schemas des Gesellschaftsaufbaues werden Bildungs- und Einkommensreihungen einander in einer unskalierten Prestigeabfolge zugeordnet. Dieser werden die einzelnen Berufsklassifizierungen so zugeordnet, daß ihnen eine bestimmte horizontale und vertikale Ausformung der den Gesellschaftsaufbau repräsentierenden Figur (Abb. 33) zukommt. Dabei weisen Felder mit starker vertikaler Erstreckung auf eine Gruppe mit sozialprestigemäßig unterschiedlichen Mitgliedern hin, während eher horizontale Begrenzungen den schichtspezifischen Charakter betonen. Die Fläche, die die einzelnen Gruppen in diesem Schema des sozioökonomischen Zusammenbaus der Bevölkerung Teherans einnehmen, steht zur Gesamtfläche der Figur im selben Verhältnis wie die betreffende Gruppe zur Gesamtzahl der Beschäftigten.

Am einfachsten sind die Extrempositionen der sozialen Hierarchie auszugrenzen. Ihre Spitze wird durch die politische und zugleich auch wirtschaftliche Führungsschichte des Staates gebildet. Sie besteht aus dem Hof und den wichtigsten Familien, die durch Positionen und Grundbesitz etabliert sind. Ihnen folgt die übrige Oberschicht, die sich ebenfalls aus alten und besitzenden Gruppen zusammensetzt. Sie haben sich in Teheran im Laufe der Jahre konzentriert, wodurch den Provinzhauptstädten eine echte Oberschicht vielfach abgeht. Aufstiege in diese Oberschicht sind selten und am ehesten noch Militärs möglich. Den Gegenpol in der Sozialprestigeskala bilden die Randschichten der Gesellschaft, die nicht im geregelten Arbeitsprozeß integriert sind, und daher auch nicht statistisch erfaßt sind. Es handelt sich um die Basisschicht der Gelegenheitsarbeiter, der Bettler und Obdachlosen. Sie ist in Teheran, ja überhaupt im Iran sehr schmal, in ausgesprochenen Entwicklungsländern dagegen wesentlich stärker vertreten. Als weitere Randschicht sind hier die landwirtschaftlich Tätigen zu nennen.

Der aufgrund der Zensusangaben eigentlich gliederbare Teil der Gesellschaft besteht aus einer Reihe traditioneller Berufe, denen die jüngeren und neuen Tätigkeiten der modernen Staats- und Wirtschaftsführung gegenüberstehen. Sie sind durch eine approximative Linie voneinander getrennt. Zu ersterer Gruppe zählen jedenfalls die Unternehmer, Selbständige mit abhängigen Arbeitskräften. Sie zählen zur traditionellen Mittelschicht, sind jedoch in sich sehr stark und deutlich nach Branche und Betriebsgröße gegliedert. Sie sind die tragende Schicht des traditionellen Mittelstandes, und ihre Stellung zeigt, daß die alte Gesellschaftsordnung als sehr schmale Hierarchie von Positionen, die eine breite Basis überlagern, gedacht werden kann. Nach unten hin werden sie von den Selbständigen ohne mithelfende Arbeitskräfte abgelöst, die ihrerseits in einen Dienstleistungs- und Handelsteil und in einen niedriger zu bewertenden Kleingewerbeteil zu gliedern sind. Nur wenige Positionen dieser Gruppe (Teppichhändler, Gold- und Silberschmiede, Realitätenhändler) besitzen das Prestige, dennoch einer (unteren) Mittelschicht zugezählt zu werden. Hier sei angemerkt, daß gerade bei traditionellen Berufsgruppen die Zusammenfassung nach der „Stellung im Berufsleben", die ja einer Lebensform entspricht, den tatsächlichen empfundenen sozialen Einheiten näherkommt als eine Schichtung, die diese Zusammengehörigkeit unberücksichtigt ließe. Die große Gruppe der unselbständig Beschäftigten (50,0 %) setzt sich (vgl. Tabelle 4) zu etwa 60 % aus Produktionsberufen, Bau- und Transportwesen zusammen. Diese, das Gros der Arbeiter, sind den übrigen Unselbständigen, speziell den Handels- und Büroberufen, prestigemäßig unterlegen, während die Unselbständigen aus Dienstleistungsberufen (60 % Analphabeten) eher gleichrangig neben ihnen stehen.

Besonders diese Gruppe der Unselbständigen kann als weitgehend neuer Teil der städtischen Gesellschaft gesehen werden. Schließlich sind 26 % der Beschäftigten als Staatsbedienstete zu nennen, die sich von einfachen kommunalen Diensten über den Transport-, Fernmelde- und Energiesektor zu den Gesundheits- und Bildungsdiensten und den Verwaltungsfunktionen erstrecken. Ihre Gliederung, die speziell aus Tabelle 4 hervorgeht, entspricht der Stellung der Staatsbediensteten in Abb. 33. Sie bilden mit den technischen und Intelligenzberufen die gehobenen Mittelschicht-Positionen, die sich bei führenden Beamten ebenso wie bei Spitzenkräften der Wissenschaft in die einflußreiche Oberschicht fortsetzen. Unterschichtet werden die Intelligenzberufe von den diversen Büroberufen. Der Umfang beider Gruppen ist im Schema des Gesellschaftsaufbaues gut darstellbar. Dessen wesentliche Elemente sind die Erweiterung der traditionellen Hierarchie durch neue Berufe, die westlichen Verwaltungs- und Produktionsweisen entsprechen und in hohem Maße bildungsabhängig zu stufen sind. Dies wieder ist ein Gegensatz nicht nur zum alten Mittelstand, sondern auch zur ausgesprochen deutlich erkennbaren Oberschicht.

So steht die Sozialstruktur des neuen Mittelstandes wegen der grundsätzlich unterschiedlichen Bildungs- und Berufswelt trotz prestigemäßiger Parallelisierung vielfach neben den traditionellen Gruppen der Handels- und Gewerbetreibenden. Verbindungen zu überkommenen Gruppen ergeben sich über die außerberuflichen sozialen Bindungen wie etwa bei der Spitzengruppe der Verwaltungs- und Wirtschaftspositionen, die in der Regel von

Mitgliedern der alten Oberschicht besetzt werden. Mit steigender Verwestlichung der Produktions- und Handelsformen wird auch die alte, vorwiegend aus Selbständigen gebildete Mittelschicht eine weitere Annäherung an den neuen Mittelstand, eine als Generationenablöse erfolgende Wegentwicklung von traditionellen Wirtschaftsformen erfahren. So ist der neue Mittelstand Teherans Innovationszentrum, von dem aus nicht nur die Gesellschaft Teherans, sondern die des gesamten städtischen Lebensraumes im Iran Impulse empfangen. Ähnliches gilt für breite Bevölkerungsschichten, für die stark ausgeweitete Unterschicht. Hier verfügt die zahlenmäßig nicht dominierende Industriearbeiterschaft über eine sozialrechtliche Besserstellung, weil nur in Großbetrieben die entsprechenden Gesetze kontrolliert und damit angewendet werden können. In den Kleinbetrieben des Gewerbes und des Handels können die aus dem Westen übernommenen Sozialversicherungs- und Arbeitsrechtsbestimmungen vorläufig nicht von oben her durchgesetzt werden. Im Gegensatz zum Mittelstand ist die Unterschicht nur soweit westlich geprägt, wie es ihr die äußerst bescheidenen Mittel ermöglichen.

4. RÄUMLICHE DIFFERENZIERUNG NACH STRUKTUR- UND FUNKTIONSMERKMALEN

4. 1 Aspekte zur Wohnsituation

4. 1. 1 Baualter und Baumaterial

Die rasche Entwicklung der Stadt Teheran brachte es mit sich, daß die meisten Bauten sehr jung sind: 60 % der Wohnungen waren 1966 weniger als 10 Jahre alt. Das entspricht bei der Zahl von 354 000 Wohnungen einer Bauleistung von jährlich etwa 20 000 Wohneinheiten während des letzten Dezenniums, eine respektabel erscheinende Leistung. Man darf sich bei dieser Zahl jedoch insoferne nicht täuschen lassen, als in ihr sämtliche, auch die Substandardwohnungen des Stadtrandes, mit enthalten sind. Was die Gebäude anlangt, so gibt die Statistik für das Jahr 1969/70

(1348) 1070 Neubauten und für 1970/71 (1349) 1290 Neubauten an. Diese
Zahlen beziehen sich offenbar nur auf bewilligungspflichtige, größere Ob-
jekte in moderner Bauweise, während die gleichzeitig entstehenden Be-
hausungen im südlichen Stadtgebiet und am Stadtrand nicht aufscheinen.
Ob der oben genannte Bauboom unvermindert anhält, ist schwer zu be-
urteilen. Nach intensiver Erkundung in der Stadt hat man jedoch den
Eindruck, daß die während der letzten Censusperiode entstandenen großen
Wohnsiedlungen (wie etwa Teheran/Pars, Narmak, Farahabad, südlich des
Bahnhofes und westlich der Simetristraße) zur Zeit keine Fortsetzung,
sondern nur eine Auffüllung erfahren. Dagegen ist ein deutlicher Trend
zur Qualitätssteigerung im Wohnungsbau zu beobachten. Das bedeutet zugleich ein Bauen für vornehmlich gehobene Schichten, für den in Teheran
sich bildenden Mittelstand der jungen Sozialgruppen von Angestellten und
Beamten. Wie eine Gegenüberstellung mit anderen großen Städten des
Iran für 1970/71 zeigt, steht Teheran zur Zeit im Bautenzuwachs nicht
mehr einsam an der Spitze, was als gutes Zeichen im Sinne einer Struktur-
verbesserung der Provinzstädte und der Dezentralisierung gesehen werden

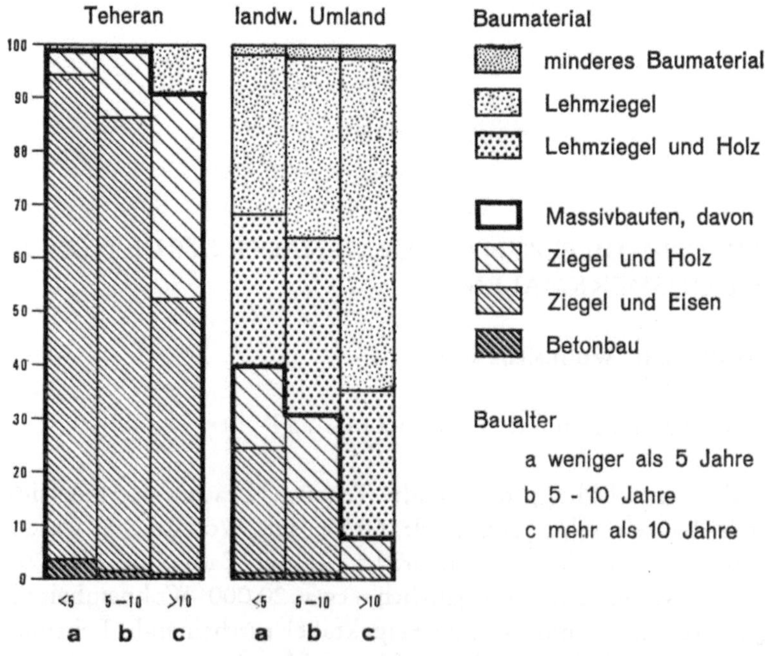

Abb. 34: Baualter und Baumaterial in Teheran und im Umland
der Stadt (Teheran Shahrestan, rural area)
Daten: Census 1966

muß. Dabei ist es charakteristisch, daß die Neu-Verbauung in Teheran, der Stadt mit dem höchsten Bodenpreis-Niveau, den geringsten Flächenbedarf aufweist:

Neubauten 1970/71 (1349)

	Objekte	Fläche in ha
Isfahan	1608	224
Teheran	1292	141
Hamedan	1281	187
Abadan	1086	212
Tabriz	808	88
Mashad	559	86
Shiraz	257	30

Quelle: Tehran Municipality.

Dem raschen Wachstum der Stadt entsprechend, sind nur 40 % der Wohnungen Teherans mehr als zehn Jahre alt. Etwa ein Viertel (26,8 %) stammt aus dem ersten Teil der letzten Censusperiode (1956—1961), während ein Drittel (32,7 %) zwischen 1961 und 1966 errichtet wurden, das entspricht einem gesteigerten Wachstum der sechziger Jahre. Die verwendeten Baumaterialien gleichen sich in Teheran dabei zunehmend westlichen Normen an. So werden heute bei mehr als 95 % der Wohnbauten Eisenträger verwendet; bei den Gebäuden, die mehr als zehn Jahre alt sind, liegt dieser Anteil bei etwa 50 % (Abb. 34). Der Anteil an billigstem Lehmziegelbau, der in den älteren Objekten noch 10 % umfaßt, ist nach der Statistik praktisch auf Null gesunken. Moderne Stahlbetonbauweise allerdings hat sich wegen der hohen Kosten des zu importierenden Materials bis in die Mitte der sechziger Jahre noch nicht entsprechend durchsetzen können. 72 % der Wohnbauten Teherans sind aus gebrannten Ziegeln und Eisen errichtet, wobei ein eigenartiges Verfahren durchgängig angewendet wird: Eisenträger, die im Untergrund verankert sind, bilden ein vertikales und horizontales Stahlgerippe, dessen Füllmaterial das Ziegelmauerwerk darstellt. Damit wird den Gebäuden eine im Vergleich zum reinen Ziegelbau wesentlich erhöhte Festigkeit gegeben, die mehrgeschossiges Bauen ermöglicht, ohne die Kosten des Schalbetonbaues (teure Holzverschalung!) tragen zu müssen.

Bereits wenige Kilometer außerhalb des Stadtgebietes, in den Dörfern der Umgebung, gibt es keine nennenswerte Siedlungsentwicklung. Nur 22 % der Bauten entstanden während des letzten Jahrzehnts, wobei die Bautätigkeit zu Beginn der Zählperiode stärker war als zu deren Ende. Die Stadt Teheran hat kein Pendlerumland, — wohl auch ein ganz we-

sentlicher Unterschied der modernen orientalischen Stadt zum europäischen Städtewesen. Der alte kulturelle Gegensatz von der Stadt zum Land
ist auch heute zu groß, als daß Städter in den nahen Dörfern leben woll-
ten. Die Bautechnologie hat sich aber auch in den Dörfern verbessert,
wenngleich der Unterschied der verwendeten Baumaterialien die Stadt
heute von ländlichen Bauten noch mehr abhebt als früher. Immerhin sind
schon 40 % der Neubauten aus gebrannten Ziegeln errichtet, während
man bei den älteren Gebäuden nur etwa zu 7 % dieses feste Material ver-

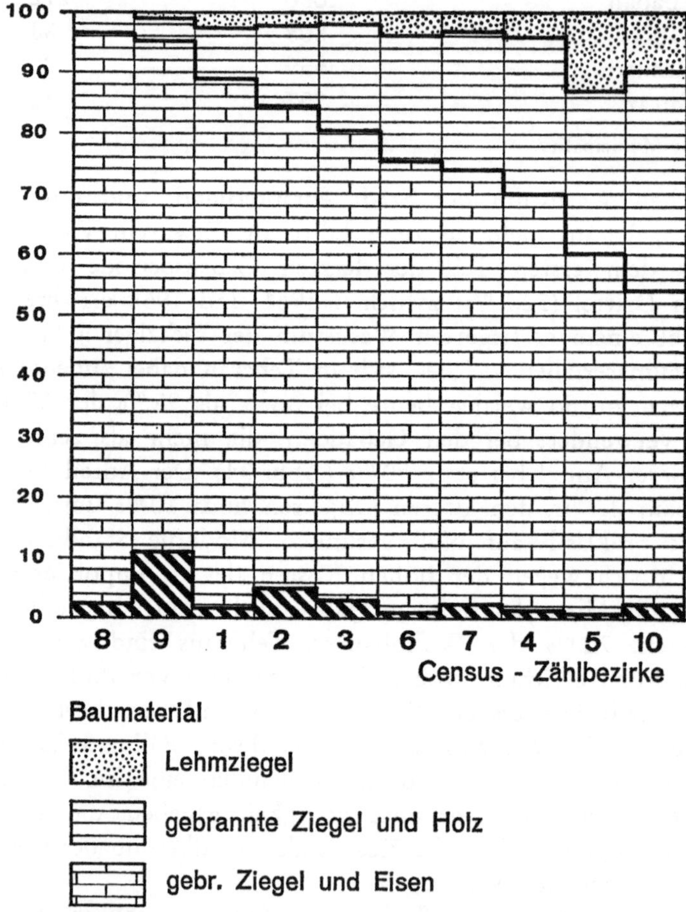

Abb. 35: Baumaterial der Wohnbauten nach Zählbezirken.
Zählbezirke 1—10, vgl. Abb. 40
Daten: Census 1966

wendete. Die übrigen Wohnbauten sind aus Lehmziegeln errichtet, die auch bei Neubauten noch zu 60 %/o verwendet werden. Die nur langsame Abkehr vom althergebrachten Lehmziegelbau, eingeschossig und mit Rundholzabdeckung, wird bei einem Preisvergleich verständlich: so betrugen die Baukosten pro m² im Jahre 1965 bei Lehmziegelbauweise 800 Rial, bei gebrannten Ziegeln und Holz 1625 Rial und bei gebrannten Ziegeln mit Eisen 2200 Rial[36]).

Die Gliederung der Wohnbauten Teherans nach dem Baumaterial zeigt eine sowohl zeitliche wie auch sozialstrukturell bedingte Differenzierung der Zählbezirke (Abb. 35). Die primitiven Lehmbauten sind am stärksten in der Altstadt und am südlichen Stadtrand vertreten, dasselbe gilt für die traditionelle Verarbeitung von Ziegeln und Holzbalken, deren tragende Funktion bei Decken und über Fenstern und Türen erst in den jüngeren Wohnvierteln mehrheitlich durch Eisenträger ersetzt wird. Letzteres gilt besonders für die Mittelstandsvororte im Nordwesten (Shahr-e-Ziba, Teheran Villa) und Nordosten (Narmak, Teheran Pars, Teheran Now), wo bis zu 90 %/o der Wohnungen im Jahre 1964 weniger als zehn Jahre alt waren. Moderner Stahlbetonbau ist nur in den durchaus westlich geprägten Villengebieten nördlich des neuen Stadtzentrums zu finden. In keinem anderen Bezirk wird der hier gezählte Wert von über 10 %/o Betonbauten an der Gesamtbausubstanz auch nur annähernd erreicht.

4. 1. 2 Wohnverhältnisse

Soziale Bindungen und bauliche Beengtheit haben in der orientalischen Stadt Wohnungssituationen entstehen lassen, die durch das großfamilienartige Zusammenleben mehrerer Generationen in einer Wohnung unter der Lenkung durch die ältesten Familienmitglieder, durch kinderreiche Familien, Kleinwohnungen und vielfach rentenkapitalistisch hohe Mieten gekennzeichnet sind. Über die Verhältnisse in Teheran gibt die Statistik gewisse Auskunft, wobei die Daten nach Zählbezirken die Abweichung einzelner Stadtteile von ursprünglichen traditionellen Wohnungssituationen zeigen.

Eine erste Kennzahl ist die B e l a g s z i f f e r der Wohnungen, in der die Anzahl der Personen, die in einer Wohnung leben, dargestellt wird. Sie ist in allen Stadtgebieten erstaunlich hoch (Tab. 8), schwankt jedoch zwischen 5,72 Personen in den nördlichen Villengebieten und 8,94 Personen in der Altstadt. Somit können westlich orientierte Haushalte mit

[36]) Iran Almanac 1970, Durchschnittspreise iranischer Städte.

durchschnittlich sechs und traditionell orientalische Haushalte mit neun Personen angegeben werden.

Diese Belagsziffern haben keinen direkten Zusammenhang mit der Familiengröße und der Kinderzahl. Die Größe der Stammfamilie, also der Eltern und deren im Haushalt lebenden Kinder, beträgt im Stadtmittel 4,89 Personen. Die Daten der Zählbezirke weichen nur geringfügig davon ab, sie erreichen im Stadtrandgebiet den Wert 5,00 und sinken im westlichen Stadtteil auf 4,69 und 4,57 Personen pro Familie ab. Die hohe Belagsziffer der Wohnungen wird vielmehr durch das Z u s a m m e n l e b e n m e h r e r e r H a u s h a l t e in einer Wohnung erreicht. Damit hat die Statistik ein sehr wesentliches traditionelles Verhalten erfaßt. Eine brauchbare Kennziffer bietet die Relation von Haushalten zu Wohneinheiten. Durch sie wird der Altstadtkern mit durchschnittlich 2,0 Haushalten pro Wohnung klar hervorgehoben, aber auch die südlichen Bezirke der Stadt zeigen diese Wohnstruktur mit Werten von 1,9—1,7. Unter dem Stadtmittel von 1,6 liegen die verwestlichten neuen Stadtteile, wobei speziell im modernen Wohnviertel nördlich der neuen City (Bezirk 9) eine durchaus westlichen Städten angenäherte Kennzahl von 1,2 Haushalten pro Wohnung erreicht wird. Doch auch das bescheidenere junge Stadtrandviertel Narmak (Bezirk 8) zeigt mit der Kennzahl 1,4 bereits eine deutliche Distanz zu den traditionellen Formen des familiengebundenen Zusammenwohnens. Die Verselbständigung der Stammfamilie, ihre Lösung aus dem Großfamilienverband, zeigt sich hier als markantes und an die finanziellen Möglichkeiten westlich-gehobener Berufe gebundenes Merkmal der Entwicklung einer neuen Lebensform. Wie die Erfahrung zeigt, ist der Kontakt zwischen den heute vielfach getrennt lebenden Mitgliedern der Großfamilie jedoch ein sehr enger. Speziell die ältere Generation besucht regelmäßig, fast tagtäglich, die Familien ihrer Kinder, sie wird dort mit dem beeindruckenden Respekt, den traditionell erzogene Perser ihren Eltern entgegenbringen, empfangen und bewirtet.

Über die weitere Gliederung des Zusammenlebens mehrerer Haushalte geben diejenigen Spalten der Tab. 8 Auskunft, die Ein- und Mehrhaushaltswohnungen trennen. Sie zeigen in verstärktem Maße das Nebeneinander westlicher und traditioneller Wohnsituation. So leben selbst in der Altstadt nicht weniger als 57 % der Haushalte in ihrer Wohnung alleine, ähnliches gilt für benachbarte ältere Gebiete der Stadt (Zählbezirk 4: 54 %, Zählbezirk 3: 62 %). In den moderneren Stadtvierteln haben sogar 88 % der Haushalte (Zählbezirk 9), beziehungsweise 79 % (Zählbezirk 2) eine eigene Wohnung. Die übrigen Haushalte leben mit anderen wirtschaftlich selbständigen Familienmitgliedern, hier das Kriterium für Haushalt, zusammen.

84

Wieder sind es die Altstadt und benachbarte Gebiete, in denen Mehrhaushalts-Wohnungen besonders häufig sind. In der Altstadt selbst sind 10 %
der Wohnungen von drei und weitere 10 % von mehr als drei Haushalten
bewohnt, eine Enge, die nicht in irgendeinem tradierten orientalischen Be-
wußtsein, sondern in der hier konstitutionellen wirtschaftlich-finanziellen
Situation, die für Viele gerade das Überleben sichert, wurzelt.

Tabelle 8
Wohnstruktur nach Zählbezirken

Stadtteil	Zählbezirk	Bevölkerung 1966 (in 1000)	Wohneinheiten (in 1000)	Haushaltsvorstände (in 1000)	Belagsdichte Personen/ Wohnung	Größe der Stammfamilie	Haushalte pro Wohnungseinheit	Zahl der Haushalte pro Wohnungseinheit in %			Haushalte mit nur 2 Wohnräumen (in %)
								1	2	3	
Westliche City	2	160	28	36	6,00	4,57	1,3	79	12	5	6
Nordwest	1	304	42	63	7,20	4,91	1,5	69	21	7	24
Nord	9	116	20	24	5,72	4,69	1,2	88	8	3	14
Mitte-Ost	3	362	45	75	8,04	4,93	1,7	62	24	7	23
Nordost	8	238	34	47	7,01	5,00	1,4	74	19	4	32
Altstadt	5	321	36	72	8,94	4,84	2,0	57	21	10	13
Mitte-West	4	366	42	78	8,75	4,91	1,9	54	26	12	31
Südwest	7	313	38	63	8,21	4,98	1,7	60	24	9	46
Mitte-Südost	10	285	34	55	8,37	4,93	1,6	65	23	7	29
Südost	6	281	35	52	8,00	4,94	1,5	69	22	6	43
insgesamt		2720	354	566	7,67	4,89	1,6	66	21	8	27

Quelle: Census 1966.

Die Wohnungsgröße ist durch die Zahl benützter Wohnräume im Census
festgehalten. Kleinwohnungen mit zwei Räumen dominieren in Teheran
(27 %), gefolgt von der auf den ersten Blick hohen Zahl von Vierzimmer-
Wohnungen (22 %). Diese stehen jedoch mit den Mehrhaushalts-Wohnungen
in Zusammenhang, besonders im Bereich der Altstadt. Die Variation der
Wohnungsgrößen innerhalb der Zählbezirke wird anhand des Anteiles der
Zweizimmerwohnungen in Tab. 8 gezeigt. Dabei können Altstadt, westlich-
moderner Stadtteil und Substandard-Viertel des südlichen Stadtrandes durch
die Relation des Kleinwohnungsanteiles zur Zahl der Haushalte pro Wohnung gut voneinander abgehoben werden. In den westlich orientierten Stadtteilen ist sowohl der Anteil der Zweizimmerwohnungen wie auch der der
Mehrhaushaltswohnungen gering, eine Merkmalskombination, die am stärksten im Zählbezirk 2 (westliche City) zum Ausdruck kommt. Die Altstadt dagegen hat ebenfalls einen geringen Anteil an Kleinwohnungen, doch
entspricht der guten räumlichen Ausstattung eben auch ein hoher Anteil

von traditionellem Zusammenwohnen mehrerer Familien. Am südlichen Stadtrand dagegen kommt die Beengtheit des Wohnens in den Unterschichtvierteln der Stadt durch hohe Kleinwohnungsanteile (43 %, 46 %) und häufige Mehrfamilienwohnungen (bis zu 40 %) zum Ausdruck.

4. 1. 3 Traditionelle und moderne Wasserversorgung

Die Entwicklung zur Großstadt ist im ariden Raum weitgehend von der Möglichkeit einer steigenden Trinkwasserzulieferung abhängig. Im Falle der Stadt Teheran zwang der Wasserbedarf zum Bau einer zentralen Fernwasserleitung, die das alte Qanatsystem nun abgelöst hat. Die große Bedeutung des Wassers rechtfertigt ein ausführliches Eingehen auch auf die traditionelle Wasserversorgung, auf den in der Nachkriegszeit erfolgten technologischen Wandel und auf die räumlichen Unterschiede der Wasserversorgung als Faktor der Infrastruktur.

Die schmalen, oft unterbrochenen oder nur punkthaften Grüninseln der Gebirgsrandoasen des iranischen Hochlandes sind ein Charakteristikum auch für den Raum um Teheran. Die Feldflächen sind abhängig von Bewässerungssystemen, die im Zusammenhang mit technischem Wasserbau im ganzen Orient ja auf eine jahrtausendlange Vergangenheit zurückblicken können. Die Wasserbaukunst hat im Iran eine spezielle, an die Morphologie des gebirgsumgürteten Hochlandes gebundene Wasserförderungsart entwickelt, die auch für das alte Teheran maßgebend war. Es handelt sich dabei um Q a n a t e, mehrere Kilometer lange unterirdische K a n ä l e. Sie beginnen bei Talaustritten am Gebirgsfuß, wo sie den Grundwasserspiegel, der durch den versickernden Gebirgsbach gespeist wird, in oft beträchtlicher Tiefe anzapfen, und laufen von dort gegen das Beckeninnere. Das Gefälle der Kanäle ist geringer als das der Landoberfläche, wodurch sie in gewissem Abstand vom Gebirgsrand als Bäche wieder an die Oberfläche treten und sowohl als Trinkwasser wie auch zur Bewässerung verwendet werden. Die Kanäle sind andererseits auch flacher geneigt als der mit zunehmender Entfernung vom Gebirge in große Tiefe absinkende Grundwasserstrom, der mit herkömmlichen Methoden nicht nutzbar gemacht werden kann.

Der Bau der Qanate wird durch den Schuttmantel, der die Gebirge in großer Mächtigkeit umhüllt, möglich. Dieser ist leicht zu bearbeiten, hat aber doch die für einen Tunnelbau notwendige Festigkeit. Der Verlauf der Qanate ist an der Oberfläche, besonders aber aus dem Luftbild gut zu verfolgen, denn in Abständen von etwa 20—70 m gibt es senkrechte Schächte, von deren Grund aus der Kanalbau nach beiden Seiten voran getrieben wird.

Das Aushubmaterial liegt als Wall um den senkrechten Schacht, der nach der Beendigung der Bauarbeiten durch eine Steinplatte verschlossen werden kann. Die Instandhaltungsausgaben für die Qanate sind sehr hoch, was dazu führt, daß die Kanäle bald verfallen, wenn anderwärtige Wasserbezugsmöglichkeiten entstehen, wie dies in Teheran nach dem Bau der großen Wasserleitung der Fall war.

Aus hygienischen Gründen braucht dieser Verfall jedoch nicht bedauert zu werden, denn die Schichten des Teheraner Bodens, durch die die Qanate führen, nehmen auch die A b w ä s s e r von heute vier Millionen Menschen auf: Teheran hat k e i n e zentrale K a n a l i s a t i o n. Die Abwässer fließen in offenen Straßenkanälen ab, während Fäkalwasser bald nach Verlassen der Senkgruben oder der oft primitiven Kläranlagen unkontrolliert im Untergrund versickert. Haben sich die Sickergruben mit Feststoffen gefüllt, werden neue gegraben. Dieser gravierende Mangel zeigt deutlich den entwicklungsbedürftigen Stand der technischen Infrastruktur in orientalischen Städten, und den wahren, auf den ersten Blick nicht erkennbaren Abstand zum europäischen Städtewesen[37]).

Die W a s s e r v e r s o r g u n g erfolgte bis zum Bau der Wasserleitungen vom Karadjfluß durch die erwähnten Qanate. Von ihrem Austrittspunkt weg versorgen offene Kanäle ein bestimmtes Stadtviertel. Diese sind so angelegt, daß das Wasser frei fließend jedes Haus erreichen kann. Die Kanäle sind bis zu einem Dreiviertelmeter breit und etwa einen halben Meter tief, ihr Querschnitt richtet sich nach der Stellung im Kanalsystem und nach der Straßengröße. Sie verlaufen zu beiden Seiten der Hauptstraßen, während Nebenstraßen nur einen Kanal aufweisen. In der Altstadt und in Gassen der südlichen Stadtteile befinden sich die „Djub" genannten offenen Kanäle in der Straßenmitte. In festgelegter Rotation wurden die einzelnen Straßenzüge mit den zugehörigen Gassen mit Wasser versorgt, wobei etwa einen Tag wöchentlich die Djubs Wasser führten. Dabei wurde zuerst der in den Kanälen abgelagerte Abfall weitertransportiert. Kurze Zeit später, wenn das Wasser bereits klar floß, füllten die Bewohner ihre Zisternen und Wasserbecken mit frischem Wasser. Dazu existierten Zuleitungen von den Djubs in die Gärten und Höfe. Eigenes Personal hatte für die geregelte Verteilung des Qanatwassers zu sorgen. Einwandfreies Trinkwasser war an den Austrittsstellen der Qanate oder an Auslässen der wenigen Wasserleitungen zu erhalten. Es wurde durch Wasserverkäufer vertrieben. In jüngerer Zeit wurden die Djubs ausbetoniert, um das Versickern des Wassers hintanzuhalten. Ihre

---

[37]) Eine Projekt-Studie amerikanischer Ingenieure untersucht die Möglichkeit der Errichtung eines Kanalsystems, dem spätestens mit einem allfälligen U-Bahnbau näher getreten werden muß.

Funktion besteht heute in der Wasserversorgung der Alleebäume, vorwiegend Platanen, sowie in dem Abtransport mannigfältigen Unrats. Ist das Wasser im Nordteil der Stadt noch relativ sauber, so wird es im Weiterfließen durch allerlei Abfälle, durch Abwässer aus Gewerbebetrieben und durch Reste von Gemüsemärkten etc. zu einer dunklen, ölverschmierten und stinkenden Brühe. Die geringe Neigung der südlichen Stadtteile läßt diese Flüssigkeit, in der Kinder, die offenbar gegen viele Krankheiten immun sind, baden, nur langsam dahinfließen. Verstopfen die mitschwimmenden Abfälle die Kanäle (etwa an Kreuzungen, wo sie überdeckt sind), so wird die Straße überflutet. Teile des südlichen Stadtgebietes werden nach heftigen Regengüssen, wegen fehlender Kanalisation, regelmäßig überschwemmt.

Teheran wurde von 30 Qanaten versorgt, von denen in den ersten Nachkriegsjahren noch 13 in Funktion waren[38]). Die Wassermenge, die die Qanate führten, ist erstaunlich hoch. Ihre Gesamtschüttung, die jahreszeitlich bedingte Schwankungen kennt, wird nach G i b b[39]) mit 73—118 Sang angegeben, wobei ein Sang der Durchflußmenge von 16 l/s entspricht. Große Qanate Teherans spendeten 5—7 Sang, am offenen Yussufabad-Bach wurden sogar Mühlen betrieben. Einige Qanate führten zum Nord- und Westrand der Altstadt, andere versorgten ehemals außerhalb der Stadt gelegene Dörfer, oder dienten ursprünglich nur der Bewässerung des Gartenlandes im Norden der Stadt (wie die Qanate Akbarabad und Berianak im Südwesten) oder wie der Qanat Bahar ul Mulk, der die Gärten zwischen den heutigen Straßen Ferdowsi und Lalehzar bewässerte.

Alle Qanate beginnen auf dem Schwemmfächer südlich des Gebirgsfußes und vielfach in der Nähe der Dörfer, die am Ausgang von Tälern das Oberflächenwasser der Bäche nutzen. Die Länge der Teheraner Qanate ist sehr unterschiedlich, wie Abb. 36 zeigt. Nach Braun sind etliche Qanate heute noch in Betrieb, so der älteste Qanat, Mehr Gerd, der einen Teil des Palastviertels bewässerte oder der ebendort mündende und aus dem Gebiet von Tarasht kommende Qanat e Shah. Diese beiden Anlagen versorgten auch den Bazar. Jüngere Qanate, die heute noch Wasser führen, erreichen die Universität und die britische Botschaft[40]). Auch der lange Qanat Farman-Farma,

---

[38]) Diese und die folgenden Detailangaben über Qanate aus: *C. Braun*, 1974: Teheran, Marrakesch und Madrid. Ihre Wasserversorgung mit Hilfe von Qanaten. Bonner Geogr. Abh. 52, S. 29 ff.

[39]) *Gibb, A.*, and Partners, 1958: Water ressources survey Teheran Region. Official Report to the Plan Organization, Teheran.

[40]) Auch die russische Botschaft, wie die britische Botschaft im Gartenviertel der Altstadt gelegen, hatte einen eigenen Qanat, dessen Einzugsgebiet bei Yussufabad lag. Die amerikanische Botschaft wurde zusammen mit dem benachbarten Militärspital von einem der längsten Qanate, er kam aus dem Gebiet von Teheran-Pars im NE, versorgt.

88

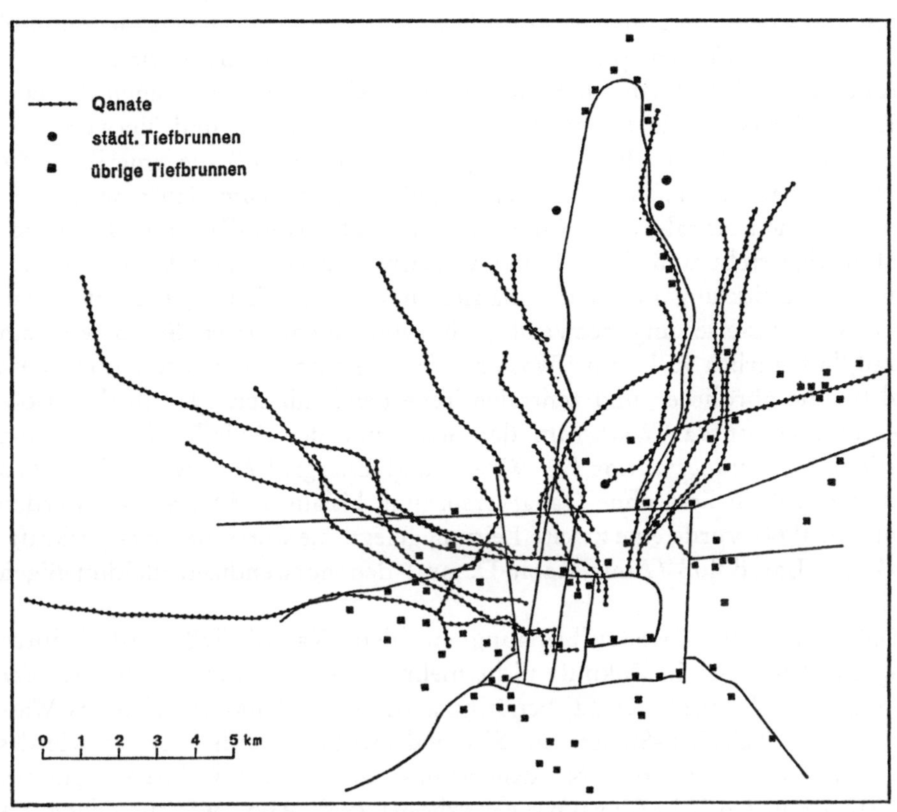

Abb. 36: Qanatsystem und Tiefbrunnen im Raum Teheran
Quelle: C. Braun und Atlas de Tehran

dessen Einzugsgebiet bei Kan liegt, führt heute noch Wasser. Relativ jung ist der Qanat e Baharestan, der den Palast (heute Parlament), seine Gärten und die Sepahsalar-Moschee versorgte. So wie der Shah-Qanat, der in das Burgviertel führte, und 1853 erbaut wurde, und wie einige Kanäle zur Bewässerung der Gärten nördlich der Stadt, enstand er erst in der zweiten Hälfte des 19. Jh. Die Austrittstellen der Qanate, ihre Versorgung von Palästen, Gärten und Botschaften zeigen deutlich die Bindung der peripheren Qanate an Herrscherhaus und Großgrundbesitz. In der Altstadt selbst sind Qanate Elemente, die Quartiergemeinschaften mitzubegründen vermögen. Auch auf das Straßennetz wirkt diese Wasserversorgung zurück. Der Verlauf der offenen Kanäle erfordert selbst in der traditionellen Altstadt ein Mindestmaß an regelhaften Straßenzügen. Jedenfalls gilt dies für die Straßennetze und Flächennutzungen nördlich der Altstadt, wo Besitzstruktur und Verlauf von Bewässerungskanälen eine spätere Teilung verzeichneten.

Auch unter Reza Shah entstanden noch zwei Qanate, von denen der eine (Qanat e Makslus) die Paläste im heutigen Regierungs- und Verwaltungsviertel um den Senat, der andere (Qanat e Mehdiabad) die amerikanische Botschaft versorgten. Dann aber entschloß man sich zum Bau eines 35 km langen offenen Kanals vom Karadjfluß nach Nordwest-Teheran. Er wurde 1931 fertiggestellt und lieferte eine Wassermenge von 1,3 m³/Sekunde. Die weitere Entwicklung der Stadt machte in den Nachkriegsjahren den Bau einer Rohrwasserleitung notwendig, die von einem ersten Staubecken am Karadjfluß jährlich 95 Mio m³ Wasser lieferte. Sie und das Wasserleitungsnetz sind für die nördlichen und zentralen Teile der Stadt seit 1955 in Funktion. Von nun an ist das Wachstum der Stadt mit der Aufschließungsleistung durch das Teheraner „Amt für Wasser und Energie" eng verbunden. Man bedenke, daß Gebiete ohne Qanatversorgung bislang nicht besiedelt werden konnten. 1960 wurde eine zweite Leitung gelegt, die durch das Speicherkraftwerk am Karadjfluß (Amir Kabir-Damm) den notwendigen gleichmäßigen Zufluß erhält.

Die vermehrte Wasseraufbringung aus dem Karadj-Fluß wird dadurch möglich, daß dieser in Zukunft nicht mehr zur Bewässerung im Bereich der Flußoase um die Stadt Karadj benötigt wird. Seine Funktion wird das Wasser aus dem Taleghan-Stausee am Shahrud erfüllen, welches ebenso wie das des Lar-Flusses von der Nordabdachung des Alborz-Gebirges stammt. Daneben wurden T i e f b r u n n e n erbohrt (vgl. Abb. 36), aus denen 1,4 m³/sec. Wasser gefördert werden. Eine weitere Wasserbezugsmöglichkeit stellt der Djadjerud-Fluß dar, von dessen Staubecken bei Latian bereits 40 Mio m³ jährlich nach Teheran geleitet werden.

Zur Zeit sind etwa 85 % der Stadt durch Leitungen des Teheraner Water Departments versorgt, welches die 191 Mio m³ (1970) aus folgenden Anlagen bezieht:

Tabelle 9
Herkunft des Wassers für Teheran 1970

Förderung durch die	Karadj Becken (Stausee)	135 Mio m³
Stadtverwaltung	Djadjerud Becken (Stausee)	40 Mio m³
	Tiefbrunnen u. Qanate (Grundwasser)	16 Mio m³
städtisches Leitungswasser	insgesamt	191 Mio m³
Private Brunnen und Qanate		33 Mio m³
	Gesamtangebot 1970	224 Mio m³

Quelle: Water Department, Teheran.

Im Jahr 1966 nutzten 78,8 % der Haushalte städtisches Wasser, 10 % davon mußten sich an einem offenen Brunnen (meist auf der Straße) versorgen. Dies betrifft vorwiegend die südlichen Teile der Altstadt, wo das Wassernetz nicht allen verwinkelten Sackgassen folgt, sowie die Gebiete des östlichen Stadtrandes. 19,6 % erhielten ihr Wasser aus Hausbrunnen und nur 1,2 % nutzten Qanatwasser. Eine Darstellung der Art der Wasserversorgung nach Zählbezirken (Abb. 37) zeigt deutlich, in welchen Gebieten die Versorgung

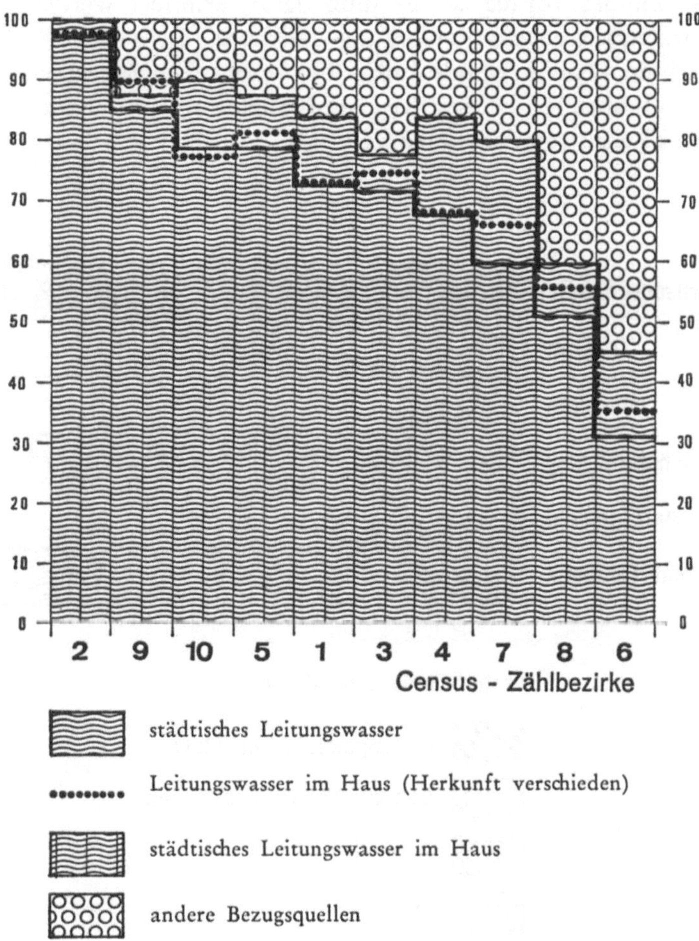

Abb. 37: Wasserversorgung Teherans nach Zählbezirken.
Zählbezirke 1—10, vgl. Abb. 40
Anmerkung: Städtisches Leitungswasser versorgt neben Hausanschlüssen
auch öffentliche Wasserauslässe auf der Straße, besonders in den
ärmeren Wohngebieten.
Daten: Census 1966

mit städtischem Wasser optimal ist: im Zentrum um die Shah-Reza-Straße. Im Bereich von Narmak und Farahabad gibt es noch weite Versorgungslücken. Aber auch die Stadtteile, in denen die öffentlichen Brunnen (Hydranten) aufgesucht werden müssen, sind wohl äußerst entwicklungsbedürftig.

Doch erst ein Vergleich mit der Wasserversorgungsmöglichkeit anderer iranischer Gebiete (Abb. 38) zeigt, wieweit auch hier Teheran den übrigen Städten des Landes voraus ist. Es muß daran erinnert werden, daß noch in den Fünfzigerjahren die Versorgung der Stadt fast ausschließlich auf der althergebrachten Qanatmethode fußte. Heute hat Teheran einen deutlichen materiellen Vorsprung, bereits Rey und Shemiran sind heute wesentlich schlechter mit Leitungswasser versorgt.

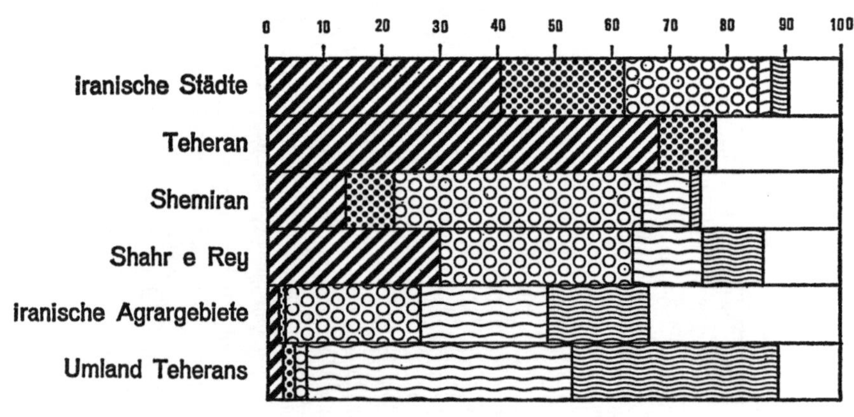

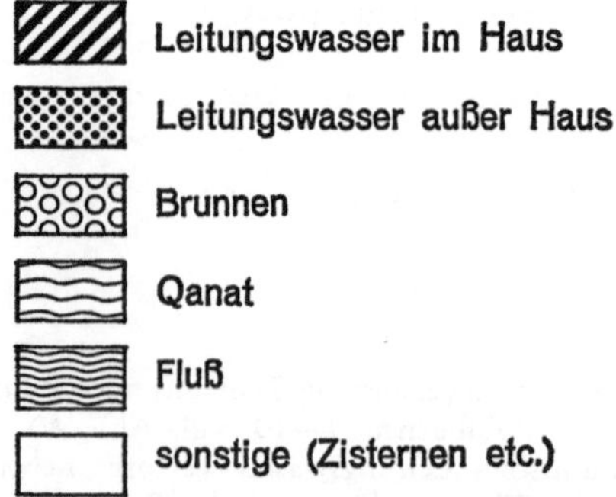

Abb. 38: Wasserversorgung, ein Vergleich
Daten: Statistical Yearbook 1970

Im Gegensatz zu anderen Einrichtungen der Infrastruktur liegt hier der Arbeitervorort Rey vor dem Villenviertel Shemiran: die im Vergleich zu Shemiran extrem unhygienische und unzureichende Wasserversorgung gewisser Teile von Rey hat Verbesserungen hier besonders vordringlich gemacht. Das ländliche Umland Teherans zeigt als Kontrast zu den städtischen Gebieten den Versorgungstyp der Qanatoase, fast die Hälfte der Bewohner bezieht Wasser aus den Qanaten. Eine auf Grund von Flügen erstellte Karte zeigt den fruchtbaren, mit Qanaten übersäten, Oasenstreifen zwischen dem Alborzgebirge und dem Salzsumpf des Masileh Kewir, wobei in der Umgebung Teherans über 400 intakte Qanate gezählt wurden[41]).

Die jüngere Entwicklung der Wasserversorgung und des Wasserverbrauches in Teheran zeigt (Tab. 10) eine beträchtliche Steigerung der jährlichen Neuanschlüsse, sodaß heute mit einer wesentlich verbesserten Versorgung zu rechnen ist.

Tabelle 10
Zunahme des Wasserverbrauchs

Jahr	neue Wasser- anschlüsse	tägl. Wasserbedarf l/Einwohner	Jahresverbrauch Mio m³
1963/64	17 765	135	53
1964/65	15 162	140	62
1965/66	19 874	147	71
1966/67	36 021	157	95[1])
1967/68	55 599	158	121[2])
1968/69	52 088	169	158[3])
1969/70	37 886	183	188[4])
1970/71	?	191	224[5])

[1]) Davon 6 Mio m³ für Industrie.
[2]) Davon 12 Mio m³ für Industrie.
[3]) Davon 17 Mio m³ für Industrie.
[4]) Davon 24 Mio m³ für Industrie.
[5]) Davon 33 Mio m³ für Industrie.

Quelle: Water Departement, Teheran.

Der Gesamtverbrauch steigerte sich innerhalb von sieben Jahren um mehr als das Vierfache, wobei zunehmend Wasser aus der Karadj-Teheran-Leitung an das Industriegebiet Westteherans und für die Bewässerung der nördlich davon gelegenen Aufforstungen abgegeben wird.

Auch der tägliche Pro-Kopf-Verbrauch stieg im Beobachtungszeitraum sehr stark, nämlich (von 135 l auf 191 l) um etwa 50 % an. Er nähert sich den für Industrieländer üblichen Werten[42]).

[41]) Teheran Area 1 : 50 000, Map prepared for irrigation studies. NCC, Mehrabad.
[42]) Z. B. Hamburg 200 l, London 246 l, Rom 340 l, Paris 450 l pro Einwohner und Tag, Verbrauch um 1965.

Wie Abb. 35 bereits angibt, spiegelt sich die sozioökonomische Differenzierung in der unterschiedlichen Infrastruktur wider. So gelten für die nördlichen Stadtrandgebiete noch vielfach althergebrachte Wasserversorgungsmethoden, aber auch im Verbrauch des Leitungswassers gibt es überaus große Unterschiede. Der tägliche Bedarf der Bewohner des nördlichen Teheran verhält sich zu dem der ärmeren Bevölkerung im südlichen Stadtteil und in der Altstadt wie 25 : 1 bis 10 : 1[43]). Bescheideneren Bedürfnissen steht ein exzessiver Verbrauch in den gehobenen Stadtrandvierteln gegenüber, der dem der europäischen Städte nicht nachsteht.

Bis 1990 ist an eine Verbrauchssteigerung auf 550 Mio m³ zu denken, die wie folgt erbracht werden soll:

Karadj Fluß (Amir-Kabir-Damm)	184 Mio m³
Djajerud Fluß (Farahnaz Damm)	100 Mio m³
Lar Fluß (Fassung bei Poulur)	80 Mio m³
Tiefbrunnen	185 Mio m³
	550 Mio m³

Die Nutzung der Grundwasservorräte im Bereich Teherans („Tiefbrunnen") schließt auch die künftige Sammlung der Gebirgsbäche nahe der Stadt (Kan, Evin, Darband) ein. Nach anderen Berechnungen soll die Zulieferung sogar auf 880 Mio m³ pro Jahr zu steigern sein.

Auf jeden Fall ist die Möglichkeit der Verwirklichung der erwähnten Projekte deswegen von besonderem Interesse, weil für Teheran das Problem der Wasserversorgung den limitierenden Faktor im Wachstum der Stadt darstellt.

4. 1. 4 Versorgung mit elektrischer Energie

Fährt man zu abendlicher Stunde von den Höhen Shemirans südwärts in die Stadt, bietet sich dem Beschauer ein wahrhaft großstädtischer Lichterglanz, von dem speziell die modernen Haupt- und Geschäftsstraßen mit ihrer starken Straßenbeleuchtung und ihren bunten Neonreklamen erfüllt sind. Dieser Stadtteil ist es, der dem nächtlichen Reisenden wie bei europäischen Städten die Lage der Stadt durch den erleuchteten Himmel schon lange vor der Ankunft am Ziel anzeigt. Das alles kostet Energie und bedarf

[43]) Angaben des Teheran Water Departments. Der Wasserpreis betrug 1970 7,5 Rial pro Kubikmeter, was etwa dem Preis für 1 l Superbenzin entspricht.

eines für uns selbstverständlichen technischen Instrumentariums, welches in Teheran aber erst seit etwa einem Jahrzehnt im heutigen Umfang vorhanden ist.

Die Elektrifizierung begann mit einer 1500 kW-Anlage relativ spät, 1903. In den folgenden Jahren kamen ähnlich kleine Aggregate hinzu und 1938 waren bereits 8400 kW installiert, die 13 000 Anschlüsse (1940) versorgten. 1946/47 errichtete die US-Army eine 8000 kW-Westinghouse-Anlage und noch 1954 betrug die Gesamtinstallation nur 16 400 kW. Davon gingen 2/3 in die Industrie, der Rest in die Haushalte. 1957 lag der Pro-Kopf-Verbrauch in den elektrifizierten Gebieten der Stadt bei 50 kWh pro Jahr, war also überaus gering. 1961 wurde nach 8jähriger Bauzeit das Werk am Karadj-Damm mit einer Leistung von 42 000 kW in Betrieb genommen. Damit stand einem intensiven Ausbau der Elektrifizierung nichts mehr im Wege. So lag die jährliche Steigerung des Stromverbrauches 1960—62 bei jeweils 30 %! 1964 wurde ein Ministerium für Wasser und Elektrizitätswirtschaft (Water and Power) geschaffen, was auf die Doppelnutzung von Talsperren für Trinkwasserversorgung und Bewässerung sowie als Speicher für die Produktion der elektrischen Energie hinweist. 1965 gab es in Teheran 200 000 Anschlüsse, für die eine installierte Leistung von 84 000 kW zur Verfügung standen. 1966 kam das Wärmekraftwerk Farahabad (Spitzenleistung 164 000 kW) in Betrieb und die Anlage am Karadj-Fluß wurde auf 75 000 kW Spitzenleistung erweitert[44]). 1967 kamen 2 Turbinensätze des Werkes am Latian-Damm dazu, die bis zu 36 000 kW liefern können, sodaß 1968 bereits 400 000 kW installiert waren. Das entspricht einem jährlichen Zuwachs von jeweils 20 % während des letzten Dezenniums. Der IV. Fünfjahresplan sah bis 1973 noch eine wesentliche Steigerung auf insgesamt 700 000 kW vor. Diese werden durch Wasserkraftwerke am Sefid-Fluß (85 000 kW), durch das thermische Kraftwerk Shahriar (250 000 kW) und durch die Erweiterung der Anlage Farahabad auf 250 000 kW erreicht. 1965 lag der pro-Kopf-Verbrauch bei 155 kWh pro Jahr, die Teheraner haben also ihren Energiekonsum in einem Jahrzehnt um 300 % gesteigert! Seither dürfte sich der Nachholbedarf etwas verringert haben, da der derzeitige Jahreskonsum mit 220 kWh pro Kopf angenommen werden kann. 1965 gab es 200 000 Anschlüsse, 1970 bereits 420 000[45]). Die Region Teheran konsumiert über 50 % der gesamten Produktion elektrischer Energie des Landes (1968/69:

---

[44]) Zum Vergleich: Karadj-Spitzenleistung entspricht einem Drittel der Leistung von Kaprun-Hauptstufe.
[45]) Davon 335 000 Haushalte und 85 000 Betriebsanschlüsse. Angaben Teheran Power Department.

1,055 Mio MWh von 1,925 MWh[46]) und umfaßt drei Fünftel aller elektrischen Hausanschlüsse.

Die Verbrauchsstruktur elektrischer Energie 1965 (Tab. 11) zeigt noch deutlich einen geringeren industriellen Bedarf, der auf geringen Einsatz elektrotechnischer Geräte und damit in gewissem Sinne auf den Entwicklungsstand der Industrie schließen läßt. Daß die Haushalte siebenmal soviel Strom verbrauchen wie die moderne Produktion, ist ein Merkmal, das die damals noch geringe Bedeutung des neuen Industriegebietes anzeigt. Dennoch hat sich im Vergleich zur Verbrauchsstruktur 1955 gerade die Industrie kräftig (+ 400 %) entwickelt. Handel und Gewerbe als traditionelle Wirtschaftszweige haben mit dieser Expansion des Energiekonsums nicht Schritt gehalten.

Tabelle 11

Verbrauchergruppen elektrischer Energie 1965 und Veränderung seit 1955

Haushalte	52,3 (+ 300)	Gewerbebetriebe	13,8 (+ 260)
Handel	15,5 (+ 250)	Landwirtschaft	2,2 (+ 147)
Großindustrie	7,3 (+ 400)	Straßenbeleuchtung	8,9 (+ 444)

Quelle: Power Department, Teheran-Farahabad.

Die Elektrifizierung ist heute bereits weit fortgeschritten: 82 % der Wohnungen in Teheran haben elektrischen Strom. Ähnlich wie dies bereits bei der Wasserversorgung deutlich wurde, gibt es auch in bezug auf den Grad der Elektrifizierung der Wohnungen große Unterschiede. So war der moderne Stadtteil bereits 1966 voll elektrifiziert (98 %), während die Wohnungen am südlichen Stadtrand nur zu zwei Drittel mit Strom versorgt sind. Neben dieser unterschiedlichen Vorleistung des Staates tritt die Differenzierung der Bevölkerung auch in äußerst unterschiedlichem Verbrauch zutage (Abb. 39). So verhält sich der Stromkonsum in gehobenen Wohngebieten zu dem der ärmeren Viertel wie 6 : 1, der eines westlichen Stadtteiles zum traditionellen Stadtgebiet wie 6 : 2 (vgl. Tab. 12).

Über die vorhandenen Elektrogeräte im Haushalt gibt eine nach Zählbezirken der Elektrizitätswerke gemachte Untersuchung Auskunft. Die Geräteauswahl wird primär vom Klima bestimmt. 70 % der angeschlossenen Haushalte besitzen einen Kühlschrank, der damit meistvorhandenes Elektrogerät ist. Dieser Anteil sinkt im ärmeren Stadtteil bis auf 28 %. Nachdem die Wohnungen dieser Gebiete erst zu etwa 60 % an das Stromnetz ange-

---

[46]) Zum Vergleich: Im Versorgungsbereich der „Wiener Stadtwerke" (ca. 1,8 Mio Ew) wurden 1966 2,2 Mio MWh konsumiert.

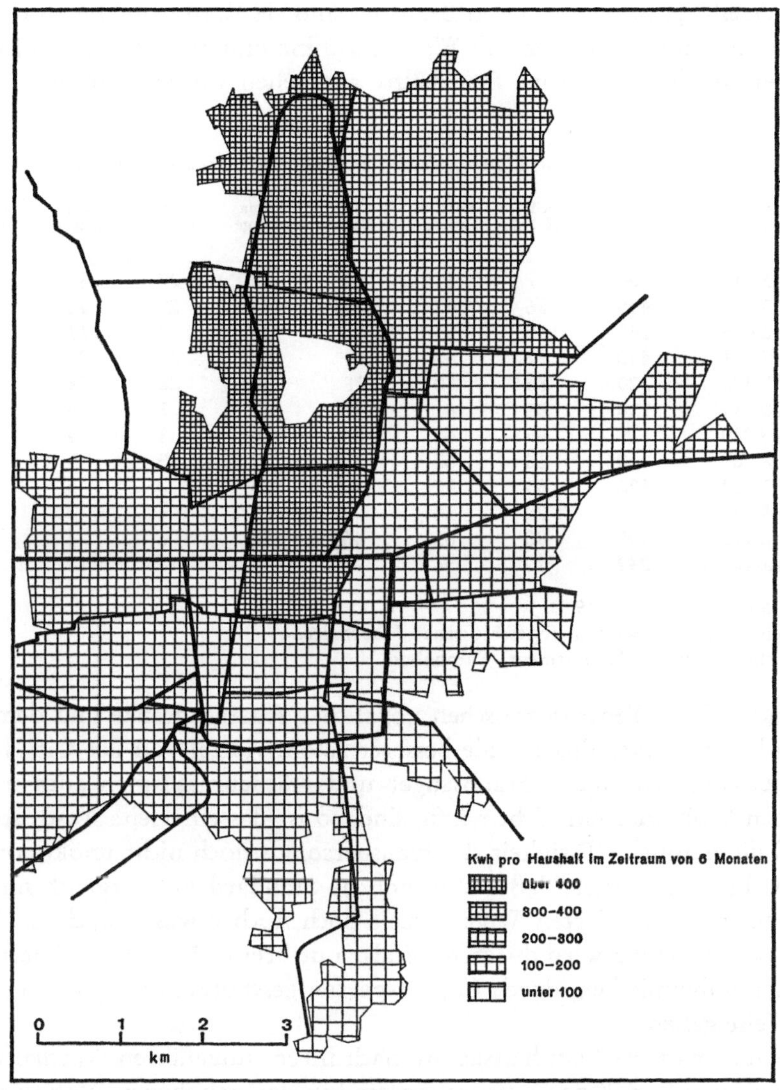

Abb. 39: Stromverbrauch als Faktor des sozioökonomisch bestimmten
Konsums. Verbrauch in Haushalten während eines halben Jahres, 1969

Quelle: Teheran Power Department Farahabad

schlossen sind, heißt das, daß nur jeder fünfte Haushalt in diesem Stadtteil
über einen Kühlschrank verfügt. Auch bei TV-Geräten, die überraschend
zahlreich vertreten sind, zeigt sich der östliche Stadtteil als am stärksten
unter dem Durchschnitt liegend. Ventilatoren dagegen sind ziemlich gleich-

mäßig verteilt, ja in den ärmeren Bezirken sind sie Ersatz für die zu teuren
Klimaanlagen, die zusammen mit Waschmaschine und Staubsauger als Luxus-
geräte der westlich-modernen Stadthälfte angesehen werden müssen.

Tabelle 12

Stromverbrauch[1]) und Elektrogeräte[2]) in Teheraner Haushalten 1970

Bezirk	Abnehmer insgesamt 336 300	Verbr./ Teiln. in kWh	Kühl-schränke	Ventila-toren	TV-Geräte	Klima-anlage	Wasch-maschine	Staub-sauger	Küchen-maschine
a	15 615	500	87	51	71	42	27	30	22
b	13 805	495	86	42	78	49	29	21	26
c	46 675	240	80	55	63	28	12	13	14
d	9 411	440	92	40	84	30	37	27	47
e	18 328	320	86	50	78	30	26	24	36
f	30 134	150	84	61	57	17	7	4	20
g	49 989	125	45	65	27	6	1	—	1
h	38 207	150	60	62	30	7	3	3	10
i	57 722	120	63	70	42	13	2	5	13
k	8 253	85	28	54	8	2	—	—	1
l	48 196	190	80	65	46	16	6	4	8
Durchschnittswerte		242	70	54	48	19	9	8	14

[1]) Für 6 Monate im Jahr 1970.
[2]) Angaben in Prozentwerten angeschlossener Haushalte.
Quelle: Teheran Power Department, Farahabad.

Sie sind auf das Teheran zwischen nördlicher Altstadtgrenze und dem Gebirgsrand beschränkt, also auf die besseren Wohnviertel von der City bis zu
den Villenvororten. Wenn Staubsauger und Küchenmaschinen auch in den
gehobenen Wohnvierteln nicht häufig sind, so ist das einerseits Ausdruck dafür, daß die manuelle Tätigkeit des Hauspersonals noch nicht unökonomisch
teuer ist. Es zeigt ferner, daß der technische Standard im Vergleich mit der
westlichen industrialisierten Welt derzeit doch noch etwas einfach ist. Seine
Aufwärtsentwicklung wird durch Kapitalarmut breiter Kreise und überhöhte
Preise der einheimischen, durch Importsperren geschützten Produkte in dop-
pelter Weise gehemmt.

Gewichtet man die Haushaltsgeräte nach ihrem ungefähren Anschaffungs-
wert, so zeigt sich, daß der Versorgungsgrad in den gehobenen Wohnvierteln
das Achtfache der einfachen Wohnquartiere erreicht — eine sozioökonomische Distanz, die in mitteleuropäischen Städten in diesem Ausmaß wohl
nirgends mehr zu finden ist.

4. 2 Struktur der Zählbezirke nach statistischen Merkmalen

Bereits in anderem Zusammenhang wurde auf die äußerst unterschiedliche
Ausprägung einzelner Merkmale in den verschiedenen Stadtgebieten hinge-

wiesen. So zeigt die Schulbesuchsquote (Abb. 28) eine charakteristische Abnahme des Schulbesuches von den nördlichen, westlich geprägten Stadtteilen über das ältere und zentrale Stadtgebiet zum südlichen Stadtrand.

Auch die meisten anderen nach Zählbezirken aufgegliederten Daten des Census 1966 zeigen diese strukturellen Unterschiede, obwohl die Abgrenzung der Zählbezirke selbst die etwa im Verlaufe der baulichen Kartierung erkannten räumlichen Einheiten der Stadt nur zum Teil wiedergibt. Teheran ist in zehn Zählbezirke unterteilt (Abb. 40), für die dreiundzwanzig Variable aus der Bildungs-, Alters- und Berufsstruktur sowie aus Daten zur Infrastruktur und Bausubstanz gebildet wurden; die Reihung der Zählbezirke entspricht der bereits bekannten sozialen Abfolge von Nord nach Süd.

Abb. 40: Zählbezirke des Census 1966

Die westlich-modernen Wohnviertel, die Zählbezirke 2 (Zentrum der westlichen City) und 9 (nördliche Villenviertel), teilweise auch 3 (nordwestliche Vororte) werden durch sozioökonomische Daten beschrieben, die weniger den Gegensatz zwischen dem neuen Stadtteil und der Altstadt, als vielmehr die Spannweite der strukturellen und damit gesellschaftlichen Unterschiede zwischen dem verwestlichten nördlichen Teheran und den Bezirken armer Bevölkerung am südlichen Stadtrand zeigen. Dies wird in der Differenzierung von Variablen zur Bildungsstruktur, speziell beim Alphabetisierungsgrad der über 65jährigen und bei der Maturantenquote deutlich. Maximale und minimale Werte der Wasserversorgung und Elektrifizierung zeigen dieselbe Abfolge. Die markantesten Aussagen für westlich geprägte und im gesamtstädtischen Rahmen zugleich hochrangige Wohngebiete werden im Anteil berufstätiger Frauen und in dem der technischen und Intelligenzberufe gefunden. Beide Merkmale sind deutlich auf die Zählbezirke 2 und 9, also auf den westlich-neuen Stadtteil im engeren Sinne, beschränkt. 22 % beziehungsweise 24 % der Berufstätigen sind hier Frauen, während diese Quote in der Altstadt auf 10 % und am südlichen Stadtrand sogar bis auf 4 % absinkt. Analoges gilt für die in hohem Grade bildungsabhängigen Führungsberufe. Die Gruppe der Selbständigen und Unternehmer hingegen ist zwar im jüngeren Stadtgebiet (Zählbezirk 2) mit 7,8 % der Berufstätigen maximal vertreten, doch weist auch die Altstadt mit dem Bazarviertel und dessen Nachbarschaft den überdurchschnittlichen Wert von 5,3 % an Selbständigen auf. Der Anteil des öffentlichen Dienstes an der Gesamtzahl der Berufstätigen schließlich ist außer in den nördlichen Villenvierteln, dem Wohngebiet der gehobenen und hohen Beamtenschaft (32 %), auch in den jungen Stadtrandsiedlungen der nordwestlichen Vororte (Zählbezirke 1, z. B. Shahr-e-Ziba) dominant (33 %).

Die Altstadt dagegen (Zählbezirke 5 und 10) ist durch den höchsten Anteil der Beschäftigten im Handel (23 %) und durch ebenfalls maximale Werte bei der Gruppe der kleinen Selbständigen ohne Mitarbeiter (25 %) gekennzeichnet. Doch auch im Bauwesen ist die alte Stadt statistisch faßbar: weil das ringförmige Wachstum der Stadt den Althausbestand weitgehend unangetastet ließ, unterscheidet sich dieser durch seine traditionellen Baumaterialien Lehmziegel und Holz von den übrigen Stadtteilen, die jünger sind und daher mit moderneren technologischen Mitteln errichtet wurden. In der Altstadt bestehen 10 % der Objekte heute noch aus luftgetrockneten Lehmziegeln mit Holzbalkendeckung, weitere 46 % der Häuser sind zwar aus gebrannten Ziegeln errichtet, jedoch immer noch mit Holzbalkenabdeckung versehen.

Der südliche Stadtrand schließlich (Zählbezirke 4, 6, 7) ist durch hohe Werte für unselbständig Berufstätige und auch für Arbeiter in Industrie und Gewerbe gekennzeichnet. Zu diesen typischen Faktoren von Unterschichtvierteln gesellt sich ein weiterer: die hohe Kinderzahl. So sind im Zählbezirk 7 nicht weniger als 36 % der Bevölkerung Kinder im Alter von unter zehn Jahren. Die Stadtrandsituation manifestiert sich in einem an sich geringen, im gesamtstädtischen Rahmen jedoch maximalen Anteil landwirtschaftlicher Arbeitskräfte.

Die Aufgliederung des Alters der Wohnbauten folgt nicht der hier vorgestellten Dreiteilung der Stadt, sondern dem Wachstum der Stadt. Dennoch zeigt sich auch hier eine Nord-Süd-Divergenz. Der südliche Stadtrand wuchs besonders in den Jahren 1955—1961 kräftiger als die nördlichen Wohnviertel. So stammen in den Zählbezirken 6 und 7 35 % und 37 % der Bauten aus diesen Jahren, während die Bebauung der nördlichen Villenviertel zu Ende der fünfziger Jahre noch deutlich schwächer war (23 % der Bauten aus 1955—1961). Die nordwärts ausgreifende gehobene Bebauung wird vielmehr als jüngster Wachstumsschub deutlich. In den Zählbezirken 9 (nordöstliche Vorortesiedlungen) sind 61 % und 59 % der Bauten (1966) jünger als fünf Jahre. Dagegen bleibt der südliche Stadtrand mit einem Anteil von 40 % relativ zurück.

Eine Q u a n t i f i z i e r u n g dieser Aussagen wird durch die Errechnung von Spearman'schen Rangkorrelationskoeffizienten versucht. Dabei wird für jedes Merkmal nach dessen Daten aus allen Zählbezirken eine Rangreihe erstellt. Anschließend werden die so gebildeten Werte abermals, nun aber nach den räumlichen Einheiten rangmäßig gereiht, wobei die Zahl der Ränge der Zahl der verwendeten Merkmale entspricht. Dadurch erhält jeder Zählbezirk eine Abfolge von Werten, die zu den Werten anderer räumlicher Einheiten eine unterschiedliche Differenz aufweisen. Je kleiner diese ist, desto ähnlicher sind die verglichenen Bezirke in ihrer Struktur. Diese Ähnlichkeit wird nach der Spearman-Rangformel berechnet und als Rangkoeffizient r ausgedrückt, dessen Werte von +1 bis —1 reichen. Für die drei strukturell am deutlichsten voneinander abweichenden Zählbezirke, für das westlich-moderne Zentrum (Bez. 2), die Altstadt (Bez. 5) und den südöstl. Stadtrand (Bez. 6) wurden die Korrelationswerte zu den jeweils übrigen Census-bezirken errechnet. Sie sind in Tab. 13 dargestellt, wobei auf die strukturelle Ähnlichkeit und positive Korrelation der Bezirke 2 und 9 (westlich modernes Zentrum und nördliche Villenviertel), 5 und 10 (Altstadt und östliche Altstadt) sowie 7 und 6 (südlicher und südöstlicher Stadtrand) hingewiesen sei.

Tabelle 13

Spearman'sche Rang-Korrelations-Koeffizienten für die Korrelation ausgewählter Zählbezirke mit den übrigen Census-Zählbezirken (im Nord-Süd-Profil)

Ausgewählte Zählbezirke	Zählbezirke									
	9	2	1	3	8	5	10	7	4	6
westl. modernes Zentrum (2)	0,73	1,00	0,45	0,34	—0,16	—0,02	—0,32	—0,50	—0,61	—0,78
Altstadt (5)	—0,67	—0,06	—0,51	—0,12	—0,54	1,00	0,77	0,05	0,46	—0,19
südöstl. Stadtrand (6)	—0,78	—0,66	—0,22	—0,53	0,30	0,08	0,35	0,65	0,50	1,00

Signifikanzniveau für 0,01 Wahrscheinlichkeit = 0,73, für 0,05 Wahrscheinlichkeit = 0,55.

Die Korrelationswerte von den Zählbezirken 2 und 6 zu den übrigen Censusdistrikten zeigen jeweils einen abnehmenden Ähnlichkeitsverlauf, der den sozioökonomischen Unterschieden zwischen Nord und Süd entspricht. Von der dazwischenstehenden Altstadt besteht zu den so unterschiedlichen

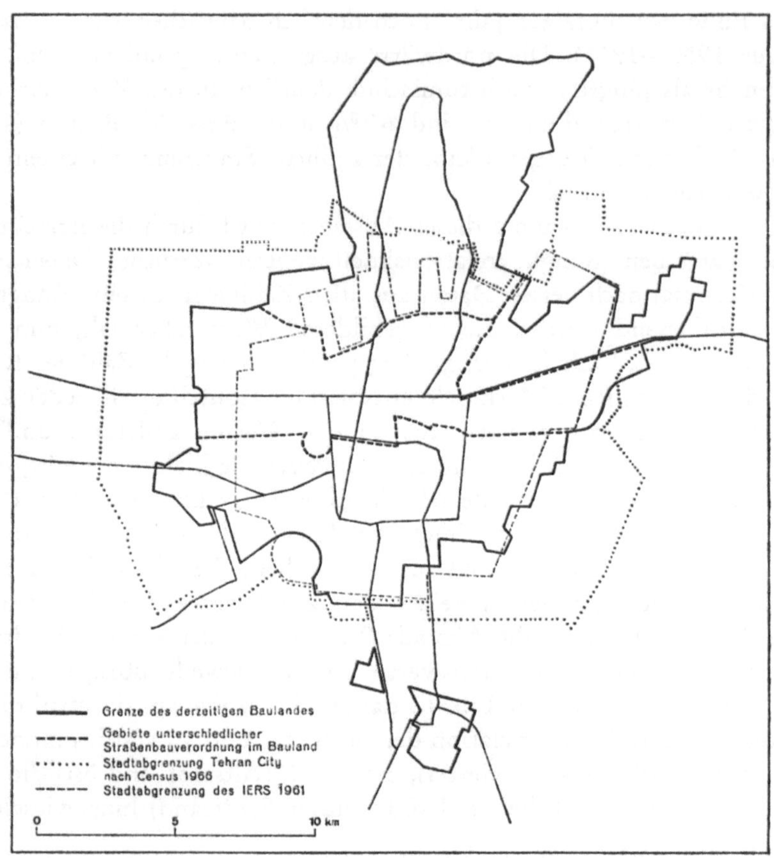

Abb. 41: Unterschiedliche Abgrenzungen des Stadtgebietes von Teheran
Nach: Census 1966, Atlas de Tehran, Tehran Municipality

Nachbarbezirken 2 (westliches Zentrum) und 7 (südlicher Stadtrand) keine
signifikante negative Korrelation — zu viele Ähnlichkeiten reichen von der
Altstadt in diese Zählbezirke hinein. Eine signifikant negative Beziehung
besteht nur zwischen der Altstadt, dem traditionell-orientalischen Zentrum,
und den nördlichen Villenvierteln, die die auffälligste Abwendung vom
orientalischen Stadtwesen zeigen.

4. 3 Dienstleistungsfunktionen der traditionellen und modernen Stadt in ihrem räumlichen Bezug

Das statistische Material ließ zwei unterschiedliche, jedoch miteinander ver-
knüpfte Differenzierungen im städtischen Gefüge erkennen: den Gegensatz

102

westlich geprägter und traditioneller Wirtschaftsstruktur, der sich vorwiegend zwischen der Altstadt und den neuen Zentren nördlich davon entfaltet, und die Abfolge der sozialen, ökonomischen und kulturellen Gegensätze. Letztere entfalten sich zwischen der Polarisierung am nördlichen und am südlichen Stadtrand, sie sind in Teheran durch alte Oberschichten, ihre Verstärkung durch die Verwestlichung, sowie durch den Zuzug ungebildeter Substandard-Arbeitskräfte besonders weit gespannt. Dieser Differenzierung

Abb. 42: Standortmuster religiöser Bauten: jüngere Moscheen und Imamzadehs korrespondieren mit den Wohngebieten einfacher Bevölkerung (vgl. Abb. 44) und fehlen in den modernen westlich geprägten Vierteln

Quelle: Atlas de Tehran

entsprechen bestimmte charakteristische Dienstleistungen, die in ihrer räumlichen Verteilung ein erstaunlich prägnantes Bild des Neben- und Übereinander zweier verschiedener S t a d t k u l t u r e n, der traditionellen und der verwestlichten Form, geben.

Wie bereits betont, ist das traditionelle Bevölkerungselement nicht nur auf die Altstadt beschränkt, sondern hat sich mit dem Wachstum der Stadt ausgebreitet. Wenn man die bekannte Bindung einfacher Bevölkerung an religiöse Normen postuliert, so kann man die Verbreitung der traditionsverhafteten, meist ärmlichen Unterschicht und unteren Mittelschicht anhand der Verteilung von Moscheen und Imamzadehs im Stadtbild erkennen. Tatsächlich zeigt das Standortmuster religiöser Bauten (Abb. 42) eine Übereinstimmung mit der Verbreitung sozioökonomischer Unterschichtmerkmale. So gibt es an der südlichen Peripherie, speziell aber westlich der Altstadt und im nordöstlichen Vorortegebiet (Nezamabad-Straße, Narmak) eine große Anzahl junger, mit der Besiedlung dieser Viertel entstandener Moscheen verschiedener Größe. Dagegen fehlen adäquate S a k r a l b a u t e n im Bereich des verwestlichten Stadtteiles vollkommen. Bereits den Ausbau unter Shah Reza, zu dessen Zeit die Macht der Mullahs erstmals kräftig beschnitten wurde, läßt im Gebiet um die Shah-Straße die Entstehung von Moscheen vermissen. Diese Entwicklung hat sich fortgesetzt, sodaß heute das ganze moderne Stadtgebiet nördlich der Shah-Reza Avenue vom Vanak-Expreßway im Westen bis zur alten Shemiranstraße (Khiabana Kurosh-e-Kabir) im Osten auffallend arm an islamischen Kultstätten ist.

Die so zum Ausdruck kommende Verteilung einfacher Bevölkerung wird durch die Verbreitung von traditionellen I m b i ß s t u b e n weiter betont (Abb. 43). Das sind die ungezählten meist kleinen Garküchen, die „Kebabi“, in denen über Holzkohlenfeuer Kebab gebraten wird, Schaffleisch am Spieß. Die Lokalitäten sind meist sehr beengt und die Kunden verzehren das in Fladenbrot gewickelte Fleisch „vor der Haustür“. In jüngerer Zeit wird das Kebab-Fleisch zusammen mit Tomaten und Gurken als „Sandwich“ in semmelähnlichem Weißbrot verkauft — eine der Neuerungen aus dem Westen ohne Einfluß auf die traditionelle Struktur an sich. Die „Kebabi“ und „Sandwichi“ sind etwa mit unseren einfachen Gasthäusern, Würstelständen vergleichbar und finden sich dort, wo reges städtisches Treiben herrscht: in Geschäftsstraßen und Handwerkerstraßen, an Kreuzungen und Straßenecken, in Subzentren, sowie in dem alten städtischen Zentrum schlechthin, im Bazar. Außerhalb des Altstadtbereiches sind sie an wichtigen Plätzen im Haupt-Straßennetz konzentriert, so am Shahnaz-Platz im Nordosten, am Khorrassan-Platz im Südosten, beim Bahnhof sowie nördlich davon an der Simetri-Straße zwischen den Plätzen Qazvin und Gomrok.

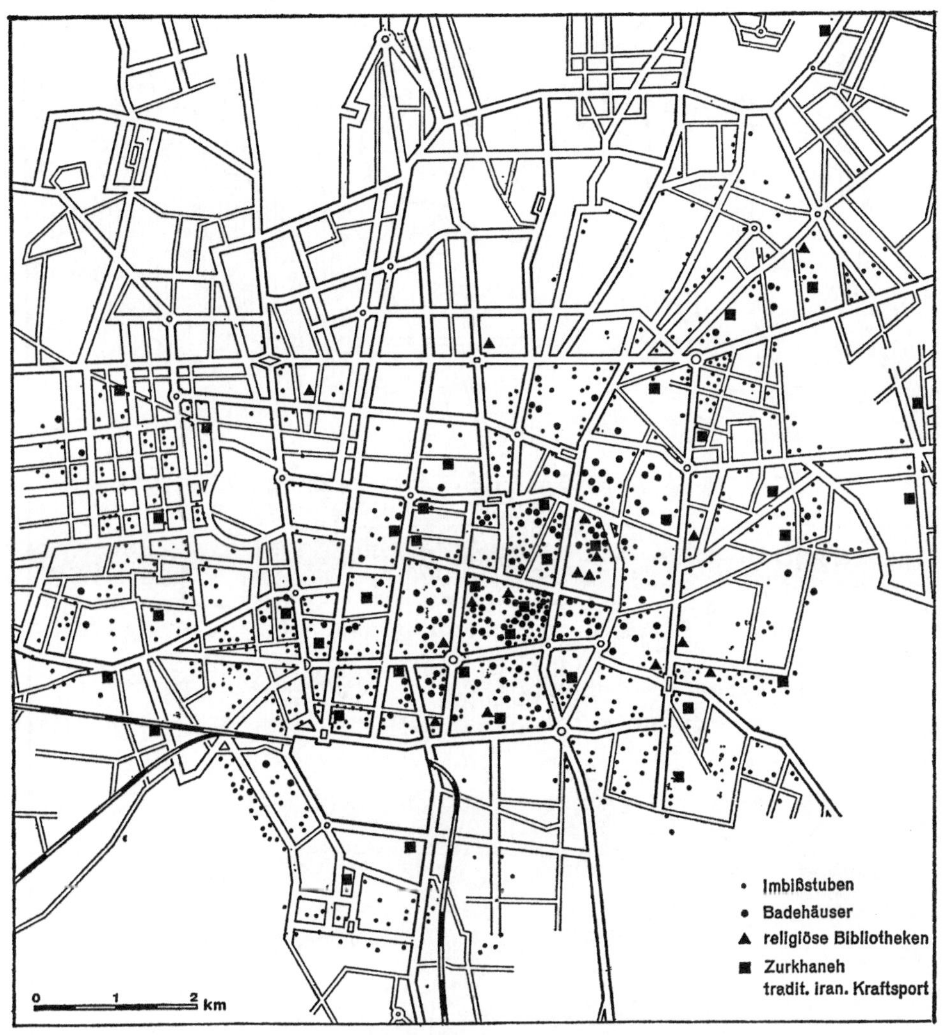

Abb. 43: Traditionelle soziokulturelle und Dienstleistungs-Funktionen
Quelle: Atlas de Tehran

Eine ähnliche Verbreitung haben die „Zurkhanes", Häuser des K r a f t-
s p o r t e s, in denen ritualisierte Übungen mit schweren Holzkeulen betrieben werden. Sie sind eine typisch iranische Seite des traditionellen Kultur-
lebens und finden sich wieder nur in den Wohnvierteln der einfacheren Bevölkerungsschicht, vorwiegend in der Altstadt, genau so aber in jüngeren,
randlichen Wohngebieten.

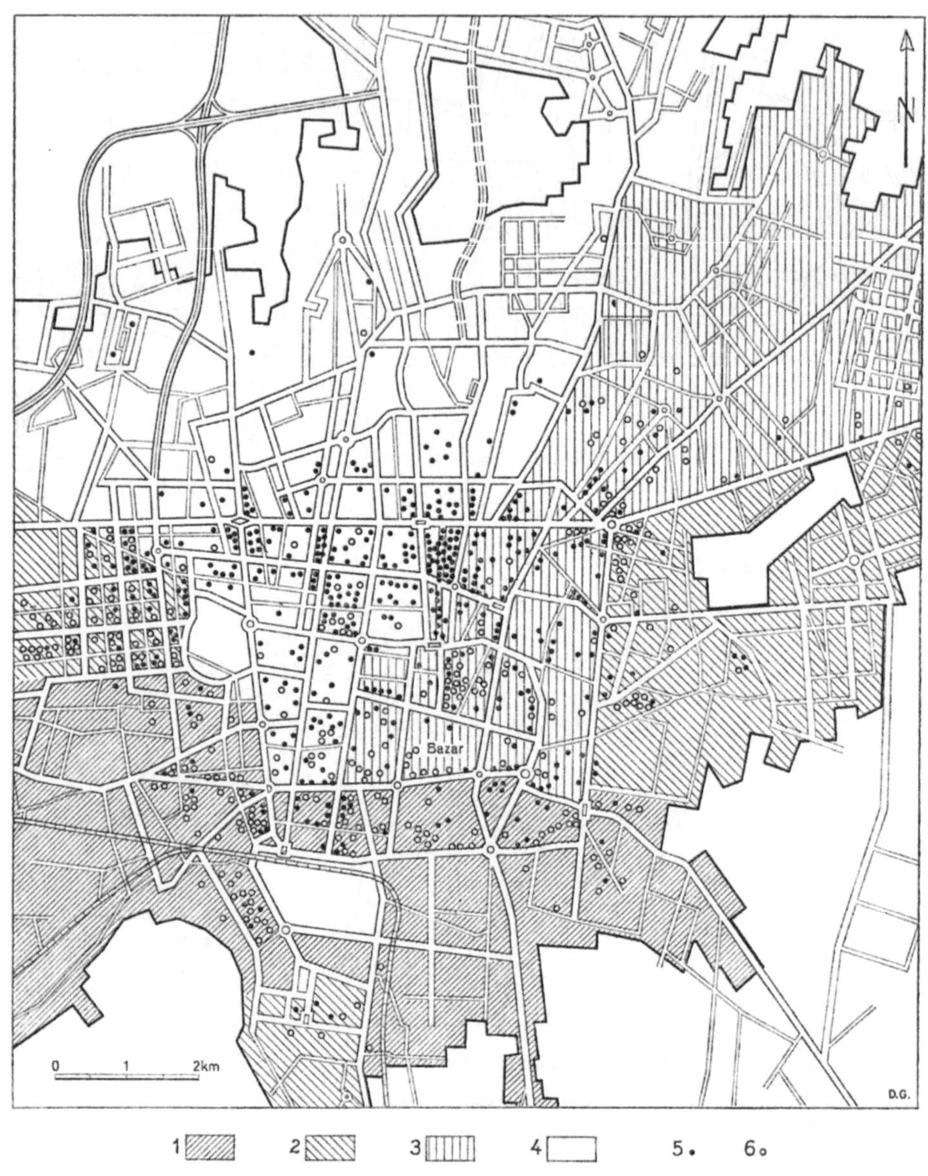

Abb. 44: Sozioökonomische Differenzierung der Bevölkerung und Standorte eines zugeord-
neten Dienstes. Anteil der Beschäftigten in Industrie und produzierendem Gewerbe und
Trennung der Standorte der Zahnbehandler nach beruflicher Qualifikation. Beschäftigte in
der Produktion: 1 über 40 %; 2 31—40 %; 3 20—30 %; 4 unter 20 %. Zahnbehandler
(Stand 1963): 5 Mediziner (Dr. med.); 6 ohne med. Studium
Grundlage: Atlas de Tehran, Census 1966

Stärker zentriert, weil heute nicht mehr expandierend, sind die religiösen
B i b l i o t h e k e n. Sie sind vor der Einführung europäischer Schulsysteme
die Standorte der gehobenen Wissensvermittlung gewesen. Die alten Ko-
ranschulen, von denen hier die gut ausgestatteten verzeichnet sind, haben
ihre Funktion vollkommen verloren — einmal wegen der Abneigung des
Islams, Konzessionen und Anpassungsversuche an eine neue Zeit zu machen,
zum anderen, weil sie von dem rational-naturwissenschaftlich ausgerichteten
modernen Bildungssystem einfach überrollt wurden. Ähnliche Altstadt-
Standorte haben kleine Bäder und Reinigungsanstalten im Bereich der Altstadt, typische Elemente der orientalischen Stadt. Diese kleinen B ä d e r
stammen aus der Zeit vor der Installierung von Leitungswasser in den
Wohnbauten. Nur ganz vereinzelt finden sie sich außerhalb der Stadtgrenze
des 19. Jh.

Andere Dienste zeigen nicht so sehr den Unterschied zwischen traditionellem und neuem Teheran, sondern den sozialen Nord-Süd-Gegensatz. Dienstleistungen sind mitunter auf eine bestimmte Bevölkerungsschicht zugeschnitten, sie werden in anderen Bevölkerungsgruppen durch ähnliche Dienste
gleichsam ersetzt. Ein Beispiel dafür ist die Verteilung von Z a h n ä r z t e n
in Teheran. In der Altstadt sowie in einem Dreiviertelkreis um diese, der
von Nordosten über Süd nach Nordwest das Wohngebiet der ärmeren Bevölkerung zeigt, überwiegen die traditionellen, nicht hochschulmäßig gebildeten D e n t i s t e n, vielfach einfache B a d e r. Nördlich der Altstadt, im
neueren und westlich orientierten Zentrum sowie an der Achse vom Bahnhof
nordwärts sind dagegen die vollakademischen Zahnärzte zu finden. Abb. 44
gibt den Stand von 1963 wider. Man beachte, wie wenig damals noch der
heute gut versorgte nördlichste Stadtteil mit Dienstleistungen durchsetzt
war. Hier kommt ein Verzögerungseffekt zum Ausdruck: erst einige Jahre
nach der Entstehung von neuen Wohnvierteln füllen sich diese langsam mit
den ihrem Bewohnerstatus entsprechenden Dienstleistungseinrichtungen.
Die unterschiedlichen Lebensgewohnheiten in dieser kulturell zweigeteilten
Stadt kommen in einer anderen Einrichtung, bei den S c h w i m m -
b ä d e r n zum Ausdruck. Für den Orientalen ist es vollkommen unvor-
stellbar, daß Männer und Frauen gemeinsam Schwimmbäder besuchen. Daher findet man im Südteil Teherans, der die Struktur der alten islamischen
Stadt noch weitgehend beibehalten hat, nur Bäder für Männer; einige wenige
Bäder für Frauen gibt es in den neueren Stadtteilen; Schwimmbäder, die nach
westlicher Art für Männer und Frauen zugänglich sind, weist nur der Nordwesten Teherans auf, das Wohngebiet der gehoben-europäisch lebenden
Teherani sowie der Ausländer.

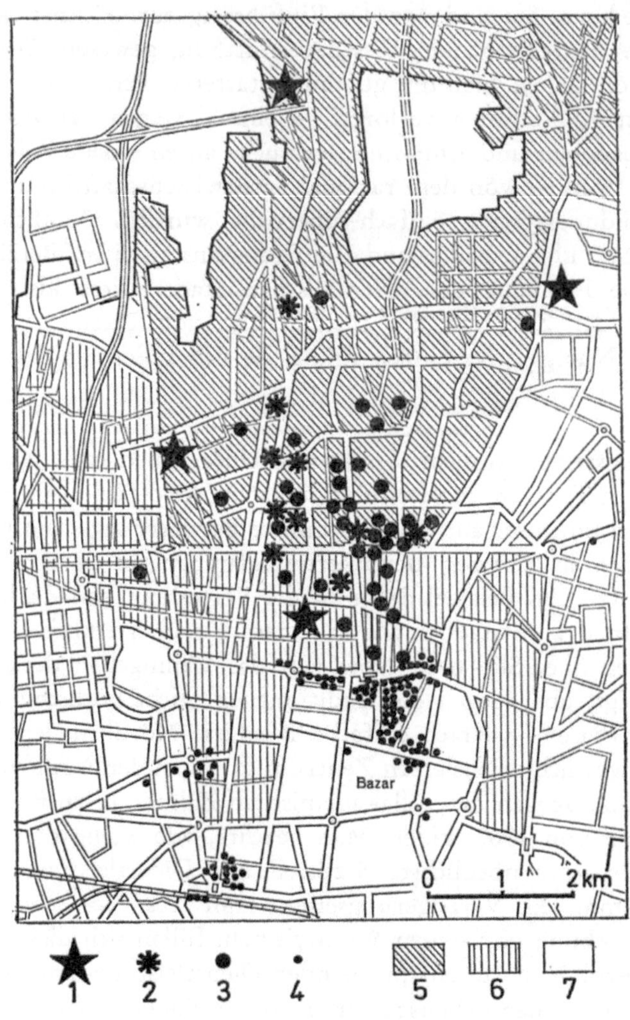

Abb. 45: Wandel des Sozialprestiges am Beispiel der Hotelkategorie und Anteil der Beschäftigten in moderneren Führungsberufen. Hotelkategorien: 1 De Luxe; 2 Vier- und Dreistern; 3 Zweistern; 4 einfache Herbergen. Führungsberufe: 5 über 20 %; 6 11—20 %; 7 unter 11 %

Grundlage: INTO-Karte Teheran, Atlas de Tehran (Herbergen), Census 1966

Aus: M. Seger, Strukturelemente der Stadt Teheran, Erdkunde 29/1975

Auch der P r e i s für an sich gleiche Dienste ist im Norden der Stadt höher. So finden sich die Kinos der obersten Preiskategorie fast ausschließlich im neuen Zentrum nördlich der Altstadt, während die billigeren, meist auch kleineren und älteren Kinos im wesentlich schlechter versorgten Süden liegen.

Ein Element des westlichen Teheran, die H o t e l l e r i e, zeigt zusammen mit den vergleichbaren traditionellen Beherbergungsbetrieben den mehrstufigen Wandel des Standortwertes innerhalb der Stadt. Er ist Ausdruck der sozialen Segregation der Wohngebiete, die von den vornehmen Villenvierteln über das neue und das zwischenkriegszeitliche Zentrum zum kadjarischen Ausbau und zur Altstadt führt (Abb. 45).

An einer zentralen Nord-Süd-Achse aufgereiht, wechselt die Kategorie der Unterkünfte von den luxuriösen First-Class-Hotels bis zu den überaus primitiven Mossafer-Khanes, den Herbergen der Kraftfahrer und der Reisenden aus der Provinz. Diese sowie die dritt- und viertklassigen Hotels werden nur von einfacher Bevölkerung genutzt. Die Zonierung nach Hotelkategorien zeigt die Standorte der De-Luxe-Hotels am nördlichen Stadtrand und in Shemiran (Hilton). Weitere sehr gute Hotels sind stadtnäher angeordnet, und zwar an Hauptgeschäfts- und Verkehrsstraßen, so an der Pahlavi Avenue, der Avenue Takht-e-Jamshid und nahe dem Boulevard Shah Reza. Eine dritte Hotelkategorie, bei der der europäische Komfort bereits nicht immer gewährleistet ist, sind die vielfach älteren und einfacheren Häuser nördlich der Lalehzar Now-Straße, an Standorten der Fünfzigerjahre. Die einfachsten, oft primitiven Unterkünfte stellen die „Mossafer-Khanes" dar, einfache Herbergen bescheiden-traditioneller Kunden. Sie befinden sich an den Straßen Nasser Kosrow und Amir Kabir an Punkten mit bedeutender Fernverkehrsfunktion sowie im Nordteil des Bazars (Abfahrt von Überlandbussen), in nächster Nähe des Bahnhofes und beim alten Qazvin-Tor, dem heutigen Meidan-e-Qazvin, an der Ausfallsstraße nach Westen.

Zeigen die Beherbergungsbetriebe ein Standortprofil, das auch die Altstadt mit umfaßt, und nur den südlichen Stadtrand als bedeutungs- und damit im speziellen Fall funktionslos erscheinen läßt, so sind andere Dienstleistungen als Kennfunktionen des modernen Stadtteiles auch im traditionellen Zentrum nicht zu finden. Als Beispiel dafür mögen S p i t ä l e r und K l i n i k e n gelten, die erstmals in der Zwischenkriegszeit in größerem Umfang errichtet wurden. Man wählte damals eine günstige Altstadt-Randlage (Abb. 46), wie dies ja auch bei vielen europäischen Städten der Fall ist. Den Gesundheitsdiensten im Villenviertel nördlich der Altstadt folgte im Laufe der Jahre ein weiterer Spitalsausbau, der analoge Standorte um mittlerweile weiter nordwärts vorgeschrittene Villenviertel besetzte. So erkennen wir im nicht zentrierten Verteilungsmuster der neuen städtischen Funktion

„Spitäler" die Ausdehnung des Kerngebietes des modernen Stadtteiles. Nur
wenige Spitäler, vorwiegend aus jüngster Zeit, haben ihren Standort außerhalb dieses Bereiches.

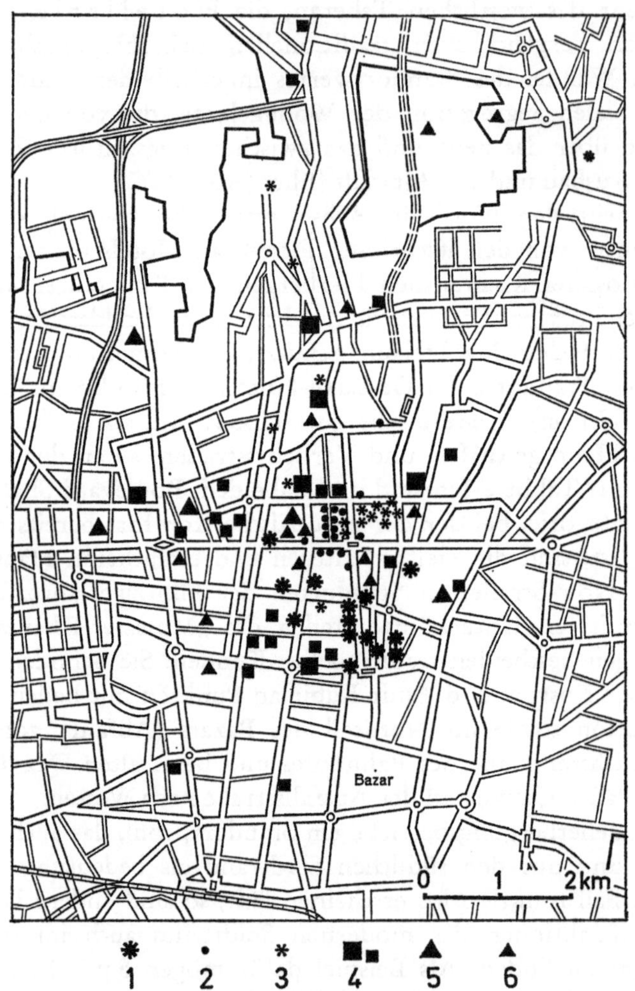

Abb. 46: Zentrierte und nichtzentrierte Funktionen der westlich-modernen Stadt. Beispiele zentrierter Funktionen: 1 Bank-
Zentralen; 2 Luftfahrtsgesellschaften; 3 Restaurants europ.
Art. Beispiele nicht zentrierter Funktionen: 4 Spitäler (groß/
klein); 5 Hochschulen; 6 höhere Schulen und Colleges

Aus: M. Seger, Strukturelemente der Stadt Teheran,
Erdkunde 29/1975

110

Eine ähnliche Verbreitung weisen C o l l e g e s und H o c h s c h u l e n
auf, doch ist für diese erst ab den Nachkriegsjahren sich entwickelnden westlichen Stadtelemente charakteristisch, daß sie im Vergleich mit den Spitälern
um eine Stadtentwicklungsphase weiter nördlich verschoben auftreten, was
der räumlichen Differenz der Stadtentwicklungsphase entspricht.

Zentrierte Funktionen dagegen sind gehobene westlich geprägte Dienstleistungen, für die als Beispiele die Standorte von R e s t a u r a n t s mit
europäischer Küche und die Lokalisation von F l u g v e r k e h r s b ü r o s
in Abb. 43 angegeben sind. Beide sind auf den Raum zwischen Shah-Reza-
Avenue und Avenue Takht-e-Jamshid konzentriert und liegen in unmittelbar nordöstlicher Fortsetzung älterer Citystandorte der Straßen Ferdowsi
und Lalehzar. Weitere Funktionen ähnlicher Verbreitung sind Wirtschaftspositionen, für die die Standorte der zentralen B a n k e n als Beispiel dienen.
Bankhäuser, vorwiegend in der Zwischenkriegszeit entstanden[47]), haben sich
in der damaligen City festgesetzt. Abb. 43 zeigt deutlich die Konzentration
der Bankzentralen im Bereich der alten City, wobei auf die Ferdowsi-Straße
südlich der Querstraße Naderi besonders verwiesen sei. Dort befindet sich
der Sitz der Nationalbank (Bank Melli Iran). Die Bankzentralen haben ihren
Standort beibehalten, obgleich die City weiter nordwärts gewachsen ist. Diese
Standorttreue wichtiger Funktionen ist sicher mit einer der Gründe, warum
die älteren Citygebiete nicht in noch stärkerem Maße ihre Funktion als
Zentrum des westlich geprägten Teheran eingebüßt haben.

Ein weiterer Grund ist die Lage der wichtigsten staatlichen R e g i e -
r u n g s - u n d V e r w a l t u n g s s i t z e im städtischen Gefüge (Abb. 44).
Noch früher als der Aufbau einer neuen Wirtschaftscity entstanden politische
Neuerungen und die Entwicklung einer modernen gesamtstaatlichen Verwaltung. Schon knapp nach der Jahrhundertwende erfolgte die Gründung
eines P a r l a m e n t s, das ab dieser Zeit im Baharestan Palast im nordöstlichen Teil des damaligen Villenviertels seinen Sitz hat (Abb. 47). Später
folgte als Pendant zu diesem Standort der Sitz des S e n a t e s im nordwestlichen Bereich der gehobenen Vorstadt, nahe dem alten Palast Bagh-e-Shah.
Die M i l i t ä r a k a d e m i e in Nachbarschaft des Senates und der Sitz der
mächtigsten staatlichen W i r t s c h a f t s o r g a n i s a t i o n, der Plan- und
Budget-Organisation in der Nähe des Baharestan-Palastes verstärken die Bildung einer altstadtnahen Zone wichtiger staatlicher Funktionen. Den Kern
dieser funktionellen Barriere der traditionell-orientalischen Welt bilden je-

---

[47]) 1924 Iranisch-persische Bank.
    1925 Bank Sepah (Bank der Armee).
    1928 Bank Melli Iran (Nationalbank).
    1933 Landwirtschaftliche Kreditbank.

doch zweifellos die unmittelbar dem Bazar benachbarten M i n i s t e r i e n,
die auf dem Gebiet des ehemaligen Burgviertels errichtet wurden. Ihnen sind
weitere zentrale Verwaltungs- und Regierungsdienststellen (Außenamt, Po-
lizeipräsidium) nordwärts angeschlossen. Damit liegen die wesentlichen

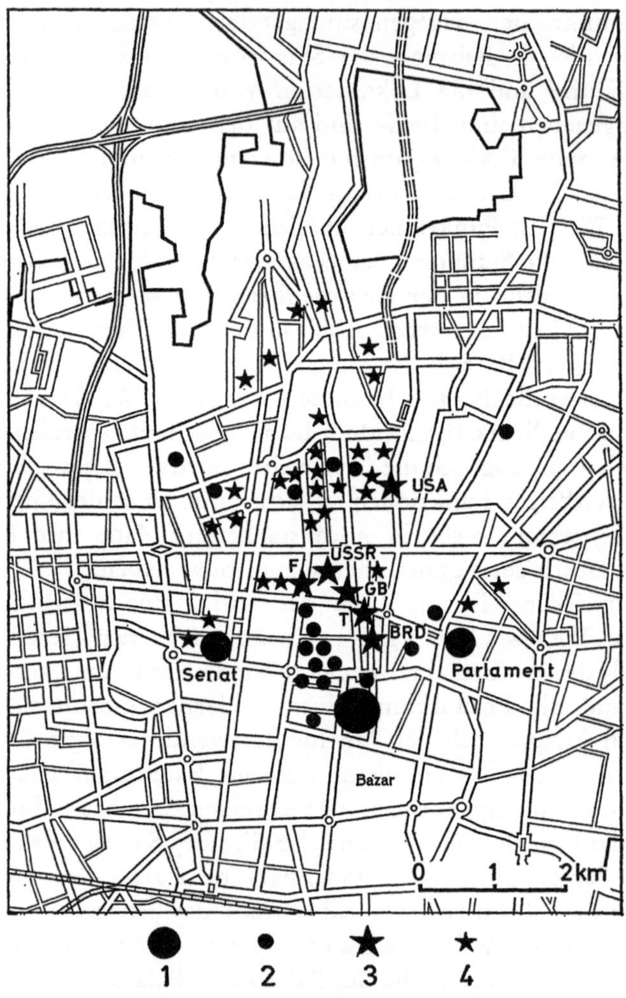

Abb. 47: Gründungsphase als Standortfaktor. Regierungsdienststellen und Botschaften in Teheran. 1 Ark: Ministerien
anstelle des ehem. Palastes; 2 weitere Ministerien und andere
Dienststellen; 3 Botschaften der wichtigen Staaten; 4 andere
Botschaften

Aus: M. Seger, Strukturelemente der Stadt Teheran,
Erdkunde 29/1975

112

staatlichen Dienststellen an Standorten, denen in benachbarten Wohn-
quartieren bereits ein eher minderes Sozialprestige zukommt. Wir erkennen die Bedeutung des Zeitpunktes der Gründung von Funktionen in
einer wachsenden Stadt, durch den die Lage der „gesetzten Dienste" un-
widerruflich fixiert wird, während privatwirtschaftliche Einrichtungen und
solche von geringerer Kapitalbindung der Wanderung der City zu folgen
vermögen. Nur wenige der jüngsten Verwaltungsdienste des Staates haben
sich in der neuen, nördlichen City etabliert.

Ähnliches gilt für das Verteilungsmuster ausländischer d i p l o m a t i -
s c h e r V e r t r e t u n g e n, doch wird hier die Bedeutung der Gründungs-
jahre des Faktors Zeit, für den Standort, noch wesentlich deutlicher. Die Botschaften der alten mächtigen Staaten und der Nachbarstaaten Persiens, die
schon längst ihre Vertretungen in Teheran hatten, haben sich in der Nähe
des Palastes angesiedelt, in der nördlichen Gartenvorstadt der Stadterweiterung des Nasr Eddin Shah, wo sie sich heute noch in weitläufigen Gärten
(Britische Botschaft, Russische Botschaft) befinden. Alle jüngeren Vertretungen in Teheran dagegen sind von diesen deutlich abgesetzt und im Villenviertel der Nachkriegszeit, in der Cityzone von heute, zu finden.

4. 4 Zur Verkehrssituation

4. 4. 1 A l l g e m e i n e s

Teheran ist Sitz einer Oberschicht, für die die Teilnahme am motorisierten
Verkehr schon längst eine Selbstverständlichkeit ist. Mit dem wirtschaftlichen
Aufschwung der Stadt, vornehmlich durch die Konzentration und den Ausbau zentraler Einrichtungen beim Industrialisierungsprozeß des Landes
(Schwerverkehr) ging eine sprunghafte Zunahme der Kraftfahrzeuge einher,
deren Zahl 1971 bereits 250 000 betrug. Damit verfügt Teheran über nicht
weniger als 60 % der Kraftfahrzeuge des Iran! Der jährliche Zuwachs betrug
1965—1970 durchschnittlich 17 %[47a]) (Abb. 48), die wirtschaftliche Ge-
samtsituation verspricht eine Fortsetzung dieses Trends.

Nach einer Schätzung werden bereits 1977 435 000 Fahrzeuge in Teheran
zugelassen sein, und die junge iranische Autoindustrie (1970: 36 000 Fahrzeuge) ist, geschützt durch hohe Zölle für Kraftfahrzeugimporte (Inlands-
produktion: Import = 3,6 % : 1) (1970), weiter ausbaufähig.

[47a]) Diese und weitere Verkehrsdaten aus: *Y. Murakami:* Report on Urban Transportation
System in Teheran, unveröffentlichtes Manuskript, Teheran 1971.

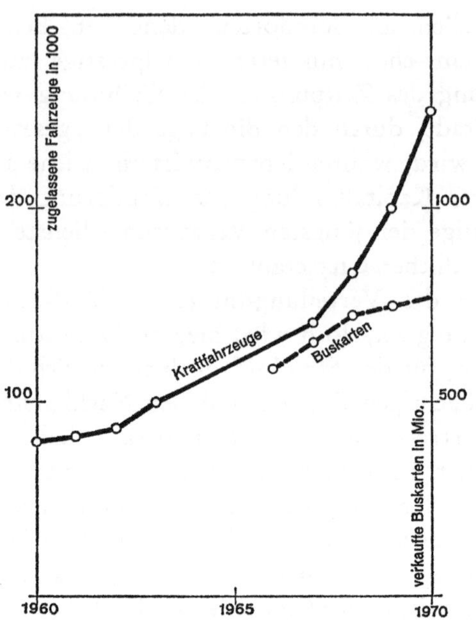

Abb. 48: Rückgang der Busbenützung mit
steigender Motorisierung, 1971.
Quelle: Tehran Traffic Department.

Analog zur Situation europäischer Städte vermag zwar das großzügige
Hauptstraßennetz aus der Zeit der Regulierungen einen Verkehr aufzuneh-
men, für den es ursprünglich gar nicht geplant war, doch sind Kolonnen-
bildung, Stauungen, Parkraumnot und Zusammenbruch des Verkehrs in den
Stoßzeiten bereits seit den späten sechziger Jahren Charakteristika des Teheraner Verkehrs.

Dies gilt besonders für den City-Distrikt, sowie für das übergeordnete
Straßennetz, welches zu den Verkehrsspitzen eine Querschnittsbelastung von
1800—2500 Kfz/h aufweist.

Im Zentrum, das täglich von 50 000 Kraftfahrzeugen erreicht wird, sind
die Hauptstraßen durch 12 000 parkende Kraftfahrzeuge in ihrer Leistungs-
fähigkeit geschmälert. Die Schaffung von Parkraum (Tiefgaragen) wird hier
notwendig.

Das Ergebnis einer Querschnittszählung des gesamten Stadtgebietes ist in
Abb. 49[47b]) dargestellt.

[47b]) Tehran Traffic Department. Auf einige Inkonsequenzen in der Darstellung sei hingewiesen: so sinkt der Verkehr im SE der Stadt natürlich nicht gegen Null ab, sondern
ist dort, an der Ausfallsstraße gegen Shar-e-Rey, recht bewegt.

Abb. 49: Verkehrsbelastung der Hauptstraßen Teherans
Quelle: Tehran Traffic Department

In der Innenstadt ist der Verkehr in der Ferdowsi-Straße am stärksten, doch dominiert der Nord-Süd-Verkehr auch in den benachbarten Parallelstraßen (Pahlavi, Hafez, Saadi), er wird durch die funktionalen Beziehungen im Nord-Süd sich erstreckenden Citygebiet hervorgerufen. Der West-Ost-Verkehr ist dagegen deutlich schwächer, nur an den Ausfallstraßen wirklich bedeutend und auf wenige Straßen konzentriert. Von den beiden nach Shemiran führenden Straßen ist die Pahlavi-Avenue deutlich stärker frequentiert. In der Altstadt ist der Verkehr im Bazarbereich gleichmäßig stark, der LKW-Anteil bedeutend. Im Süden des Bazars wird eine der Shah Reza Avenue vergleichbare West-Ost-Achse vorwiegend vom Schwerverkehr befahren.

Neuralgische Stellen im innerstädtischen Verkehr sind, speziell zu den Belastungsspitzen, die Kreuzungen der Shah Reza Avenue mit den wichtigsten Nord-Süd-Straßen sowie die Straßen im Herzen der Stadt, etwa die nördliche Begrenzungsstraße des Bazars (Khiabane Bouzarjomehri).

Was dem Straßenverkehr in der orientalischen Stadt seine besondere Note verleiht, ist das chaotische Durcheinander im traditionellen Altstadtbereich, etwa im Bereich um den Bazar. Hier herrscht rege Ladetätigkeit verschiedenster Art, meist in zweiter Spur. Nicht nur dadurch, sondern auch durch Handkarren und Träger wird der fließende Verkehr behindert oder unterbrochen.

Auch im übrigen Stadtgebiet ist die ständige Mißachtung der grundlegenden Verkehrsregeln sowohl von Seiten der Autofahrer als auch der Fußgänger eine der Ursachen für die Verkehrsmisere. Die Zahl der Verkehrsunfälle ist denn auch erheblich und kaum ein Auto hat keinen Blechschaden. Erschreckend hoch ist jedoch die Zahl der tödlichen Verkehrsunfälle: sie betrug 1969 290 Tote, das sind 14,3 pro 10 000 Kraftfahrzeuge. (Derselbe Faktor liegt in London und New York bei 4,3.)

Es scheint, daß in Zukunft der Disziplinierung der Verkehrsteilnehmer größere Beachtung geschenkt werden muß. Genauso wichtig ist es aber, optimale Einrichtungen für den Kraftfahrzeugverkehr zu schaffen. So werden alte Kreisverkehrsanlagen laufend in beampelte Normalkreuzungen umgebaut und neue Ampelanlagen errichtet. Auch die Verkehrserziehung hat bereits eingesetzt. So waren während einer Kampagne 1971 hunderte Transparente zu sehen, in denen die Autofahrer auf die Bedeutung des Einordnens vor einer Kreuzung, der Stop- und Parkverbotstafeln und die Fußgänger auf die Bedeutung des Zebrastreifens hingewiesen wurden. Einen wesentlichen Faktor im heutigen Straßenverkehr nimmt die große Zahl der Taxis ein. Sie befahren manchmal bestimmte Linien in der Funktion privater „Kleinst-Autobusse", aber auch die nicht an solche Linien gebundenen Taxen befördern stets mehrere Personen. Das Erreichen eines Zielpunktes wird durch die Umwege, die für andere Passagiere gemacht werden, oft verzögert — eine Entschädigung dafür ist der sehr billige Fahrpreis. Im Central Business District (nach einer Zählung im Bereich zwischen den Avenuen Shah Reza und Takht-e-Jamshid sowie den Straßen Zahedi und Roosevelt) beträgt der Anteil der Taxis am Gesamtverkehr nicht weniger als 25 %.

Das einzige Massenverkehrsmittel ist der Autobus. Die „United Bus Company" befährt 135 Linien mit einer Gesamtlänge von 1200 km. 2500 Autobusse erbringen eine Tagesleistung von 276 000 km und befördern dabei 1,5 Mio Fahrgäste. Die vielfach veralteten Fahrzeuge werden durch Mercedes-Busse iranischer Lizenzproduktion ersetzt. Dennoch ist bei dem zunehmenden Individualverkehr die Benützungsfrequenz der Autobusse bereits verlangsamt (vgl. Abb. 48). Um diesen Trend aufzuhalten oder umzukehren, werden direkte Linien aus den entsprechenden Vororten zum City-District sowie weitere Maßnahmen zur Steigerung der Attraktivität dieses Verkehrsmittels vorgeschlagen. Aber auch einem modernisierten und besser organisierten Bussystem wird wegen der steigenden Behinderung durch den Individualverkehr keine große Zukunft eingeräumt, spätestens um 1980

116

muß, wenn der gegenwärtige Bevölkerungsentwicklungs- und Motorisie-
rungstrend auch nur halbwegs anhält, ein schienengebundenes Verkehrs-
mittel (U-Bahn) zum Einsatz kommen[47c]. Zur Entlastung der City soll,
ähnlich wie in den meisten Großstädten, ein Rangsystem eingeführt werden.
Eine Umfahrung der Altstadt wird besonders in West-Ost-Richtung notwendig. Dies soll durch Expreß- und Hochstraßen erreicht werden. Von
Norden her kommend strömt dagegen nur ein Bruchteil des Verkehrs über
das Stadtzentrum hinaus, aufwendige Umfahrungen werden hier wohl nicht
so dringend benötigt.

4. 4. 2 Buslinien und Stadtstruktur

Die 135 Buslinien Teherans stellen das einzige öffentliche Transportmittel
dar. Ihre Linienführung erlaubt interessante Rückschlüsse auf die Funktion
des Bussystems innerhalb der Stadtstruktur. Das Bündel der Buslinien ist
im Zentrum am stärksten, doch dominiert nicht, wie etwa im Individual-

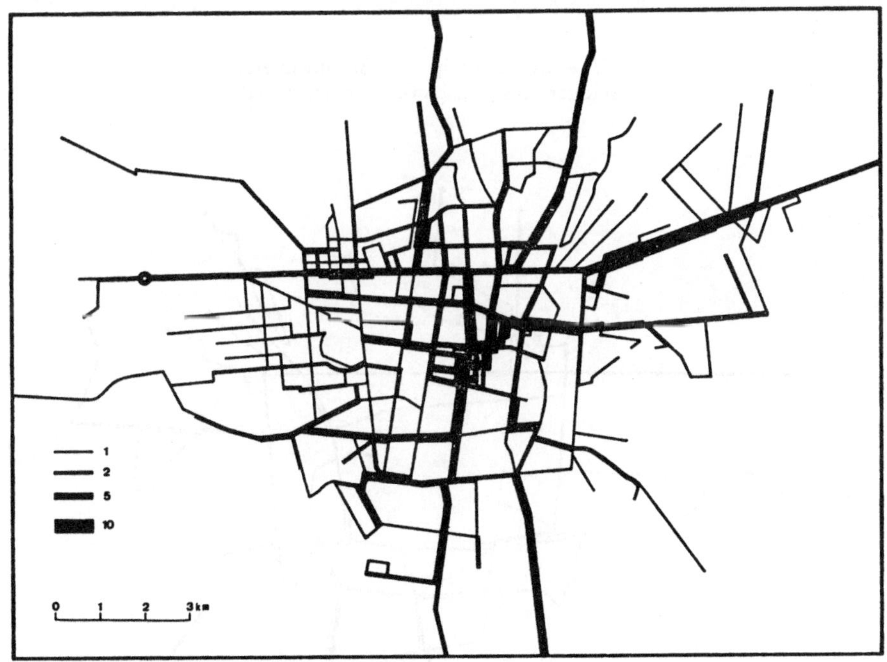

Abb. 50: Das Buslinien-Netz der United Bus Company
Die Zahl der Buslinien ist durch die Strichstärke angegeben
Quelle: Tehran Traffic Department

[47c]) Nach *Y. Murakami*, a. a. O.

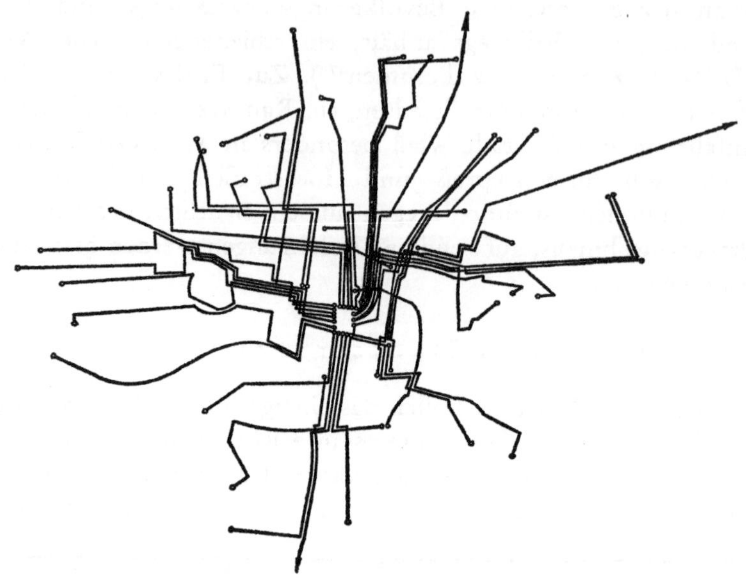

Abb. 51a: Zentral-peripheres Busliniennetz.
Stadtseitiger Ausgangspunkt: Meidan Sepah

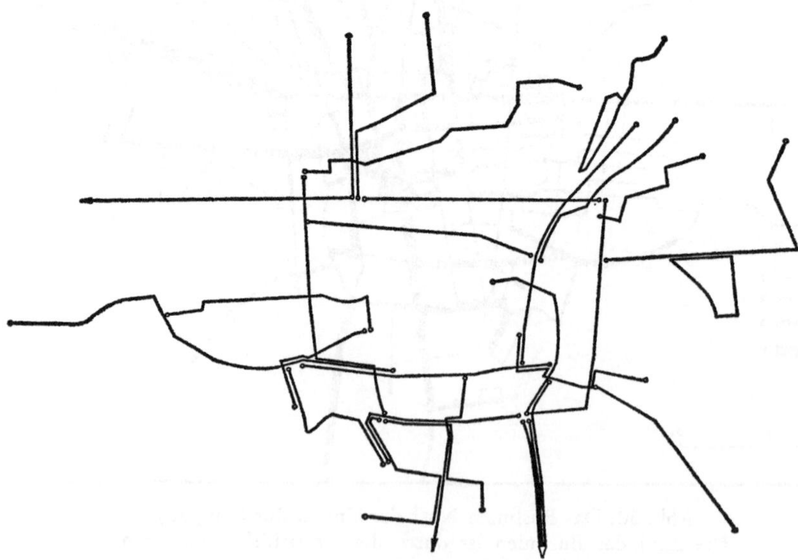

Abb. 51b: Buslinien, die Querverbindungen im
Stadtbereich ermöglichen

verkehr, die Achse wirtschaftlicher Zentralität. Vielmehr fallen die zahlreichen aus den Vororten ins Zentrum führenden Linien auf (Abb. 50).

Die Buslinien aus den Randbezirken treffen sich nahe dem Zentrum, und die nördliche Ausfallstraße, die in die dicht und zugleich von einer einfachen Bevölkerung bewohnten Vororte Narmak, Teheran Pars und Teheran Now führt, weist ebenfalls eine bedeutende Scharung der Linien auf. Die Gesamtheit des Systems zeigt eine spezifische Angleichung an die sozioökonomische Stellung der Bevölkerung in den einzelnen Bereichen der Stadt. Der Ausbau ist in den Villenvierteln, in denen der Motorisierungsgrad hoch ist, spärlich, im Wohnbereich des Mittelstandes aber ziemlich dicht. Der südliche Stadtteil dagegen ist trotz hoher Bevölkerungsdichte weniger erschlossen, als etwa das Gebiet zwischen dem Bazar und der Avenue Takht-e-Jamshid, weil die beruflichen Tätigkeiten einfacher Bevölkerung nicht den engen Kontakt zum Zentrum erfordern.

Wie eine Auflösung der einzelnen Linienführungen (Abb. 51 a — d) zeigt, ist das Liniennetz deutlich auf ein Zentrum ausgerichtet. Dies ist der Meidan Sepah (Platz der Armee), die stadtwärtige Endstation von mehr als dreißig Buslinien. Welche Bedeutung hat dieser Platz im Gefüge der Stadt? Der Meidan Sepah, früher Meidan Tupkaneh (Platz der Kanonen) liegt am Nordende des alten Palastviertels. Er war zunächst Grenze zwischen der Altstadt und dem nördlichen Villenviertel, das während der Zeit Reza Shahs zum zwischenkriegszeitlichen Zentrum ausgebaut wurde. Seither bildet der Meidan Sepah gleichsam ein Scharnier zwischen der Altstadt und den westlich geprägten Citystraßen nördlich davon, von denen die zwei wesentlichsten (Khiabane Lalehzar, Khiabane Ferdowsi) an diesem Platz ihren Anfang nehmen.

Die Linienführung der Autobusse berücksichtigt diese funktionale Trennung. Sie führt so gut wie alle zentralen Linien bis zu diesem Platz und nicht darüber hinaus. Auf diese Weise wird der Dualismus von traditionellem und westlich-modernem Stadtzentrum auch im Liniensystem der Autobusse deutlich. Die Versorgung der Einzugsgebiete ist unterschiedlich gut. Die nordwestlichen Vororte und der östliche Vorort Farahabad erscheinen flächenhaft erschlossen und gut mit dem Zentrum verbunden. Aus diesen Mittelschicht-Bezirken kommen kleine und mittlere Beamte und Angestellte täglich zu ihrer Arbeitsstätte im Stadtzentrum. Die südlicher gelegenen Wohngebiete sind dagegen wesentlich schwächer durch Buslinien mit dem Zentrum verbunden.

Das Busnetz ist in seiner Konzeption ein Organisationselement der frühen Nachkriegsjahre. Es ist zugleich aus der Zeit vor der starken Motorisierung und hat sich dem nordwärts wandernden Zentrum nur zögernd angepaßt

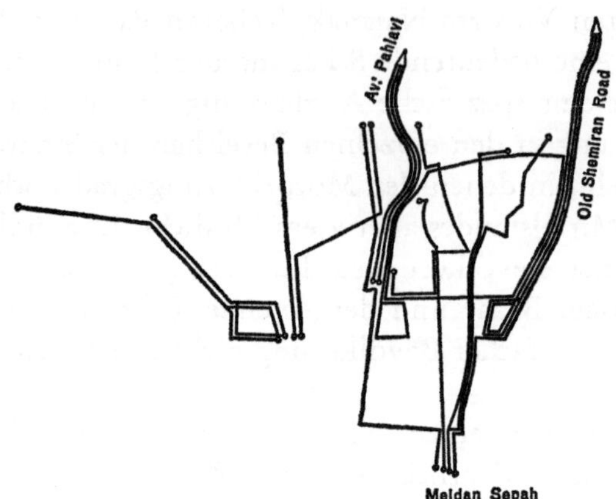

Abb. 51c: Linien nördlicher Stadtteile, die vorwiegend das moderne Zentrum versorgen

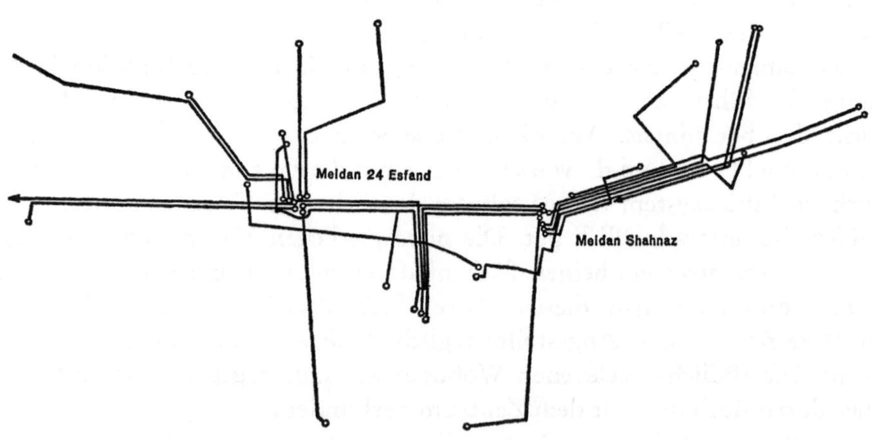

Abb. 52d: Umsteige-Zentren an der Grenze des Innenstadt-Gebietes
Quelle für Abb. 51a—d: Tehran Traffic Department

(schwache Linien an Av. Shah Reza und Takht-e-Jamshid, wahrscheinlich, weil dort die Mehrzahl des Publikums mit dem Privatauto oder mit den billigen Auto-Taxen fährt). Daneben muß die Dominanz des Nord-Süd-Bedarfes berücksichtigt werden. Hier ist es bemerkenswert, daß seit jüngerer Zeit eine Anzahl von Buslinien aus dem nördlichen Stadtteil, Abbas Abad, Shemiran, nur bis zur Avenue Takht-e-Jamshid führt, womit das neuere Bürozentrum die funktionell gleichen Verbindungen zum Wohngebiet seiner Arbeitskräfte erhält wie mehrere Jahre zuvor die City nördlich des Meidan Sepah. Bei einer weiteren Gliederung des Busnetzes fällt die geringe Bedeutung des Bahnhofes auf, der Ausgangspunkt von nur wenigen Buslinien ist. Wie schon erwähnt, kann wegen der Solitärlage Teherans das Fehlen eines Pendlereinzugsbereiches und wegen des für den Personenverkehr unbedeutenden Bahnnetzes nicht die in europäischen Städten häufige Parallelität von Eisenbahn- und Busbahnhof an einem Standort entstehen.

Eine Reihe von randlichen Linien verbindet periphere Gebiete oder schließt diese an das weiterführende Netz an. Dabei bilden sich, speziell am „Tangentenviereck" der die innere Stadt begrenzenden Straßen, markante Umsteigezentren und Endpunkte der Linien an den Außenbezirken. Es sind dies die Plätze Shahnaz (Nordost), Shush (Südost), 24. Esfand (Nordwest) und Rah Ahan (Bahnhof, Südwest). Von diesen hat sich nur am Shahnaz-Platz ein gewisses Vorstadtzentrum entwickelt, während an dem den besseren Wohnvierteln zugewandten Platz des 24. Esfand einige Großkinos entstanden sind. Die südlichen Busknoten haben keine Auswirkung auf die Bildung von Nebenzentren.

4. 4. 3 Traditionelle und westliche Arbeitsrhythmen im Tagesablauf des Verkehrs

a) Tagesablauf im traditionellen Wirtschaftsleben. Der Fußgängerstrom im Bazar

Der überkommene Tagesrhythmus wirtschaftlicher Aktivität in der orientalischen Stadt zeigt sich unverfälscht im Bazar. Er läßt sich an Hand einer Fußgängerzählung am Haupteingang des Bazars, die für den ein- und ausströmenden Passantenstrom über jeweils einen ganzen Tag durchgeführt wurde, demonstrieren (Abb. 52). Der Bazar ist Arbeitsplatz und Einkaufsort zugleich, daher besteht der Fußgängerverkehr aus Arbeitskräften, Kunden und Bazarbesuchern. Die Frauen unter den Bazarbesuchern, durchwegs Käufer und nicht im Bazar beschäftigt, sind gesondert dargestellt. Morgens füllt sich der Bazar mit Arbeitskräften, gegen 9 Uhr beginnt auch der Kun-

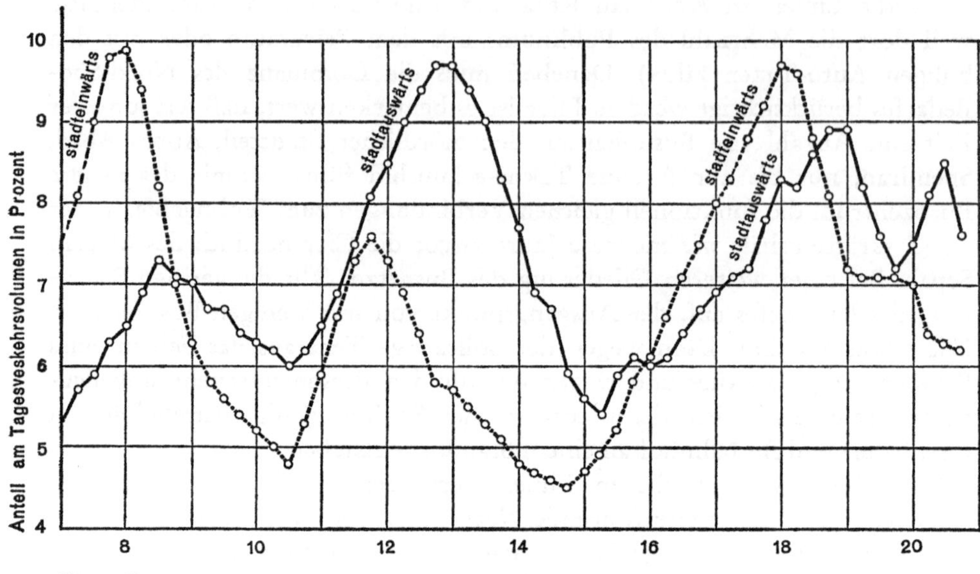

Abb. 52: Tagesverlauf des Verkehrs an der Pahlavi-Straße im Bereich zwischen der City und nördlichen Villenvororten zeigt den Arbeitsrhythmus der gehobenen westlich orientierten Bevölkerung (vgl. Text) und die abendliche Naherholungsfunktion von Shemiran

Quelle: Tehran Traffic Department

denstrom (einkaufende Hausfrauen) anzuschwellen. Nun haben auch die letzten Händler ihren Laden geöffnet, während die Arbeiter im Bazargewerbe in der Regel bereits um 8 Uhr zu arbeiten beginnen. Dieses Einsetzen voller Aktivität bringt eine kurzfristige Reduktion des männlichen Publikums auf nicht weniger als die Hälfte der vorherigen Werte. Doch bald setzt erneute Aktivität ein; wer etwas Geschäftliches zu besorgen hat, erledigt dies am Vormittag und ist nun unterwegs. Die Zeit zwischen 10 und 11 Uhr ist die geschäftigste im Laufe des Tages. Auch der Hausfrauenbesuch erreicht nun seine höchsten Werte, gleiches gilt für Passanten, die den Bazar nach einem kurzen Besuch wieder verlassen.

Ab 11 Uhr nimmt die einströmende Passantenschar schlagartig ab, um zwischen 12 und 13 Uhr ein Minimum zu erreichen. Daran sind auch die Kundinnen beteiligt, die um die Mittagszeit vollkommen und bis gegen 16 Uhr fast völlig fehlen. Nun verlassen den Bazar mehr Menschen, als ihn betreten, darunter auch Frauen, deren Einkäufe lange Zeit in Anspruch nahmen. Erst um 14 Uhr wird auch bei Personen, die den Bazar verlassen, ein Minimum erreicht. Wir unterscheiden eine r u h i g e   M i t t a g s z e i t, von einer nachfolgenden Periode der   N a c h m i t t a g s r u h e, während

122

der ein mäßiger Fußgängerverkehr herrscht. Erst um 16 Uhr strömt das Publikum neuerdings verstärkt in den Bazar ein, speziell der Anteil der Frauen unter den Besuchern steigt kräftig (Nachmittagseinkauf). Zwischen 17 und 18 Uhr herrscht wieder lebhaftes Treiben, doch wird die Frequenz der Vormittagsstunden nicht erreicht. Ab dieser Zeit überwiegen die nach auswärts gerichteten Bewegungen. Zwischen 18 und 20 Uhr beginnt sich der Bazar, der ja nicht Wohngebiet ist, zu leeren, doch erst gegen 21 Uhr ist er wirklich menschenleer. Die abendliche Spitze des Fußgängerverkehrs, bei der Besucher und Werktätige zur gleichen Zeit den Bazar verlassen, ist wesentlich kürzer als der morgendliche Zustrom. Die Zählung fand, wie erwähnt, beim Haupteingang des Bazars statt; im Inneren der weitläufigen Anlagen treffen die einströmenden Besucher um die Dauer des Fußweges später ein, während umgekehrt der Bazar sich abends im Zentrum zu leeren beginnt, wo es längst beängstigend ruhig ist, wenn im nördlichen Einzelhandelsbazar noch rege Geschäftigkeit herrscht. Auch der Einzelhandel schließt im Inneren des Bazars, so am Bazar Bozorg, wesentlich früher als in den randlichen Bereichen.

b) Tagesgang des motorisierten Verkehrs, Ausdruck der Arbeitszeiten westlich geprägter Bevölkerung

In Abb. 53 wird die Verkehrsbelastung der Pahlavi Avenue dargestellt, die eine Hauptverbindung zwischen den nördlichen Wohnvierteln und dem Geschäfts- und Verwaltungszentrum darstellt. Der Verkehrsfluß auf dieser Straße spiegelt den Ablauf der innerstädtischen Pendlerbewegung und damit auch den Arbeitsrhythmus im modernen Geschäfts- und Verwaltungsviertel wider.

Eine morgendliche Verkehrsspitze des Zustromes zur City erinnert an die Verhältnisse in westlichen Städten. Der Vormittag verläuft ruhig, weil es an der Zählstelle keinen Berufsverkehr gibt. Im Gegensatz zu europäischen Verhältnissen setzt jedoch bereits zu Mittag ein starker Rückflutverkehr ein: der Arbeitstag wird in vielen Ämtern zwischen 12 und 16 Uhr unterbrochen, vielfach endet er bereits nach 13 Uhr. In der Regel wird an sechs Wochentagen gearbeitet. Von europäischen Firmen gehen jedoch Bestrebungen aus, neben dem Freitag auch den Sonntag oder Samstag arbeitsfrei zu machen. In diesen Fällen wird über die Mittagszeit durchgearbeitet.

Der Verkehrsfluß zeigt deutlich eine Dominanz des traditionellen Tagesablaufes. So besteht zwischen 14 und 17 Uhr auch hier eine gewisse Nachmittagsruhe, doch steigt ab 16 Uhr der Verkehrsstrom zum Zentrum wieder an: die kühlen Stunden des Tages beginnen, und für viele Berufstätige

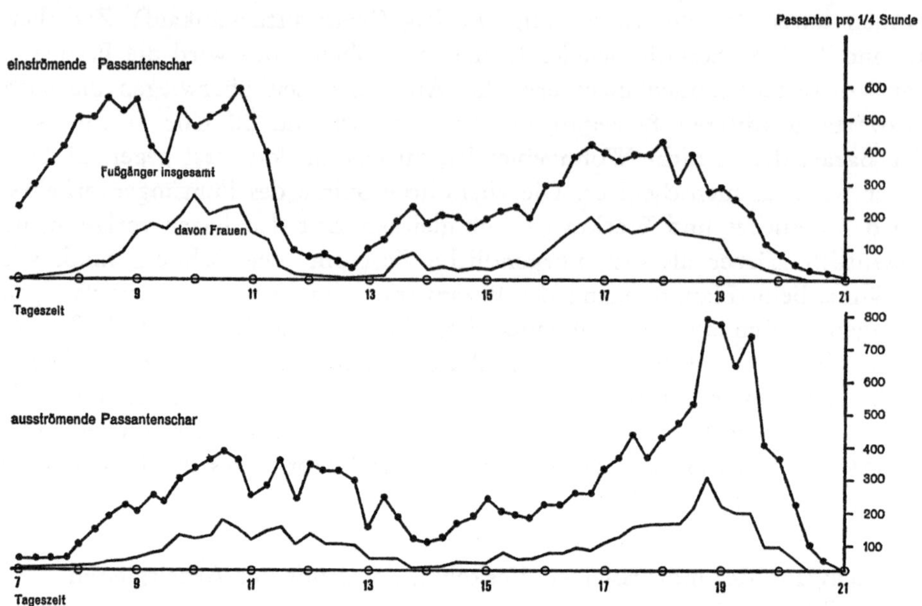

Abb. 53: Tagesverlauf des Fußgängerstromes im Bazar: der Wirtschaftsrhythmus
der traditionellen orientalischen Stadt

Grundlage: eigene Erhebung unter Mithilfe von Studenten am 23. und 24. Juli 1973
(Wochentage)

damit der abendliche Nebenberuf. Eine Nebenbeschäftigung neben einem
Hauptberuf, etwa im Staatsdienst, ist sehr verbreitet. Auch die Fahrt zu den
Geschäftsstraßen, deren Läden bis in die Abendstunden geöffnet haben, setzt
nun ein, und dieser Verkehrsstrom kreuzt sich mit dem der Bevölkerung,
die aus der City in die Wohnvororte zurückkehrt, sodaß zwischen 18 und
19 Uhr, im Stadtzentrum selbst um eine Stunde früher, eine echte rush-hour
den Verkehr teilweise lahmlegt. Im regen Verkehr auch während der Abendstunden (19 bis 20 Uhr) kommt die Naherholungsfunktion des Villenvor-
ortes Shemiran zum Ausdruck. Besonders im Sommer wird das Gebiet von
einer großen Zahl von Teheranern wegen der kühlen Gebirgsluft gerne aufgesucht, denn in der Stadt selbst hält sich die Hitze des Tages noch bis in
die späten Abendstunden.

5. DER BAZAR*)

Das Zentrum des traditionellen Wirtschaftslebens im islamisch-orientalischen Kulturkreis war stets der Bazar, und er ist es heute noch, wenn der traditionelle Sektor der Wirtschaft einer orientalischen Gesellschaft ins Auge gefaßt wird. Eine Reihe von geographischen Arbeiten befaßte sich mit dem Bazar, von denen die von E. W i r t h 1974[48]) überaus umfassend ist. Wird hier dennoch über den Bazar Teherans berichtet, dann deshalb, weil neben monographischer Beschreibung, die etwa auch als Führer durch den Bazar dienen kann, zusätzlich Aspekte der generellen Struktur des Bazars und seiner Stellung in der gesamten Stadt anklingen. Bedingt durch die Entwicklung einer westlichen City in Teheran hat der Bazar einerseits eine Reihe hochwertiger Güter an deren Geschäftsstraßen abgegeben und zum anderen neue Konsumgüter und mechanische Artikel nicht mehr voll in sein Warensortiment integriert. Dennoch zeigt er auch heute eine Vielfalt des Angebots und ein System von Betriebstypen in der klassischen, vielleicht zu sehr allgemeingültigen und daher den Kern des Orientalischen nicht ganz treffenden zentral-peripheren Ordnung. Diese wurde wiederholt mit einer sozialen Wertigkeit der Bazarwaren und des Standortes in Bezug auf das religiöse Zentrum der Stadt erklärt. Es ist, wie auch das Beispiel Teherans zeigen wird, jedoch plausibler, wenn als ordnende Faktoren die höheren Gewinnspannen, die teurere Waren begleiten, sowie die gleicherweise höheren Mieten, die an zentralen Standorten verlangt werden, herangezogen werden. Renditen bestimmter Branchen und Mietpreise bilden zentral-periphere Gradienten, die im Falle ausgewogener Standortverteilung zueinander parallel verlaufen. Die Affinität gehobener Bazarteile zum religiösen Mittelpunkt der Stadt besteht in diesem Sinne darin, daß auch dieser einen Standort im Zentrum der Stadt einnimmt. Kommt es — etwa durch

---

*) Vgl. auch Farbkarte im Anhang.
[48]) *E. Wirth*, 1974: Zum Problem des Bazars (suq, çarşi). Versuch einer Begriffsbildung und Theorie des traditionellen Wirtschaftszentrums der orientalisch-islamischen Stadt. Der Islam 51/2, S. 203—260 und 52/1, 6—45.

Neubauten oder auch durch geänderte Straßenzüge — zur Verschiebung der
Standortwertigkeit innerhalb des Bazars, so hat das auch eine Verschiebung
der Branchen zur Folge. Hochrangige Güter wandern den neuen opti-
malen Standorten nach. Dieser theoretischen Verteilung steht eine Bazarstruktur gegenüber, in der neben genetisch unterschiedlichen Formen der
Branchensortierung und Branchenmengung ein Wachstum des Bazars durch
periphere Anlagerung und durch unterschiedlich ausgeprägtes Verdrängen
älterer Strukturen stattfindet. Dabei erweist sich, wie die folgenden Ausführungen zeigen werden, die innere Struktur des Bazars als eingespannt
in das generelle soziale Gefälle der Stadt.

5. 1 Zur räumlichen Entwicklung des Bazars

Der Bazar von Teheran ist in seiner heutigen Ausdehnung eines der
weitläufigsten Bazarviertel in der islamisch-orientalischen Welt. Im Gegensatz zum Verfall vieler alter Anlagen in anderen Städten prosperiert und
wächst der Teheraner Bazar heute noch, und das trotz der kräftigen Entwicklung des Handelssektors in den neuen, außerhalb dieses traditionellen
Zentrums der orientalischen Stadt gelegenen Geschäftsstraßen. Auf die
unterschiedlichen Gründe dieser Prosperität wird später noch eingegangen.
Vorerst sollen die räumliche Entwicklung des Bazars und der damit verbundene Funktionswandel mancher Bereiche dargestellt werden. Die älteste
Angabe über den Teheraner Bazar ist der Karte B e r e z i n s aus dem
Jahre 1852 zu entnehmen[49]. Wenn auch das Gassennetz der Altstadt verzerrt
dargestellt wird, so ist der Umfang des Bazars zur Mitte des 19. Jhts. klar zu
ersehen. Er stimmt im wesentlichen mit dem der Karte von K r z i z aus
dem Jahre 1858 (Abb. 54) überein. Zentrum ist der „Bazar Bozorg"[50]
(großer Bazar), ein etwa West-Ost verlaufendes Straßenstück, an dem
sich zu beiden Seiten in dichter Abfolge die großen Khane, Warenum-
schlagplätze und Großhandelshäuser zugleich, befinden. Der Bazar Bozorg
endet im Westen bereits um 1850 unvermittelt bei der Medrese „Emamzadeh Zeyed". Es ist anzunehmen, daß in älterer Zeit eine direkte Verbindung zum weiter westlich gelegenen Bazar Patchenar bestand und damit eine durchgehende West-Ost-Hauptstraße gegeben war.

[49] Vgl. *E. Wirth*, 1973: Zum Problem des Bazars (suq, çarşi). Islam *51*, 2, S. 251.
[50] Die Bezeichnungen der Bazargassen erfolgen nach einer Manuskript-Karte des IERS, Teheran. Sie stimmen mit der Beschriftung in der Karte Teheran 1 : 20 000 der Oil Service
Company (1974) nicht überein.

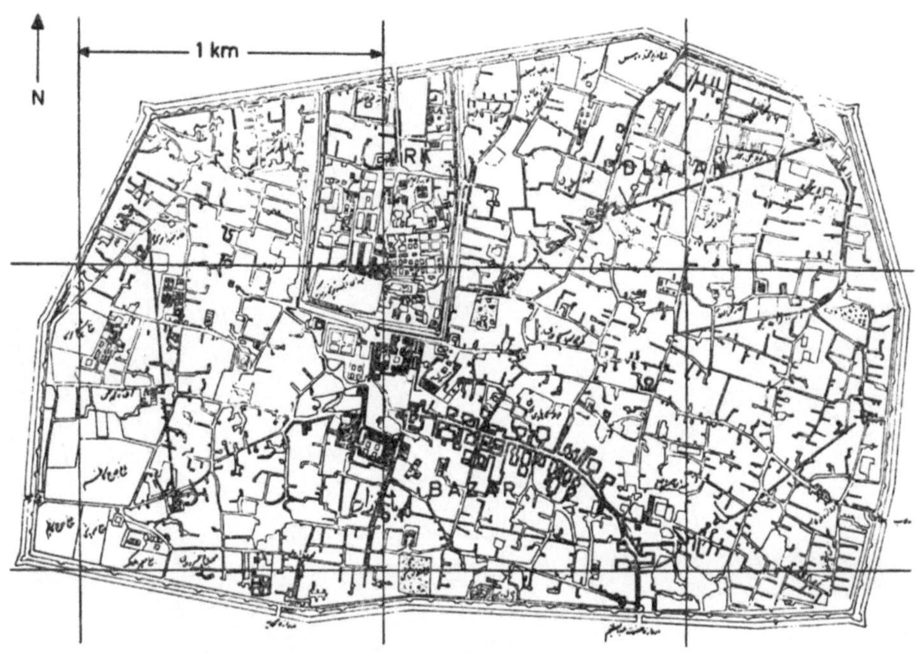

Abb. 54: Altstadt und Bazargassen um 1850, Karte von R. Krziz,
Maßstab der Wiedergabe 1 : 25 000
Mit freundl. Genehmigung des Verlages C. W. Leske, aus: P. G. Ahrens: Teheran

Im Osten endete der zentrale Bazarteil bei einer Gassenverzweigung,
wobei die Hauptstraße als Bazar Nadjdjarha (Tischlerbazar) in südlicher
Richtung ein Stadttor erreichte, von dem aus sowohl der Karawanenweg
nach Khorassan wie auch die Straße zum nahen Ort Rcy begann. Neben
dem Hauptbazar treten speziell in der Karte von Berezin, benachbarte Gassen (Bazar Abbas Abad, Bazar Meshgarha = Kupferbazar, Bazar
Ahangarha = Eisenwarenbazar) als Bazargassen in Erscheinung. Damit
zeigt der Bazar Teherans noch um 1850 jenes Stadium, das von E.
W i r t h[51]) als Linienbazar bezeichnet wird. Er ist durch die Anordnung
der Khane an einer Hauptstraße und durch das Fehlen planmäßiger, großer
Serais gekennzeichnet. Nur an der Kreuzung des Bazar Bozorg mit dem
Bazar Meshgarha ist bereits die regelhafte Anlage offenbar planmäßiger
Bazargassen vorhanden. Sowohl hinter den Khanen wie auch zu beiden
Seiten der Bazarnebengassen befinden sich Wohnbauten. Diese eher ein-
fache Struktur läßt auf geringe Reichweite und/oder vergleichsweise be-
scheidene Kundenschar schließen. Tatsächlich waren ja noch im 19. Jahr-

[51]) *E. Wirth*, 1973: Zum Problem, a. a. O., S. 251.

Abb. 55: Parzellenplan der Altstadt und des östlichen Bazargebietes. Unregelmäßige Grundstücke alter Wohngebiete und zugehörige Sackgassen, Großparzellen der Khane des Bazars, Gassenfront-Läden des Einzelhandels

Verkleinerung einer Grundstückskarte 1 : 1000, Stadtplanungsamt Teheran, Maßstab der Wiedergabe 1 : 3000

hundert eine Reihe von persischen Städten Teheran an Bedeutung überlegen. Die Lage der großen Khane an der Hauptstraße sowie ihre ungleichen Grundrisse zeugen von einer allmählichen Entwicklung. Abb. 55 zeigt die Parzellenstruktur im südöstlichen Teil des alten Bazars. Deutlich sind die großen Flächen der Khane am Bazar Bozorg sowie ihr Auslaufen gegen Osten zu sehen. Den Khanen sind die kleinen Flächenstücke der Einzelhandelsgeschäfte gassenseitig vorgelagert. Die Grenze zwischen Bazargebiet und Wohngebiet ist auch in der Parzellenstruktur erkennbar. Dieser Bazar Bozorg war auch höchstrangiger Teil des Bazars, der damit bis zur Mitte des 19. Jht. als verkehrsorientiert, auf den Fernhandel bezogen, erscheint.

Die Hauptmoschee (Masjid-e-Shah) liegt nicht im Verlaufe dieses Straßenzuges, sondern etwas weiter nördlich, ungefähr 200 Meter von der oben erwähnten Kreuzung der Bazarstraßen entfernt. Sie ist um 1850 vorwiegend von Wohnbauten umgeben. Die älteren Teile des Teheraner Bazars sind somit nicht auf die Hauptmoschee als den Mittelpunkt der orientalischen Stadt ausgerichtet, wie dies etwa Dettmann[52]) in seinem „Idealschema" fordert. Selbstverständlich aber liegt die Hauptmoschee im Stadtzentrum selbst, in Teheran zwischen dem Bazar Bozorg und dem Palast. Diese zentral-periphere Rangabfolge der Standorte, die ja über das Bazarviertel hinausreicht und die ganze Stadt umfaßt, hat zu Analogieschlüssen zwischen älteren europäischen und orientalischen Städten geführt. Zentral-periphere Standortdifferenzierungen sind jedoch Merkmale von städtischen Siedlungen an sich und daher überall zu finden. Als wesentlicher Unterschied, der auch auf die räumliche Struktur der Wirtschaft zurückwirkt, erscheint dagegen die Abgeschlossenheit des Wohnens in der islamisch-orientalischen Stadt, die zu einer strikten räumlichen und visuellen Trennung zwischen der Privatsphäre und dem öffentlichen Leben an der Straße führte. Bei vermehrtem Platzbedarf des Handels und des Gewerbes entstanden so Khane und Serais unter weiterer Trennung von Wohnen und Arbeiten. Diese Gegensätze zur europäischen Stadt, in deren auch zentralen Teilen stets ein Neben- und Übereinander von Wohnen und Wirtschaften herrschte, erscheinen wesentlich gravierender als gemeinsame, allgemeingültige Standortmechanismen.

Seit dem Ende des 18. Jahrhunderts ist Teheran Hauptstadt Persiens. Das Palastviertel stellt den eindeutig höchstrangigen Ort in der Stadt dar. Bis 1850 hat der Einzelhandel auf diese veränderte Standortwertigkeit

---

[52]) *K. Dettmann,* 1970: Zur Variationsbreite der Stadt in der islamisch-orientalischen Welt. Geogr. Zeitschrift *58.*

nicht reagiert, doch bereits in der Karte von K r z i z aus dem Jahr 1858
ist in Palastnähe eine neue Bazargasse, der Bazar Kaffachha, der heute den
Haupteingang in den Bazar bildet, entstanden. Sie war damals Sitz eines
sehr geschätzten Gewerbes, der Hutmacher, die die in jener Zeit üblichen
hohen Fellmützen herstellten.

Weiter im Süden, im Bereich des Bazar Abbas Abad, entstanden bis
1858 bereits die ersten Serais, das Serai Akbarieh und ein Teil des heutigen
Serai Amir. Die Aufwertung des westlichen, dem Palastviertel naheliegen-
den Altstadtteiles setzte sich in den nächsten Jahren fort. Wie ein Vergleich mit der Karte des Abdul Ghafar aus dem Jahr 1891 zeigt, ist es an
der Südflanke des Ark zum Bau mehrerer Khane, zur Ausweitung der
Bazare Kaffachha und Bazzarha sowie zur Errichtung eines ausgedehnten,
planmäßig angelegten Bazarkomplexes zwischen diesen beiden Bazargassen
gekommen[53]). Mit letztgenanntem Bazarteil „Hadjebod Dowleh" entstand
erstmals ein nicht an die Altstadtgassen gebundenes Einzelhandelszentrum.
Der unmittelbar östlich des Meidan Sabzeh gelegene Komplex zählt zu den
architektonisch wertvollsten Teilen des Teheraner Bazars. Noch heute fällt
dieser Bazarteil durch seine bunte Branchenmengung, durch das Nebeneinander von Nahrungsmitteln, Artikeln des persönlichen Bedarfes und Textilien auf unverhältnismäßig kleinem Raum auf. Die Branchenmengung entspricht dem gemischten Angebot in der alten Ladenstraße des Bazar Bozorg.
Im übrigen Bazar kam es in der zweiten Hälfte des 19. Jahrhunderts dagegen nur zu geringfügigen Erweiterungen.

Auch während der Modernisierungs- und Verwestlichungsphase unter
Reza Shah entwickelte sich der Bazar kräftig weiter: die stark wachsende
Bevölkerung führte zu einem ebenfalls expandierenden Bazarhandel. Allerdings ist es in zunehmendem Maße der Groß- und Zwischenhandel, der
Bazarerweiterungen für sich in Anspruch nimmt. Er beliefert gleichermaßen den benachbarten sowie den in den jungen Geschäftsstraßen etablierten Detailhandel. Der Trend zur Verlagerung des Bazarschwerpunktes
weg vom Bazar Bozorg und hin zum nördlichen Rand des Bazarviertels,
von dem aus die Straßen zu den westlich geprägten Geschäftsstraßen führen, hält weiter an. Wurden in kadjarischer Zeit noch Grünflächen in
Bazargebiet umgewandelt, so wichen nun in vermehrtem Maße Wohnhäuser den neuen Geschäftsbauten.

So entstand ein ausgedehnter Komplex von Geschäften für Waren des
persönlichen Bedarfes, der Kurzwaren und des Papier- und Büroartikel-

---

[53]) Eine detaillierte Karte über die Ausdehnung des Teheraner Bazars findet sich in:
E. Wirth, 1968: Strukturwandlungen und Entwicklungstendenzen in der orientalischen
Stadt. Erdkunde 22, S. 104.

sektors südlich der Shah-Moschee. Auch das Serai Hadjebod Dowleh wurde erweitert, und älterer Baubestand in den nun zentralen Bazargassen wurde erneuert. Weitere Neubautätigkeit ist an den Durchbruchstraßen, die das Bazarviertel begrenzen, zu verzeichnen. Auch zu beiden Seiten des Bazar Abbas Abad entstanden neue Serais. Doch nicht nur der Handel ist an der Ausweitung des Bazars beteiligt. Weil sich seit der Zwischenkriegszeit ein Exodus gehobener Bevölkerung aus der Altstadt vollzieht, sind in Bazarnähe respektable alte Wohnhäuser freigeworden, die nun als Lager oder als Standorte von diversen Bazargewerben fungieren.

Das alte Zentrum des Bazars dagegen stagnierte bereits, es verlor mit dem Aufkommen des Lastkraftwagenverkehrs vollkommen seine Funktion als Umschlagplatz der bislang durch Karawanen transportierten Bazarware.

Die jüngste bauliche Entwicklung hebt sich durch moderne Materialien und Bauformen von den zwischen- und nachkriegszeitlichen Veränderungen gut ab. Eine derart faßbare neue Bebauung setzt etwa ab 1960 ein. Der Bazar greift noch weiter in ehemaliges Wohngebiet aus, die neuen Objekte sind meist mehrgeschossige und ausgedehnte Hallen. Sie dienen vorwiegend der Teppichbranche und dem Textilhandel und bilden ein neues Bazarviertel im südlichen Teil des Bazar Kaffachha und im Bazar Abbas Abad. Ein weiteres Gebiet verstärkter Neubebauung ist der nördliche Abschnitt des Bazar Meshgarha, wo Ausläufer und Lager des Papierwaren-Bazars sich mit Geschäftshäusern der nahen Bazarrandstraße (Khiabane Bouzarjomehri) treffen. Aber auch die wichtigsten Teile des alten Bazarbereiches haben bereits eine Renovierung erfahren. So ist die Gassenfront weiter Abschnitte des Bazar Bozorg erneuert, was als Ausdruck ungebrochener Handelsfunktion dieses Teiles gelten darf. Die dahinter liegenden Khane allerdings befinden sich in einem bedauernswerten Zustand. Sie konnten den Bedeutungsverlust nicht kompensieren und beherbergen nur mehr Funktionen, die für den abgewerteten Rand eines Bazars typisch sind: Lager, verschiedene mindere Waren und niederrangiges Bazargewerbe.

Neben Neubebauung und Renovierung der Bausubstanz erfuhren die Bazarläden selbst eine differenzierte Ausgestaltung, die vom nördlichen Rand des Bazars, heute Zentrum des Einzelhandels, gegen die inneren Bazarabschnitte ausstrahlt. So erweist sich die Modernisierung der Bazarläden als physiognomisches Merkmal des abgestuften Überganges von westlich beeinflußten zu älteren Bazarteilen (Abb. 56). In den älteren Bazarteilen bestehen die Läden aus einfachen Boxen, die von der Gasse her frei betreten werden und die des Abends mit Rolläden, früher Holztüren, verschlossen werden. In jüngerer Zeit gleicht sich der Bazarhandel immer

Abb. 56: Verwestlichung der Bazarläden. a) Stern: modernes Geschäftslokal mit verglasten Schaufenstern; b) Dreieck: Ladentisch, Glaskoje — Übergang zum offenen Bazarladen; c) Quadrate, Balken: einfache Läden, aber Büroteil des Geschäftes durch Türe vom Verkaufsraum getrennt; übriger Bazarbereich: offene Ladenkojen

Grundlage: eigene Erhebung 1973. Topographische Grundkarte: Prof. E. Wirth 1972, ergänzt

mehr den Läden der Geschäftsstraßen an, sodaß es zu einer als physiognomische Verwestlichung zu beschreibenden Änderung im Aussehen der Bazargassen kommt. Dabei kann man drei Typen der Innovation beobachten:

a) Form des modernen Geschäfts mit Glasportal, Glastüre und entsprechender Beleuchtung und Schaufenstergestaltung. Solche Geschäfte finden sich in den dem Bazareingang im Norden zugewandten Gassen, die zugleich über ein hochwertiges Angebot verfügen (Schmuck- und Touristenbazar) oder die in jüngster Zeit eine Umgestaltung erfuhren (Meidan Sabzeh, Bazarhaupteingang).

b) Übergang zum offenen Gassenladen: moderner, als Glaskoje gestalteter Ladentisch, zugleich seitliche Glaskoje als Ausstellungsflächen.

Trotz der Neuerung bleibt die für den Bazar so typische Offenheit des Geschäfts zur Straßenfront erhalten, die dem Publikum das ungenierte Mustern der Waren ohne psychologischen Druck zum Kaufen gestattet. Besonders verbreitet sind sie in den flächenhaften Bazarteilen zu beiden Seiten der Hauptmoschee.

c) Geschäfte, die in ihrem rückwärtigen Abschnitt eine verglaste Bürokoje besitzen oder sonst einen modernisierten, aber bescheidenen Eindruck machen.

Dieser Typ einer bescheidenen Modernisierung ist vorwiegend in den peripheren Bazargassen anzutreffen. Daneben sind in dieser Art alle Einzelgeschäfte innerhalb der neuen Serais ausgestattet.

Die Abfolge physiognomischer Innovation entspricht dem Gegensatz von verwestlichtem und traditionsverhaftetem Bazarteil, wobei die modernsten Teile des Bazars auch im Vergleich zu den bescheidenen nördlich anschließenden Geschäftsstraßen als hochwertig zu bezeichnen sind. Neuerungen fehlen dagegen in den nur auf lokales Publikum ausgerichteten peripheren Bazarteilen (Bazar Patchenar).

5. 2 Betriebstypen und Branchenstruktur einzelner Bazarabschnitte

5. 2. 1 Betriebstypen und ihre räumliche Anordnung

Die Branchendifferenzierung im Bazar wurde auch für iranische Städte bereits wiederholt und detailliert dargestellt, so von E. E h l e r s (Rasht, Bam), H. K o p p (Städte in Mazandaran), M. P. P a g n i n i - A l b e r t i (Mashad) und G. S c h w e i z e r (Tabriz). Einen Überblick gab E. W i r t h bereits 1968. Bei der Untersuchung des Bazars von Teheran wird auf eine Detailkartierung des gesamten Bazars verzichtet und anstatt dessen versucht, typisierende Aussagen zu finden.

Einen Überblick über Betriebstypen und Branchenstruktur gibt eine vom Soziologischen Institut der Universität Teheran durchgeführte Betriebszählung[54]) (Tab. 15). Sie ermittelte im Bazarviertel 7650 Betriebe, von denen 75 % Einzelhandel betreiben. Das Bazargewerbe umfaßt nur ein Achtel aller Betriebe. Die größte und geschlossenste Gruppe des Bazarhandwerks bilden die Schuster, gefolgt von den verschiedenen Textilgewerben, wie Schneidern, Färbereien und Wirkereien. Ein im Vergleich zum zugehörigen Einzelhandel hoher Anteil von erzeugendem Gewerbe ist bei Kupferwaren (Kupferschmiede) zu beobachten. Daneben sind noch Schmiede, Schlosser und Spengler sowie Gewerbe zur Nahrungsmittelproduktion (Trockengemüse, Süßwarenherstellung, Gewürzmühlen, Abpacken von Tee, Zucker etc., Bäcker) als größere Gruppen von Bazargewerben zu nennen.

Bei den 464 angeführten Lagern handelt es sich um vom Verkaufslokal räumlich getrennte Gebäude oder Gebäudeteile. Wie erwähnt, werden speziell periphere Bazarteile oder ehemalige Wohnbauten als Lagerraum benutzt. Sie sind in der Regel Großhandelsbetrieben zugehörig. Der Großhandel selbst umfaßt nur 4 % der Betriebe im Teheraner Bazar. Seine wirtschaftliche Bedeutung reicht aber weit über den Bazar hinaus. Das gilt besonders für den Nahrungsmittel-Großhandel, der 50 % dieser Betriebsform umfaßt. Viele Großhandelsbetriebe verfügen nur mehr über Büroräume im Bazar, die Lagerräume sind bereits an verkehrsgünstigere Standorte verlegt worden, wie etwa an die breiten Durchbruchstraßen. Auch im Bazarviertel selbst fällt diese Randlage der Nahrungsmittellager auf.

Wie bereits angedeutet, kommen den einzelnen Betriebstypen charakteristische Standorte zu, die sich nach dem Standortwert innerhalb des Bazars richten. Einen hohen Wert genießen diejenigen Bazarteile, in denen der Kundenstrom sehr groß ist. In ihnen sind Mieten und Ablösen für Geschäfte so hoch, daß eine Segregation der Betriebstypen einsetzt: die Gewerbebetriebe werden in randliche Gassen oder in Hinterhöfe abgedrängt, wo die Mieten noch erträglich sind. Gebäude, die ihre alte Funktion verloren haben — wie verlassene Wohnbauten und ehemalige Karawansereien — bieten sich dafür geradezu an. Vielfach kommt es dabei zur Trennung der alten und für den Bazar bislang so typischen Einheit von Produktion und Verkauf: der Handel bleibt an der Gassenfront bestehen, während sich die Produktion in periphere Teile des Bazars zurückzieht. Ein sehr gutes Beispiel dafür ist die funktionelle Einheit von Schuhhandel im Bazar Kaffachha und Schuherzeugung in den unmittelbar westlich benachbarten Hintergassen, wohin sie allmählich von der Bazarhauptgasse verlagert wurde.

[54]) Dem Institut d'Etudes et de Recherches Sociales (IERS) der Universität Teheran sei für die Überlassung der Daten an dieser Stelle herzlichst gedankt.

134

Daneben gibt es abseits der Bazargassen Standorte von durchaus hohem Wert dort, wo sich die Kontore, Büros des Großhandels konzentriert haben, wie dies etwa im Serai Amir der Fall ist. Als Ausdruck dessen wirtschaftlicher Position kann die in jüngster Zeit erfolgte Eröffnung von Bankfilialen in der unmittelbaren Nachbarschaft gesehen werden, obwohl nur wenige hundert Meter entfernt, am Nordrand des Bazars, große Banken existieren. Die Vorderfront-Rückseiten-Situation ist, wie dieses Beispiel zeigt, nicht immer mit einem zentralperipheren Wertabfall verbunden, eine ganze Reihe von Großhandelsstandorten ist vielmehr funktional mit dem zugehörigen Einzelhandel verknüpft. Weil die Groß- oder Zwischenhändler von den kleinen und kapitalschwachen Detailhändlern zur Ergänzung ihres Sortiments oft aufgesucht werden, ist es naheliegend, daß sich daraus eine möglichst enge Nachbarschaft entwickelt.

Das gilt besonders für hochwertige Bazargebiete. Andere, nicht unmittelbar an den Bazareinzelhandel gebundene Großhändler befinden sich, speziell wenn sie billigere Ware vertreiben, in größerer Distanz zum Zentrum des Bazars. Mit sinkendem Standortwert beginnt schließlich die Zone des Bazarhandwerkes und der Lager von Rohmaterialien, die die Peripherie des Bazars bilden. Wie sehr lassen nun die B e t r i e b s t y p e n E i n z e l h a n d e l — G r o ß h a n d e l — G e w e r b e im Bazar von Teheran ein O r d n u n g s s y s t e m erkennen?

1. Die räumliche Struktur des D e t a i l h a n d e l s läßt klar einen östlichen und einen westlichen Bazarteil unterscheiden.

a) Der Einzelhandel ist im älteren, östlichen Teil des Bazars an Altstadtgassen gebunden und daher linienhaft gestreckt und nicht flächig ausgebildet. Die Zone des Einzelhandels ist damit sehr schmal und geschäftsstraßenähnlich.

b) Auch im westlichen, jüngeren Teil des Bazars sind Altstadtgassen Leitlinien der Standorte des Einzelhandels (Bazar Kaffachha, Bazar Bazzaz, Bazar Abbas Abad). Dazwischen sind regelmäßige Bazarkomplexe (Qeysarije) entstanden, z. B. Hadjebod Dowleh oder der Bazar Soltani (Kurz- und Papierwaren), die zu beiden Seiten der Hauptmoschee liegen. Nur hier ist der Einzelhandel wirklich flächenhaft verbreitet. Das Ausdünnen des Einzelhandels gegen Süden ist durch die von Norden in den Bazar einströmende Kundenschar zu erklären. Folgerichtig hat der Einzelhandel auch die nordwärtige Bazarrandstraße (Khiabane Bouzarjomehri) lückenlos besetzt. Es ist auffallend, daß der Teppichhandel nicht die Standorte verstärkten Passantenstromes (und auch nicht etwa die Nähe der Moschee) für sich in Anspruch nimmt. Auf die Ordnungsprinzipien innerhalb des Einzelhandels wird später eingegangen.

2. Der G r o ß h a n d e l ist mit seinen Kontoren und Lagerräumen nach drei Standortprinzipien angeordnet:

a) Klassischer Standort in der Nähe des entsprechenden Einzelhandels; gilt für hochwertige Bazarwaren (Juwelen, Teppiche) und für Waren mit großem Umsatz (Stoffe, Hausrat). Zugleich auch Wiederverkauf an Detailhändler außerhalb des Bazars, speziell bei Waren mit geringerem Volumen und damit leichtem Transport (Kurzwaren, Tee etc.). Er ist auf den zentralen, westlichen Teil des Bazars beschränkt.

b) Kraftfahrzeugorientierter Standort an den Bazarrandstraßen für Waren mit hohem Gewicht (Bleche, Eisenwaren) oder stetem Umsatz (Nahrungsmittel). Besonders deutlich im Süden und Osten des Bazarviertels.

c) Standort des Mietenminimums in den Khanen des ältesten Bazarteiles. Hier finden sich Großhandelsbranchen, die geringe Renditen abwerfen: traditionelle Nahrungsmittel, Trockenfrüchte, Baumwolle, Säcke, Holz. Oft besteht eine Verbindung zu Bazargewerben.

3. Das G e w e r b e im Bazarviertel ist genetisch inhomogen. Es besteht aus älteren, tradierten Handwerken und aus jüngeren Branchen, die anderen Standortprinzipien folgen:

a) Das traditionelle Bazarhandwerk ist sehr deutlich nach Branchen konzentriert und hat seinen festen Platz an der Gassenfront von Bazarnebenstraßen, die meist nach dem betreffenden Handwerk benannt wird. Beispiele dafür sind die Kupferschmiede (Bazar Meshgarha), die Schmiede und Schlosser (Bazar Ahangarha) und die Schuster, die allerdings aus ihrem alten Standort verdrängt wurden. Dabei entstanden auch die in den alten Bazargassen unüblichen mehrgeschossigen Bauten mit Innenhof, die ausschließlich dem Kleingewerbe dienen. Tischler und Kistentischler treten ebenfalls konzentriert, wenn auch nicht nur an einer Stelle des Bazars, auf. Sie besetzen Nebengassen, wie z. B. südöstlich der Freitagsmoschee (Masdjid Djami).

Weniger konzentriert sind die Schneider, die meist in den Obergeschossen der Bazarbauten, häufig im Textilbereich des Bazars, anzutreffen sind. Auch das Gewerbe ordnet sich in das generelle Wertgefälle im Bazar ein. So haben die Spengler, die billigen Hausrat erzeugen, ihren Standort am östlichen, abgewerteten Rand des Bazars.

Sie finden sich dort mit anderen metallverarbeitenden Gewerben niedrigen Ansehens, z. B. den Gießereien. Diese sind auch in die Hinterhöfe der alten Khane eingezogen, wo sie neben Sacknähern, Kistentischlern, Schweißern und Verschrottern die gering bewerteten Bazargewerbe darstellen.

136

b) Jüngere Branchen stellen die mit überaus veralteten Maschinen arbeitenden Textilgewerbe, vorwiegend Wirkereien, dar. Sie befinden sich im Randbereich des Bazars, treten jedoch nicht branchensortiert auf, sondern sind im gesamten Bazarviertel wie auch in der übrigen Altstadt zu finden. Ähnlich verhält es sich mit anderen Branchen, etwa Plastikwarenerzeugung, Nahrungsmittelverarbeitung etc., die keine enge funktionelle Beziehung zum Bazar aufweisen. Anderes gilt für die Buchdruckereien, Buchbinder, die dem Papierwarenbazar benachbart sind. Sie sind auch wegen ihrer Kundenbeziehungen auf einen zentralen Standort angewiesen.

5. 2. 2 Branchen-Strukturtypen

Die Branchenstruktur zeigt den Bazar als Bekleidungs- und Textilzentrum, 30 % aller Läden sind auf diesen Wirtschaftssektor ausgerichtet. Dazu kommen Lederwaren und Schuhe mit 13,5 %, die mit Ausnahme der Koffer- und Taschengeschäfte ebenfalls dem Bekleidungssektor zurechenbar sind. Mit weitem Abstand und einem Anteil von 18,5 % folgt der Nahrungsmittelsektor, der jedoch im Einzelhandelsbazar noch bedeutend weniger in Erscheinung tritt. Etwa gleich groß ist der Anteil des Teppich- und Schmuckbazars, wobei besonders auf den 1000 Betriebe aufweisenden Teppichhandel hingewiesen sei — eine Zahl, die in Relation zu anderen Branchen des gehobeneren Bedarfs eine noch immer weitgehende Konzentration des Teppichhandels im Bazar und seine überregionale Bedeutung erahnen läßt. Eher schwach vertreten erscheint mit 4,3 % der Haushaltssektor, was für den Bereich von Elektrogeräten und andere moderne Waren gewiß zutrifft. Die in Tabelle 14 angeführten 277 Haushaltsartikel-Einzelhandelsgeschäfte, die größtenteils im Bazar Hadjebod-Dowleh konzentriert sind, bieten vorwiegend Geschirr und Glaswaren an. Anderer Hausrat, wie Blechtöpfe, Bestecke, Lampen, Samoware etc. ist in den Warengruppen Kupfer-, Aluminium- und Blechwaren enthalten.

Die räumliche Anordnung der Branchen und Warengruppen ist äußerst unterschiedlich. Schon ein erster Gang durch den Bazar zeigt, daß die oft als das Charakteristikum des Bazars schlechthin bezeichnete Branchensortierung lange nicht überall auftritt, ja daß gerade, und das verwundert zunächst, in den älteren Teilen des Bazars (Bazar Bozorg = großer Bazar) eine bunte Branchenmengung vorherrscht. Die Branchenmischung ist speziell in den Bazargassen anzutreffen, während in den Khanen und in anderen Bauten des Einzelhandels die Branchensortierung niemals in Frage gestellt scheint. Für 24 Bazargassen, deren Lage in Abb. 57 dargestellt ist, erfolgt eine strukturelle Typisierung über ein Dreiecksdiagramm. Die Bran-

Abb. 57: Bazarviertel: Bazarbereich und Wohngebiet (Raster). Lageskizze zu Abb. 58 und Tab. 16: Die Abgrenzung untersuchter Gassen ist durch Punkte markiert

Topographische Grundkarte: Prof. E. Wirth, 1972, ergänzt. Ausgrenzung des Wohngebietes: eigene Begehung 1973

chengruppen werden dabei auf „Textilien", „Nahrungsmittel" und „Sonstiges" beschränkt. Vier Strukturtypen werden ausgesondert (Abb. 58, Tab. 15), wobei die periphere Lage und die geringe Bedeutung der Lebensmittel-Gassen auffallen. Die Häufigkeit des Typs „Spezialisierung — sonstige Branchen" weist auf die vielfache und unterschiedliche Branchenkonzentration hin, die auch in der Farbkarte der Branchenstruktur des Bazars (vgl. Anhang) zum Ausdruck kommt. Das „abgerundete Angebot" kennzeichnet die alte Hauptstraße des Bazars, den Bazar Bozorg.

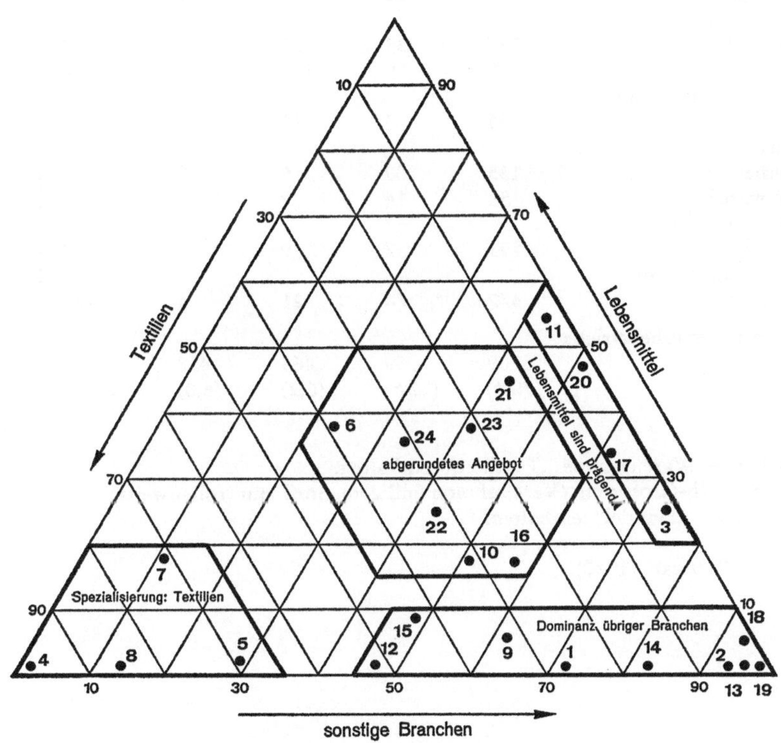

Abb. 58: Gliederung der Bazargassen nach der Angebotsstruktur.
Es wurden nur die Läden an der Gassenfront, nicht aber die Betriebe
in den Khanen erfaßt.
Nummern der Bazargassen vgl. Abb. 57

Grundlage: IERS, Teheran 1970

Tabelle 14
Bazarbetriebe nach Warengruppen und Betriebstypen

| Warengruppen | vorherrschender Betriebstyp | | | | zusammen | in % |
	Einzel-handel	Produktion	Lager	Groß-handel		
Gold, Schmuck, Uhren	200	10	2	13	255	3,3
Teppiche	956	—	45	20	1021	13,3
Oberbekleidung	342	—[1])	11		353	
Stoffe	595[2])	7	79	75	756	
div. Textilien,						29,8
Wäsche und Wirkwaren	574	299	59	18	950	
Wolle und Baumwollwaren	162	15	20	23	220	
Lederwaren, Schuhe, Koffer	657	280	30	70	1047	13,5
Haushaltsartikel,						
Elektro- u. a. Geräte	277	33	22		392	4,3
Nahrungsmittel	982	79	137	225	1423	18,5
Schreib-, Buchbinder- und						
-druckerwaren	271	[3])	15	8	294	3,8
Kupferwaren,						
Kupferbleche	135	109	5	2	251	
Aluminiumwaren	55	14	9	—	78	
Tischler, Kistentischler,						
Möbelhersteller	191	37	9	—	237	13,5
Blechwaren, Bauzubehör,						
Eisenbearbeitung	372	76	21	4	473	
Handels- und Gewerbebetriebe						
insgesamt	5769	959	464	458	7650	
(%)	(75,4)	(12,5)	(6,2)	(6,0)	(100,0)	100,0

[1]) Produktion in Warengruppe „Textilien" enthalten.
[2]) Hier auch Halb-Grossisten (Verkauf von billigem Stoff nur rollenweise).
[3]) Produktion im „Handel" enthalten.

Quelle: IERS Teheran (1970).

Tabelle 15

Branchenstrukturtypen der Bazargassen (vgl. Abb. 57, 58)

Strukturtyp	Anteile der Branchengruppen			Nr. in	Bazarteil
	Textilien	Nahrungsm.	Sonstiges	Abb. 57	
I Spezialisierung: Textilien	65 %	20 %	30 %	4	Kayyatha
				5, 7	Hadjdjebod Dowleh
				8	Abbas Abad-Nord
II Spezialisierung: sonstige Branchen	40 %	10 %[1])	60 %	1	Kaffachha (Schuhhandel)
				2	Kaffachha Süd (Teppiche)
				9	Abbas Abad Süd (Teppiche)
				12	Bazar Soltani (Papierwaren)
				13	Baynol-Harameyn (Papierwaren)
				14	Kurzwaren-Bazar
				15	Bazar Bozorg West (diverses)
				18	Meshgarha (Kupferschmiede)
				19	Ahangarha (Schmiede-Eisenwaren)
III abgerundetes Angebot	10—45 %	15—50 %	20—60 %	6	Hadjebod Dowleh
				10	Bazartcheh Abbas Abad
				16	Bazar Bozorg Mitte
				21	Bazar Bozorg Ost
				22	Sayyed Esmail
				23	Nadjdjarha Nord
				24	Nadjdjarha-Süd
IV Nahrungsmittel dominant	10 %	30—60 %	40—60 %	3	Patchnar
				11	Bazarende Südwest
				17	Bazar Meshgarha Nord
				20	Bazarende Nordost

[1]) Ausnahme: Bazar Patchenar; Nahrungsmittel 25 %.
Grundlage: Erhebung des IERS, Teheran 1970.

5. 3 Formen funktionaler Branchenvergesellschaftung

Der folgende Abschnitt versucht, die nach funktionalen Kriterien oder
nach der Art des Angebotes einheitlichen Bereiche des Bazars zu beschreiben. Dabei werden die Hauptgassen des Bazars mit ihrem hochwertigen

bis traditionellen Angebot und ihrem unterschiedlichen Sozialprestige, die Zentren des Handels, ein Teppich- und Stoffbazar, der Schmuck- und Touristenbazar sowie die Rückfront des Bazars in neun Typen vorgestellt.

5. 3. 1 Einheit in der Vielfalt

Spezifische Branchenmengung als einheitliches Angebot für traditionsverhaftete Kunden im ältesten Einzelhandelsbazar, Bazar Bozorg (Großer Bazar).

Schon in der groben Differenzierung nach drei Hauptwarengruppen (Textilien, Nahrungsmittel und „Sonstiges") ist aufgefallen, daß die alte, mit großen Khanen besetzte Hauptstraße des Bazars ein durchaus abgerundetes Angebot aufweist. Auch in der Detailkartierung ist keine Branchensortierung zu beobachten.

Wer den Bazar Bozorg von seinem Beginn beim Bazar Bazzazha ostwärts wandert, findet in bunter Mengung billiges Glas- und Steingutgeschirr, einfache Stoffe, und ebensolche Männerbekleidung (Jacken, Hosen), ein traditionelles Nahrungsmittelangebot (Attari, Baggali)[55], Hemden, allerlei Kurzwaren (Kharrasi), Plastikhausrat, Schnüre, Sandalen und andere Schuhe, Schlösser, Blechtöpfe, Samoware, Garne und Wirkwaren, sowie, sicher eine Neuerung, Kinderbekleidung.

---

[55] Hier erscheint es nötig, den differenzierten Nahrungsmittel- und Gemischtwarenhandel zu beschreiben. Im traditionellen Bereich iranischer Städte, speziell im Bazar oder in Quartiersbazaren findet man folgende Geschäftstypen:
1. *Baggali = Lebensmittelkleinhandel, Greißler:* Nahrungsmittel aller Art, Getränke. Oft ohne Milchprodukte und meist ohne Brot.
2. *Attari = Gemischtwarenhandel* mit nicht kurzfristig verderblichen Waren, wie Gewürzen, Lemonen, Lemonensaft, Rosinen, Tee, Heilkräutern und traditionellen Medikamenten, Hefe, Farbstoffen, Waschmitteln, Seifen und Soda etc.
3. *Agil = Handel mit Kernen, Nüssen und getrockneten Hülsenfrüchten* wie Erbsen, Linsen, Bohnen, Walnüssen, Haselnüssen, Pistazien, Mandeln, Sonnenblumen- und Kürbiskernen.
4. *Khoshkebar = Handel mit Trockenfrüchten* wie Marillen, Pfirsiche, Feigen, Datteln, Weichseln, Mehlbeeren.
In traditionellen Bereichen oder in zentralen Bazarteilen, in denen ein en gros-/en detail-Handel ansässig ist, findet eine weitere Aufspaltung des Angebotes statt, so daß einzelne Händler jeweils nur Reis, Tee, Gewürze, Kandiszucker, Öl oder Säfte anbieten. Weiters sehr häufig sind
5. *Kharrasi = Krämer.* Dieser Laden bietet ein buntes Allerlei wie Zwirn und Garn, Socken, Messer, Scheren, Schlösser, Besteck, Wasch- und Putzmittel, Zahnpasta, Plastiktaschen, billige Parfums, Bleistifte, Taschenlampen und Batterien. Er unterscheidet sich vom
6. *Semsar = Haushaltskleinwarenhandel,* in dem Siebe, Töpfe, Küchenwerkzeug und andere Haushalts- und Blechwaren angeboten werden.

Im folgenden Abschnitt, etwa dort, wo der Eingang zum Serai Shah liegt, häuft sich das Bekleidungsangebot, unterbrochen von traditionellen (Seile, Schnüre, Samoware) und modernen Waren (Schaumstoffmatratzen). Östlich der großen Kreuzung (Tschahar Rah-Vier Wege) mit dem Bazar Meshgarha setzt sich das gemischte Angebot fort. Hier, in dem von den heutigen Bazareingängen am weitesten entfernten Abschnitt des Bazars, der zugleich im Bereich der abgewerteten alten Khane liegt, haben sich Teile des ursprünglichen Bazarhandels wie Woll- und Baumwollhandel, Seilerwaren für den ländlichen Bedarf, Farbenhandel zum Färben der Teppichwolle, Sattler (Eselsättel) und der Handel mit einfachen Schlosser- und Textilwaren (Eseldecken, Hosen) erhalten. Hierher zählt auch der Handel mit Tee, Kandiszucker und anderen sehr differenzierten Nahrungs- mitteln. Dieses Angebot ist von neueren Waren des einfachen Bedarfes, wie Plastik- und anderem Hausrat, Taschenlampen, Nylonschnüren und billigen Wirkwaren, durchsetzt. Der Passantenstrom ist hier vergleichs- weise schwach, er nimmt erst ostwärts, gegen den Bazarausgang, wieder zu. Dennoch sind alle Läden besetzt, es gibt keine Verfallserscheinungen. Die Kunden sind vorwiegend Nicht-Städter, sie stammen aus dem näheren Umland Teherans. Sie besuchen den Bazar gewiß nur in größeren Abstän- den und decken hier ihren bescheidenen, aber mehrseitigen Bedarf. Im Bazar Bozorg finden sie besonders billige Ware in der ihnen vertrauten traditionellen Differenzierung. Die Vielfalt des Angebotes erscheint unter diesem Aspekt als sehr einheitlich, als Branchenkonzentration unter Bezug auf den periodischen Bedarf eines traditionsverhafteten ärmlichen Publi- kums des Umlandes, für das Teheran nicht Weltstadt, sondern nur den eben nächsten zentralen Ort auf einem niedrigen Nachfrageniveau dar- stellt.

In den letzten vierzig Jahren hat sich die Branchenstruktur dieses Bazars nur wenig verändert, verstärkt hat sich das Hausrat- und Textilangebot.

5. 3. 2 Der Bazar als Einkaufsstraße für Mittelschicht-Kunden

Ebenfalls Einheitlichkeit in der Vielfalt des Angebots zeigt der Nord- abschnitt des Bazars Hadjebad Dowleh, in dem gehobene Bekleidung und auf weibliche Kunden der unteren Mittelschicht ausgerichtete Waren zu finden sind.

Zwischen dem Haupteingang des Bazars am Meidan Sabzeh und dem östlich davon gelegenen Goldbazar liegt ein alter, flächig angelegter und überwölbter Bazarkomplex, der, wie bereits erwähnt, zu den ersten Bazarteilen, die zum Palastviertel hin orientiert waren, zählte. Sein heute noch stark gemischtes Angebot läßt vermuten, daß auch hier seit jeher eine Branchenmengung existierte, wenn auch das Angebot auf ein gehobenes Publikum, auf Teherans Oberschicht, ausgerichtet war. Wenn dieses heute auch vorwiegend außerhalb des Bazars, in den modernen Geschäftsstraßen, einkauft, so hat sich doch der Hadjebod Dowleh-Bazar als Standort der gehobenen Ware im Bazar behauptet. Es verwundert daher nicht, daß die Verwestlichung in Form von Neonreklamen, Schaufensterkojen, Glasportalen und anderen Elementen moderner Geschäfte, die dem Bazar an sich vollkommen fremd sind, hier bereits weitgehend Eingang gefunden hat: der Bazar wird zur Geschäftsstraße. Betritt man den Bazar durch den Haupteingang und wendet sich anschließend sofort von der Hauptgasse, dem Schusterbazar, ostwärts, so befindet man sich zunächst im Bereich gehobenen Textilangebots: sehr gute Herrenkonfektion und Anzugstoffe sind Waren, die im Bazar von Teheran nur mehr Relikte darzustellen scheinen. Ein qualitativ gleiches Angebot findet sich in größerem Umfang heute nur einige Kilometer weiter nördlich, in der modernen Citystraße. Gleiches gilt für die folgenden Glaswaren. Nach Kindermoden und Damenkleiderstoffen wird mit Spannteppichen, Gelims, Gardinen, Badetüchern, Spiegeln und Lampen moderne Wohnungseinrichtung geboten. Sind diese Waren schon vornehmlich auf weibliche Kunden ausgerichtet, so beginnt nach einer überkuppelten Gassenkreuzung ein ausgesprochen hochwertiges Damenbekleidungsangebot bis zum Abendkleid, gemischt mit Kosmetika und Parfumerieartikeln. Stoffe und Konfektionsbekleidung schließen an. Von diesem Teil des Bazars erfolgt sowohl nach Norden wie auch nach Süden ein qualitativer Abstieg. Die nördlich benachbarte, parallellaufende Bazargasse ist mit Damenstoffen, Brautkleidern und Kosmetika noch sehr gut ausgestattet. Der Handel mit den traditionellen Tschadorstoffen zeigt, daß hier bereits einfacheres Publikum angesprochen wird. Ostwärts schließen Stoff- und Deckenhandel an, eine Anzahl Uhrmacher weist auf die Nachbarschaft zum Goldbazar hin. Der nordwärts, bereits unmittelbar südlich des Bazarrandes liegende Abschnitt ist dann auch bereits auf ärmere Schichten zugeschnitten: Tschadorstoffe und Unterwäsche wechseln mit Socken, Wirkwaren und Hemden, einfache Kosmetika und ebensolche Kinderbekleidung stellen das spezialisierte Angebot dar. Billige Teppiche, Gelims und sogar Maschinenteppiche (belgischer Import!) setzen das Angebot für dieselbe Kundenschicht fort. Im östlichen Teil des Bazarabschnittes folgen billige Uhren, Wecker und einfacher Schmuck.

Auch nach dem Süden, zum Geschirrbazar, folgen dem gehobenen Angebot für Damen einfache Textilien und Konfektionsware. Im westlichen

Teil, bereits nahe dem Schmuckbazar, ist eine Konzentration von durchaus westlichem Angebot zu erwähnen: für Damen werden Hüte, Nylonwäsche und Kosmetika, für Herren Krawatten, Rasierapparate, Hemden, Manschettenknöpfe, Pfeifen, Messer angeboten. Daneben gibt es noch allerlei Nippes, Lampen und Elektroartikel. Dieses Warensortiment setzt sich im Hausrat-Bazar fort. Die Abgrenzung sowohl zum Hausrat-Bazar wie auch zum Schmuck-Bazar wird durch eine Reihe zwischengeschalteter Branchen markiert. So befindet sich — Ergänzung zum eben geschilderten persönlichen Bedarf — eine Zeile des Koffer- und Taschenhandels zwischen dem Bekleidungs- und dem Schmucksektor. Sie geht südwärts (Bedeutungsabnahme) in den Handel mit blechbeschlagenen Truhen über. Ähnliches gilt für die vom Schusterbazar zum Schmuckbazar durchlaufende Gasse, südlich welcher der Handel mit Hausrat beginnt. Hier setzt im westlichen Teil ganz unvermittelt der Lebensmittel- und Kurzwarenhandel ein, Relikt der Nahversorgung der benachbarten Bazarbevölkerung. Erst weiter gegen den Schmuckbazar (Bazar Bazzazha) erfolgt eine Ablöse durch Frottee- und Wirkwaren, die schließlich in Boutiquen mit gehobener Ware übergehen.

Ebenso als Fremdkörper in der heutigen Bazarstruktur, weil losgelöst vom übrigen Teppichhandel, erscheint der Teppich-Khan, der im westlichen Teil des Bazar Hadjebod Dowleh, am Bazar Kaffachha, liegt. Es ist anzunehmen, daß diese Branchen Reste einer alten und mannigfaltigen Branchenstruktur des Bazar Hadjebod Dowleh sind. Diese war der damaligen Größe der Stadt angepaßt und erweckt nur heute den Eindruck einer unmotiviert kleinräumigen Branchensortierung.

5. 3. 3 Konzentriertes Angebot verwandter Waren: Hausrat-Bazar

Im südlichen Teil des Bazar Hadjebod Dowleh wird unterschiedlichster Hausrat in einer Fülle von Artikeln angeboten. Kern dieses Bazarteiles ist ein großer rechteckiger Hof, der mit eingeschossigen Pavillons verbaut ist. Hier befinden sich Geschirrwaren, billiges Porzellan, Gläser, Vasen und Spiegel, aber auch Kühltaschen, Küchenuhren für ein bescheidenes, aber doch westlich orientiertes Publikum (mehr als drei Viertel aller Kundinnen in diesem Bazarteil tragen noch den Tschador, der in der Regel ein Hinweis auf die soziale Zugehörigkeit zu einfachen Bevölkerungsschichten ist). In den nördlich anschließenden alten Teilen des Bazars Hadjebod Dowleh führen drei überwölbte Ladenzeilen. In ihnen erfolgt bereits wieder eine Differenzierung des Angebotes. Der östliche, hofartig erweiterte Durchgang umfaßt neben wertvollerem Geschirr auch Kaffee- und Nähmaschinen sowie Textilien. Sehr spezielle Angebote, so ein exquisites Sportwarengeschäft und optische Geräte, leiten zum nördlichen Teil des Bazar Hadjebod Dowleh über. In den beiden anderen Durchgängen finden sich Geschirr, Besteck und anderer Hausrat sowie eine Konzentration von Spiegeln, Lustern und Lampen.

Vom östlichen Durchgang ist ein Großhandels-Khan zu erreichen, der den Geschirrbazar und den Schreibwarenhandel versorgt. Er zeigt mit seinen Büroräumen in den Obergeschossen die typische vertikale Gliederung.

Elektrische Küchengeräte, Schnellkochtöpfe, feuerfeste Glaswaren und andere moderne Haushaltswaren sind im Durchgang vom zentralen Geschirrhof zum Bazar Kaffacha (Schusterbazar) konzentriert. Im entgegengesetzten Durchgang, der zum Bazar Bazzazha (Stoffbazar) führt und sich zu einem überkuppelten Hof weitet, finden sich die Blech- und Metallwaren des Hausratssektors, wie Petroleumlampen, Samoware, Benzinkocher und Kerosinöfen, Gaslichtlampen mit allen Ersatzteilen sowie Gummidichtungen und Gummihandschuhe, Gasrechauds und gußeiserne Küchengeräte in jeweils getrennten Läden. Auch eine Bankfiliale hat sich hier etabliert. Jenseits des Bazar Bazzazha wird der Khan südlich der Shah-Moschee vom Haushaltswaren-Großhandel besetzt. Gleiches gilt für den südlichsten, auf die Gasse Emamzadeh Zeyd mündenden Teil des Bazar Hadjebod Dowleh. Zur Stellung des Angebotes im Gesamtspektrum des Haushalts- und Einrichtungssektors sei betont, daß hochwertige elektrotechnische Geräte (TV, Radio, etc.), die nur in den westlich geprägten Geschäftsstraßen zu finden sind, ebenso fehlen, wie der billigste Hausrat, der nicht in diesen zentralen Teilen des Einzelhandelsbazars vordringen kann.

5. 3. 4   D e r   S c h m u c k - u n d   T o u r i s t e n b a z a r

An einem hervorragenden Standort in der Altstadt Teherans, dort, wo eine Altstadtgasse vom Bazar Bozorg, dem alten Zentrum des Bazars, nordwärts zum Palastviertel und zu den nobleren Wohngebieten führte, konnte sich schon früh die gehobene Branche der Tuchhändler festsetzen. Daher der Name Bazar Bazzazha (Stoffbazar) für diesen Teil des Bazars. Den geradezu idealtypischen Standort zwischen Handelszentrum und Oberschichtviertel nützend, siedelten sich hier auch die G o l d - u n d S i l b e r s c h m i e d e an. Diese Entwicklung ist relativ jung. So gab es auf der Ostseite des oberen Bazars Bazzazha vor vierzig Jahren nur sechs Goldschmiede, heute befinden sich im selben Abschnitt zwölf Juweliere (vgl. Farbkarte). Der Aufschwung des Juwelenbazars ist abhängig von der Finanzkraft des den Bazar besuchenden Publikums. Er vollzog sich trotz deutlicher

146

Konzentration der Goldschmiede in den neueren Geschäftsstraßen (Khiabane Saadi), die ebenfalls für eher bescheidene Kunden arbeiten. So entstand unmittelbar östlich des oberen Abschnittes des Bazars Bazzazha eine dicht mit Kojen und Läden des Gold- und Juwelenhandels besetzte Gasse, die sowohl vom Bazar Bazzazha wie auch vom nördlichen Rand des Bazars (Khiabane Bouzarjomehri) zugänglich ist und die ihrerseits an die überwölbten Hallen (Queysariyen) des Hadjebod Dowleh grenzt. Hier werden, einschließlich der kurzen Quergassen, etwa 50 Juweliere gezählt, der ebenfalls vertretene Uhrenhandel ist eine typische Ergänzung. Die überdachte, hell erleuchtete und mit vielen Neonreklamen versehene Bazargasse spricht einheimisches Publikum an. Daneben hat im benachbarten Bazar Bazzazha, dem Hauptverkehrsweg dieses Bazarabschnittes, eine S p e zialisierung auf den Tourismus stattgefunden. Diese erfolgte später als in anderen Städten, etwa Istanbul, weil eben die Welle des internationalen Reiseverkehrs Persien später erreichte. Nun aber sind große und elegante Geschäfte im Bazar Bazzazha entstanden, die zum Teil ebenso von jüdischen Geschäftsleuten geführt werden wie die auf ausländische Kunden ausgerichteten Teppich-, Schmuck- und Kunstgewerbegeschäfte in der City, an der nördlichen Ferdowsistraße. Diese noblen, bazarfremden Geschäfte führen auch ähnlich gehobene Waren wie in der City, z. B. Miniaturen, Seidenteppiche und „Esfahani", die typisch persische Kunstgewerbeware aus Silber oder Messing. Der neuen Kundenschicht Rechnung tragend, ist 1972 in einem dreigeschossigen, in den Obergeschossen von Goldschmieden besetzten Bau zwischen den beiden Juwelier-Gassen ein weitläufiges Kunstgewerbegeschäft entstanden. Hier werden auch die hübsch bestickten Lammfellmäntel und bunt bedruckte, altpersischen Motiven nachempfundene Stoffe und Kleider verkauft.

Der gemeinsame Standort von teuerster Bazarware (Schmuck) und gehobenem, cityanalogem Angebot für Touristen kennzeichnet den höchstrangigen Einzelhandelsbereich im Teheraner Bazar. Trotz der geringen räumlichen Ausdehnung ist dieser Schmuck- und Touristenbazar in sich zentral-peripher differenziert. So klingt die Branche gegen Süden mit billigen Uhren und kleinen Juwelieren aus, und auch im Norden, an der Bazarrandstraße (Khiabane Bouzarjomehri) deutet außer einigen Geldwechslern nichts auf den nahen Goldbazar. Die Ausstrahlung in den nördlichen Teil des Bazar Hadjebod Dowleh dagegen, wo kleine Juweliere und Uhrmacher, aber auch Touristenware (Ledermäntel) zu finden sind, ist noch am auffälligsten. Daneben zeigen dem Bazar Bazzarha und der Shah-Moschee zugewandte Höfe sehr schön den Gegensatz von Gassenfront und Rückseite in einem funktionell zusammengehörigen Bazarteil. In diesen Höfen haben sich im Erdgeschoß, also noch am Rande vom Passantenstrom berührt, einfache Juweliere, Antiquitätenhändler und Trödler niedergelassen, während in den Obergeschoßen Gold- und Silberschmiede sowie der Juwelenhandel zu finden sind. Als seltene Branche und zugleich als Hinweis auf die schon seit jeher gehobene Position dieses Bazarteiles sei auf Buchhandel und Antiquariat islamischer Literatur hingewiesen. Das überaus enge Nebeneinander verschiedenwertiger Läden in horizontaler und vertikaler Abfolge zeigen die Geschäfte und Werkstätten für Koffer, Beschläge und Uhrmacherzubehör im Untergeschoß der Hinterfronthöfe des Goldbazars.

Etwas weiter südlich ändert der Bazar Bazzazha seinen gehobenen Charakter rasch. Es herrscht ein sehr gemischtes Angebot von allerlei Hausrat (Samoware, Öfen, Linol- und Plastikbeläge) und Textilwaren (Wolle, Garne, Decken), daneben werden Schuhe, Feuerzeuge, Gummiwaren, Bijouteriewaren, Schneiderzubehör angeboten. Die Vermengung ist insoferne auffällig, weil dieser Bazarabschnitt zwischen den beiden wohlsortierten Bereichen des Schmuck- und Touristenbazars im Norden und des Stoffhandels im Süden derselben Bazargasse liegt. Er ist damit nicht nur räumlich, sondern auch funktionell ein Bindeglied zwischen dem branchenmäßig gemischten Angebot für gehobenes (Komplex Hadjebod Dowleh) und einfaches Publikum (Bazar Bozorg).

5. 3. 5   Großhandelsorientierter Teppichbazar

Auf den unverhältnismäßig starken Teppichsektor wurde bereits verwiesen. Er umfaßt über 1000 Betriebe und beherrscht den südwestlichen Teil des Bazars, in dem er sich in den Nachkriegsjahren, speziell in den letzten eineinhalb Jahrzehnten, über andere Branchen und in ehemaliges Wohngebiet ausgebreitet hat. Noch immer entstehen weitere Neubauten des Teppichhandels, und der Eindruck der Prosperität, den der Teheraner Bazar vermittelt, beruht zum Teil auf der Expansion dieses Handelszweiges. Der Teppichhandel ist die einzige Branche, für die der Bazar noch alleiniges und unangefochtenes Zentrum des Einkaufs für alle Bevölkerungsschichten der Stadt ist. Er zieht nach wie vor Oberschicht-Kunden an, in den Teppichgeschäften der City, an der Ferdowsi-Straße, kaufen nur Ausländer. Einzig die besonders grobe und billige Ware ist aus dem Bazar in die südlichen Vorstadtgebiete abgewandert, einen analogen Standort für ärmere Schichten stellt im Bazarviertel selbst der Meidan Seyyed Esmail dar. Dennoch ist die Entwicklung des Teppichbazars bei weitem nicht allein den Teheraner Kunden zuzuschreiben. Der Teppichsektor ist vielmehr durch seine internationalen Handelsbeziehungen zum derzeitigen Umfang angewachsen. Ein guter Teil der Teppichexporte Irans wird über Teheran durchgeführt und im Bazar — oder zumindest in der Nähe des Bazars — sitzen die kapitalkräftigen Exporteure. Sie kaufen ihre Ware nicht nur in den Manufakturen des ganzen Landes, sondern regelmäßig auch bei den kleinen Händlern im Bazar. So entsteht für den Einzelhändler die ungewöhnliche Situation, sich nicht so sehr nach den Passanten, als vielmehr nach den Großhändlern auszurichten, die in diesem Falle nicht Lieferanten, sondern Kunden sind. Dieser Umstand erklärt mit die Randlage des Teppichbazars und den schwächeren Fußgängerverkehr dort. Im Gegensatz zum überaus geschäftigen Treiben in anderen Bazarteilen herrscht in den Teppichsarais ruhige Gelassenheit. Ambulante Händler, Indikatoren für Brennpunkte des Einkaufsgeschehens im Bazar und außerhalb desselben, fehlen vollkommen. Die Geschlossenheit des Teppichbazars ist durch die Vorteile des Standortes in dem begrenzten Rayon, den die Großhändler und Exporteure regelmäßig aufsuchen, zu erklären. Diese wählen die Teppiche nach den aus Erfahrung bekannten Präferenzen der Kunden im Importland aus und stellen so spezifische Exportsendungen zusammen. So wie andere Bazarteile ist auch der Teppichhandel in sich warenmäßig und zwar nach Herkunftsgebieten (Ornamenten) und Qualität differenziert. Die räumliche Ordnung läßt drei Elemente unterscheiden: den Händler an der Gassenfront, dem nur eine relativ kleine Ladenbox zur Verfügung steht; den kapitalkräftigen Händler in den überdachten Serais (auch die jüngeren, modernen Bauten führen diese Bezeichnung), der seine Ware in den ausgedehnten Hallen lagert; und den Exportkaufmann, der in dem bereits durch Lastwagen erreichbaren Bazarrand ansässig ist. Die funktionell zugehörigen Teppichwäschereien befinden sich in den südlichen Stadtteilen, jedenfalls außerhalb des Bazars.

Zentrum des Teppichhandels sind die südlichen Abschnitte der Bazargassen Kaffachha und Abbas Abad, deren Gassenfronten zur Gänze von dieser Branche besetzt sind. Dahinter liegen die zugehörigen Serais, von denen die älteren und kleineren, die ursprünglich gewiß anderen Funktionen dienten, im Bazar Abbas Abad südlich des Serai Amir zu finden sind. Aber auch im Bazar Kaffachha existieren Serais, die bereits aus der Zeit Reza Shahs stammen (Serai Rahimieh I und II, Fatimieh I und II, vis à vis des Serai Amir). Ihnen südlich benachbart sind die großen Neubauten des Teppichhandels (Serais Djadda, Jamin, Vazir, Rohani Now). Hier befinden sich speziell im Erdgeschoß Großhändler, die sich durch ihre Büroräume und Teppichstapel von den weniger kapitalkräftigen, oft in die Obergeschosse zurückgezogenen anderen Teppichhändlern, deutlich abheben. Die Obergeschosse werden auch von Reparaturwerkstätten, die vielfach einzelnen Großhändlern zuzuordnen sind, besetzt. Im Gegensatz zur Randlage dieses Komplexes liegen die Serais Bu Ali und Bu Ali Now, am Anfang der sechziger Jahre entstanden, ebenso wie die Serais Fattah und Nur im Nordabschnitt des Bazar Kaffachha und damit im Einzugsbereich auch des Touristenpublikums, auf das sich die Teppichhändler an der Gassenfront bereits deutlich eingestellt haben. Sie bieten billige und kleine Teppiche, sowie kunstgewerbliche Ware, denn der Durchschnittstourist kann sich keine großen Ausgaben leisten.

5. 3. 6 Verfall baulicher und wirtschaftlicher Ordnungsprinzipien im jungen Bazar Soltani

Unmittelbar östlich der Shah-Moschee und von dieser bis zum Bazar Bozorg sich erstreckend, liegt der flächige Bazarbereich des Bazar Soltani. Er entwickelte sich seit den späten Dreißigerjahren und ist der einzige größere Komplex, der seit der Errichtung der Queysarie Hadjebod Dowleh für ein gemischtes Warenangebot entstanden ist (die großen Serais des Teppich- und Stoffhandels weisen ja nur jeweils eine Branche auf). Im Gegensatz zu älteren Anlagen, bei denen — seien es Khane, Karawansereien oder Queysarien — festgefügte Typenvorstellungen wirksam wurden oder doch eine regelhafte geplante Struktur erkennbar ist, zeigt der Bazar Soltani kein einheitliches Gliederungsschema. Er ist vielmehr ein Beispiel für den Verfall der baulichen Ordnungsprinzipien in jüngerer Zeit. Besonders das jüngere Wachstum dieses Bazarabschnittes, das sich schrittweise — zuerst durch Lagerräume, dann mit einfachen Läden — der alten Bausubstanz bemächtigt, steht im Gegensatz zur strengen Struktur der alten Bazarkomplexe.

Analog zur baulichen Gestalt ist auch die Branchenmengung überaus stark und unübersichtlich. Die Geschäfte sind meist „Halb-Grossisten", die in der Regel an Wiederverkäufer, Krämer und ambulante Händler, bei Bedarf aber auch im Detail verkaufen. Das Warenangebot ist äußerst vielfältig, es umfaßt Waren des persönlichen Bedarfes, Kurzwaren und Wirkwaren, Krämerartikel sowie Papier- und Schreibwaren. Die Übergänge zwischen den Warengruppen sind fließend, doch ist die folgende generelle Ordnung vorhanden:
1. Beim östlichen Eingang zur Shah-Moschee Papier-, Schreib- und Bürowaren, nördlich davon zugehöriger Großhandel sowie junges Bazargewerbe verwandter Branchen (Druckereien, Bindereien).

2. Am Bazar Baynol-Harameyn ebenfalls Papier- und Bürowaren, in den
angrenzenden Höfen sortierter Großhandel mit Ansichtskarten, Papier-
und Druckwaren sowie einschlägiges Gewerbe. Weiter östlich periphere
Handwerkergasse, wobei die hier ansässigen Spengler Reste einer alten
Branchenverteilung sein könnten.
3. Der zentrale Abschnitt enthält unsortiert Wirkwaren, Parfumeriewaren,
Kurzwaren, Krämerallerlei, Bijouterieen und Kinderspielzeug in viel-
fältigem Angebot. Er mündet am Bazar Bozorg vis à vis dem Serai Shah,
wo er mit Koffern, Taschen, Hausrat und Friseurbedarf endet.
4. Der westliche Randbereich enthält neben Papierwaren im nördlichen
Abschnitt ein zusätzliches Angebot von Hemden, Frotteewaren, Decken,
Uhren und Radios.

5. 3. 7 Zusammenspiel verwandter Branchen — Schuhproduktion und Schuhhandel

Über Entwicklung und Wandel des Bazars Kaffachha (Schusterbazar)
wird an anderer Stelle berichtet. Hier wird die funktionale Einheit von
Großhandel, Produktion und Einzelhandel, des räumlich eng benachbarten
Sektors Schuh- und Lederwaren beschrieben.

Der Prozeß funktionalen Zusammenhanges beginnt beim Großhandel mit
Rohstoffen. Lederwaren sind bei den alteingesessenen Händlern am Bazar
Kaffachha (Schusterbazar) zu beziehen, doch wird dieser bereits durch
Großhändler, die dem Schuhmachergewerbe an ihren Standort in der abge-
legenen Gasse Toutoun Foruchha nachgewandert sind, konkurrenziert. Sie
bieten ein vielseitiges Angebot moderner Materialien (Gummi- und Pla-
stikwaren). Hier beginnt die differenzierte Belieferung der Schuhmacher,
die zunächst auf die Herstellung von Schuhoberteilen oder Sohlen spezialisiert sind. Die Schuster sind sowohl an der Gassenfront, wie auch in den
mehrgeschossigen Gewerbebauten im ganzen Bereich der Gasse Toutoun
Forouchha zu finden. Im nördlichen Abschnitt ist die Erzeugung von Le-
derriemen und Gürteln konzentriert, als ebenfalls verwandte Branche sind
Taschenschneider in diesem Bereich ansässig. Auch die Abfallprodukte der
Schuhproduktion werden an Ort und Stelle weiterverarbeitet. Geringwer-
tigste Produkte im überaus geschäftigen Schusterbazar sind einfache, oft aus
Altmaterial hergestellte Sandalen. Als Zuliefergewerbe fungieren Tischler,
die — je nach gängiger Mode — Holzstöckel für Damenschuhe, aber auch
einfache Sandalen produzieren. Bei der Herstellung dieses Halbzeuges, wie
auch bei der Endfertigung werden diverse Materialien benötigt, die in den
zahlreichen Zubehörgeschäften erhältlich sind. Ein Zubehörgroßhandel ist

in Überbauung von alten Wohnbauten in einer westlichen Seitengasse der Schusterstraße Toutoun Forouchha entstanden. Ihm benachbart wird in einer neuen Halle (ca. 1960), in der auch Schuhschachteln erzeugt werden, das Verlagssystem der Schuhproduktion deutlich: hier wird die fertige Ware gesammelt und dem Detailhandel außerhalb des Bazars weitergegeben. Daneben produzieren andere Schuster direkt für den benachbarten Schuhhandel im Bazar, zu dem sie ja vielfach noch enge Beziehungen haben. So wie die aus dem Bazar Kaffachha verdrängten Schumacher Ansatzpunkt für eine weitere Konzentration dieses Gewerbes an ihrem neuen Standort waren, führte auch der Schuhhandel beim Bazarhaupteingang zur Eröffnung moderner großer Schuhgeschäfte in unmittelbarer Nachbarschaft.

5. 3. 8 Standortdifferenzierung als Zeichen der Anpassung an neuen Bedarf: Metallwarensektor

Der Metallwarensektor verfügt mit dem Bazar der Kupferschmiede und der Gasse der Schmiede (Bazar Ahangarha) über zwei traditionelle Bazarstandorte. Mit der Ausbreitung des Gebrauchs von Metall- und Eisenwaren und mit der Zunahme des Handels mit schweren Rohmaterialien hat sich eine Differenzierung des Metallwarensektors vollzogen, die folgende spezifische Standorte entstehen ließ:

1. Bazar der Kupferwaren. Traditionelle Konzentration der Branche, jedoch Gliederung in Gebiete überwiegender Produktion (Südteil des Bazar Meshgarha) und des vorherrschenden Handels (nahe der Kreuzung mit dem Bazar Bozorg). Eine Ausbreitung der Kupferschmiede erfolgt auch in die benachbarte östliche Seitengasse.
2. Bazar Ahangarha (Bazar der Schmiede). Nur mehr wenige Schmiedewerkstätten sind im Betrieb, sie erzeugen althergebrachte Werkzeuge und landwirtschaftliche Geräte. Die Produktionsbetriebe sind in Seitengassen abgewandert, wo einfache Geräte (Schubkarren etc.) hergestellt werden. An ihrer Stelle hat sich — ähnlich der Entwicklung in dem Schusterbazar — der Eisenwarenhandel entwickelt. Hier werden Werkzeuge, Kleineisenmaterial und sonstiger Bedarf an Eisenwaren angeboten.
3. Metallverarbeitendes Gewerbe an abgewerteten Standorten. Auf die Produktion von Blech- und Aluminiumwaren, die im Bazar keinen althergebrachten Standort besitzen, wurde bei der Erwähnung des östlichen Bazarteiles bereits eingegangen. Doch auch in anderen peripheren Standorten, so in etlichen alten Khanen, haben sich Kupfer-, Aluminium- und Eisengießereien, die Erzeugung von einfachem Blechgeschirr, der Blech-

warenhandel niedergelassen. Die Straßen Cyrus und Molawi haben sich zu Standorten gering bewerteter Metallwarenbranchen entwickelt.

4. Die nördliche Bazarrandstraße (Khiabane Bouzarjomehri) dagegen ist dort, wo sich der Eingang zum alten Schmiedebazar (Bazar Ahangarha) befindet, zum Standort des Großhandels mit Blechen, Eisenwaren, Baueisen und anderen schwer transportablen Gütern geworden. Diese an dem verkehrsgünstigen Bazarrand fortgesetzte Branchenvergesellschaftung des Eisenwarensektors setzt sich zu beiden Seiten der Khiabane Bouzarjomehri fort, an deren nördlichem Straßenrand Geschäfte des Eisenwarengroßhandels als Beispiel des ungebrochenen Überganges vom Bazar zur Geschäftsstraße etabliert sind. Einen weiteren benachbarten Standort des konzentrierten Angebotes von Eisenwaren bildet der von der Bazarrandstraße her zugängliche Vorhof zur Shah-Moschee, in dem sich ein reich differenziertes Angebot des Detailhandels befindet. Hier werden zahlreiche Geräte für den landwirtschaftlichen Bedarf neben Schlossereiwaren, Werkzeug und diversen Blechwaren angeboten. Daneben sind auch moderne Produkte, wie Waagen, Tresore oder Rasenmäher erhältlich.

5. 3. 9 Gebiete niedriger sozioökonomischer Bewertung: Bazarrückseite

Sie wird durch den Mejdan Sayed Esmail und die Straßen Cyrus und Molawi gebildet. Durch den langgestreckten Bazar Bozorg und die Zone alter Khane vom westlichen, prosperierenden Teil des Bazars getrennt, hat sich im Osten des Bazargebietes ein ausgesprochenes Viertel von Funktionen geringer Renditen, vornehmlich von metallverarbeitendem Gewerbe und von Läden des Altwarenhandels, entwickelt. Zentrum dieses Bereiches ist der Sayyed Esmail-Platz, zwischen dem Bazar Bozorg und der östlichen Bazarrandstraße, der Khiabane Cyrus. Hier befindet sich ein Trödlermarkt, auf dem die verschiedensten Altwaren, darunter Radioapparate, Werkzeug, Ventilatoren, Münzen, Glocken, allerlei Nippes, einfachster Schmuck, Bücher, Spiegel, aber auch Möbel, Betten, Bilder angeboten werden. Dieses Sortiment wird bazarseitig durch Altkleider, billigste Teppiche, Kupferwaren und einfachste Textilwaren ergänzt, zwischen deren Läden sich Gewerbebetriebe (Schmiede, Messerschleifer) befinden. Ein Obst- und Melonenmarkt sowie Kolonialwaren, Lebensmittelgeschäfte weisen den Mejdan Sepah zugleich als Einkaufsort umliegender Wohngebiete aus, und die Flickschuster beim Eingang zur Moschee Sayyed Esmail, die sonst nirgendwo im Bazar zu finden sind, sind Hinweis auf eine äußerst bescheidene Kundenschar. Der

Handel mit Tauben und Blutegeln ergänzt den zugleich armen wie traditionsverhafteten Charakter dieses Bazarteiles. Zur Khiabane Cyrus hin und an dieser wird der Altwarenhandel mit gebrauchten landwirtschaftlichen Geräten, Elektromotoren, Installationsmaterial und anderen Altwaren fortgesetzt. Daneben werden Besen, Siebe und Korbwaren erzeugt und verkauft. Die Läden an der Straßenfront werden von Blechwarenerzeugung und Blechhandel, von Schwarz- und Bauspenglern abgelöst, doch auch im benachbarten Wohngebiet des Bazarviertels selbst findet sich einfache Metallverarbeitung. So bestehen an der nordwärts den Meidan Sayyed Esmail verlassenden Gasse Sarpoulak Gießereiwerkstätten, zugehörige Altmetallsammler und metallwarenproduzierende Gewerbebetriebe (Spengler, Graveure für Touristenramsch), die zusammen mit Händlern für Altplastik und Altbrot, mit Kistentischlern, Pappschachtelerzeugern und händisch betriebenen Wirkereien den Eindruck des wirtschaftlichen und prestigemäßigen Gegenpols zum nordwestlichen Bazarbereich vermitteln. Das hier beschriebene östliche Ende des Bazars bietet mit einer Fülle von billigsten Waren auch den ärmsten Bevölkerungsschichten die Möglichkeit zum Kauf oder Tausch. Es ist funktionale Ergänzung zu den übrigen Bazarteilen.

Betritt man von hier den Bazar Bozorg oder die südwärts anschließende Gasse des Bazar Nadjdjarha (Tischlerbazar), so erscheint das dort gebotene Warensortiment aufwendig und luxuriös. Geschirr und Konfektionsbekleidung, Wasserpfeifen und Samoware, wie diese im nördlichen Teil des Bazar Nadjdjarha angeboten werden, sind für die einfache Bevölkerung durchaus gehobene und nur selten zu erwerbende Waren. So erweist sich der ehemalige Tischlerbazar als gehobener Abschnitt eines abgewerteten Bazarteiles, besonders in seinem mittleren Bereich, in dem einfache Bekleidung und billige Teppiche, ja sogar Uhren angeboten werden.

Beim Ausgang des Bazar Nadjdjarha dagegen dominieren Kolonialwaren und Lebensmittel und nur die Nutzung der umgebenden Khane, die dem Großhandel mit Seilerwaren, Fellen und Häuten, mit Baumwoll- und Pferdekarren oder als Lager für Lebensmittel aller Art dienen, und die zum Teil Gießereien und Blechgeschirrproduktion beherbergen, bringt die Situation als Bazarrückseite, zu der auch der Bazar Nadjdjarha zählt, in Erinnerung. Herrscht beim südöstlichen Bazareingang noch reger Handel und ein entsprechender Passantenstrom, so verebbt dieser an der Molawi-Straße, die das Bazarviertel südlich begrenzt, fast völlig. Die Nordseite dieser Straße, an der Läden eines allgemeinen Bedarfs nur in der Nähe des Bazareinganges vorhanden sind, ist Zentrum des Altmetallhandels. Hier werden, unterbrochen von einfachem Gewerbe, Blechabfälle, Dosen, Papier, Pappe, Fetzen, Glas, Fässer und andere Altwaren gesammelt und gehandelt. Die Kombination von Inaktivität und Handel mit minderwertigem Material machen den mittleren Abschnitt der Molawi-Straße zur eigentlichen Rückseite des Bazarviertels.

Durch die Molawi-Straße vom Bazar Nadjdjarha getrennt, verläuft eine urtümliche Bazargasse weiter südwärts zur Straße Saheb-Jam. Dieses alte Bazarstück ist in der Branchenstruktur äußerst konservativ. Es ist der einzige Bazarteil, der deutlich auf Kunden aus dem agrarischen Umland spezialisiert ist, was durch Geräte zur Tierpflege, landwirtschaftliche Werkzeuge, Sättel und Zaumzeug für Esel demonstriert wird. Auch das Nahrungsmittel-Angebot ist mit Innereien, Datteln, Gewürzen und Heilkräutern, mit Kandiszucker und den übrigen Lebensmitteln in traditioneller Vielfalt vorhanden, ebenso wie einfache Kleidung und Hausrat. Neben dem Gebiet niedrigster sozioökonomischer Wertung (Meidan Sayyed Esmail) und der Bazarrückseite (Molawi-Straße) liegt hier ein weiterer Bazarteil, der im Gegensatz zum nordwestlichen Bazargebiet steht, und der das Z e n t r u m   d e s   t r a d i t i o n e l l e n   l ä n d l i c h e n   B e d a r f e s darstellt.

5. 4 Typen des Wandels der Branchenstruktur
(vgl. auch Farbkarte im Anhang)

Lange galt die Branchenanordnung im Bazar als stabiles System, das in der Wertschätzung der Standorte in bezug auf das religiöse Zentrum der Stadt beruhte. Doch bereits der Vergleich alter Bazarbezeichnungen mit der tatsächlichen Nutzung im Bazar von Tabriz zeigte einen offenbar starken Wandel in der Branchenstruktur[56].

Das gilt auch für Teheran, und eine Standortverlagerung einzelner Branchen wurde bereits mehrfach angedeutet. Es ist offenkundig, daß der Einzelhandel des Bazars wie etwa die Läden in Geschäftsstraßen auf Veränderungen der Wirtschaftsstruktur mit geändertem Angebot und auf Veränderungen der innerstädtischen Zentralität mit einem Standortwechsel reagieren. Das Bazarhandwerk dagegen, seit jeher deutlich branchensortiert, ist wesentlich standortstabiler. Es führt im Gegensatz zum Einzelhandel keinen aktiven Standortwechsel durch, sondern erleidet passiv ein Hinausdrängen aus dem bisherigen Bereich, wenn dieser (wie im Bazar Kaffachha, Schusterbazar) zum zentralen Geschäftsgebiet aufgewertet wird.

Um die Änderung oder Stabilität der Branchenstrukturen zu prüfen, wurde im Teheraner Bazar für ausgewählte, vornehmlich ältere und zentral

---

[56] G. *Schweizer*, 1972: Tabriz und der Tabrizer Bazar, Erdkunde 26/1, S. 32—46.

gelegene Bazarteile eine Enquete durchgeführt. Dabei wurden 410 Bazarhändler u. a. gefragt, wie lange sich ihre Branche schon an diesem Standort
befindet, ob es Veränderungen, etwa die Trennung von Handel und Gewerbe
oder eine Teilung des Geschäftes gegeben habe, und welche Branche sich
vor der derzeitigen an diesem Platz befunden habe. Es erwies sich als günstig,
einen vier Jahrzehnte zurückreichenden Zeitraum zu erforschen. Die Bazarhändler, vielfach ältere Männer, wissen für diese Zeit sowohl über ihr Geschäft als auch über die Entwicklung der benachbarten Läden gut Bescheid[56a]).
Aus der Befragung resultieren einige unterschiedliche Wandlungstypen der
Branchenstruktur, die auch einige Aspekte zur Frage der Branchenkonzentration liefern.

Typ 1: Gewerbegebundene Branchenkonzentration
und ihr Zerfall bei Aufgabe des Handwerks.
Bazar Kaffachha (Schusterbazar)

Die Schuhmacher waren, wie bereits erwähnt, eine Folgebranche nach den
Hutmachern, von denen (nach einer Befragung) der letzte vor etwa zwanzig
Jahren verschwunden sein dürfte. Das Schuhmachergewerbe bildete mit dem
Lederhandel und den Schusterzubehörläden eine Branchenkonzentration,
die wie bei anderen Gewerben vom traditionellen, zunftartig geschlossenen
Handwerksverband herrührt. Sie soll als Typ der Konzentration
des Bazargewerbes bezeichnet werden. Diese Monostruktur des Bazars
Kaffachha (Schusterbazar), bei der mehr als 90 % der Läden mit der Schuherzeugung zu tun hatten, bleibt bis in die Nachkriegszeit aufrecht, wenn
auch bereits in den fünfziger Jahren die Trennung von Handwerk und
Schuhhandel beginnt. Bereits 1963 ist die Zahl der Schuhverkäufer fast so
groß wie die der Schuhmacher, und 1973 war nur mehr ein Schuster hier
zu finden. Die Trennung war komplett vollzogen, und der Schuhhandel
zeigte sich als neue stark konzentrierte Branche. Die Konzentration von
Schuhläden spiegelt jedoch nicht den wahren Standortwert dieser meist-
frequentierten Gasse des Bazars wider. Sie wurzelt im gemeinschaftlichen
Sitz des früheren Handwerks und kann so als genetisch bedingte Konzentration an einem Gewerbestandort bezeichnet werden. Diese neue Funktion kann längere Zeit erhalten bleiben, stellt aber in der hochwertigen
Bazarhauptgasse nur eine kurze Übergangszeit dar. Wie die Kartierung

<hr>

[56a]) Die Befragung wurde mit Hilfe von Herrn Nishapour durchgeführt. Hauptziel der
Enquete war die Erforschung des Branchenwandels. Weitere Fragen und Erhebungen,
so zur Herkunft der Bazarhändler und zur Ausstattung der Läden, werden in den
folgenden Abschnitten aufgegriffen.

zeigt, sind gerade in den letzten Jahren die restlichen Schuhmacher nicht
mehr durch den Schuhhandel substituiert, sondern durch andere Branchen
ersetzt worden.

Analog zu Hauptstraßen des Geschäftslebens, in denen der Bekleidungssektor dominiert, hat sich auch hier der Textilhandel durchgesetzt, be-
gleitet von anderen für ein einfaches Publikum hochrangigen Geschäften
wie Spiegel und Glaswaren, Bijouteriewaren und Taschen, Spielzeug. Auch
Touristenware wird bereits angeboten. Damit wird eine neue Branchenkonzentration, die des Bekleidungssektors und verwandter Branchen, die
ja in benachbarten Bazarteilen schon lange verwirklicht ist, angesteuert.
Weitgehend unberührt von diesem Wandel blieb bis jetzt der Lederhandel,
weil die abgewanderten Schuster nach wie vor seine Kunden sind. Es ist jedoch nur eine Frage der Zeit, wann die Schuhindustrie das alte Schuster-
gewerbe so dezimiert, daß sich auch der angesehene Lederhandel nicht mehr
an diesem Standort halten kann.

Typ 2: Entwicklung zur standortbedingten Branchenkonzentration des Einzelhandels.
Bazarnordrand (Khiabane Bouzarjomehri)

Eine völlig andere Art der Branchenkonzentration stellt sich am Außen-
rand des Bazars, östlich von dessen Haupteingang, ein. Dort, wo seit der
Jahrhundertwende Geschäfte existieren, herrschte bis in die Nachkriegszeit
das bunt gemischte Angebot eines randlichen, auf den Bedarf der umgebenden Bevölkerung abgestimmten Bazarteiles. Daher überwiegen Nahrungsmittel (mehr als ein Drittel aller Läden) in der überkommenen Differenzierung (Attari, Reis, Fisch, Fleisch, Trockenfrüchte, Tee), vermehrt um
Erfrischungsgetränke und einfache Imbißmöglichkeiten. Auch Drogerie-
waren, Seile und Schnüre, die traditionellen geflochtenen persischen Schuhe
und Tonwaren werden angeboten, daneben allerdings bereits Hausrat und
Stoffe (zusammen etwa 20 %). Ab den fünfziger Jahren breitet sich der
Bekleidungssektor aus und 1973 bieten mehr als zwei Drittel aller Läden
Textilien an. Der Nahrungsmittelanteil ist auf etwa 10 % abgesunken. Daneben werden noch etwa 20 ambulante Textilwarenhändler gezählt. Diese
Entwicklung, nämlich das Abdrängen des täglichen Bedarfes (Nahrungsmittel) und das Aufstocken des periodischen, speziell des Bekleidungsbedarfes,
ist als Reaktion des Einzelhandels auf die Aufwertung eines Gebietes auf
veränderte Nachfrage aus Geschäftsstraßenuntersuchungen bekannt. Im Falle
der Bouzarjomehristraße, die Sammelschiene des zum Bazareingang streben-
den Passantenstromes ist, hat die Zunahme einer Kundenschar, die nicht

des täglichen Bedarfes wegen den Bazar aufsucht, zu dieser Umstrukturierung geführt. Die Textilien — billige Kleiderstoffe und Wirkwaren — sind auf weibliche Käufer, auf Hausfrauen aus der einfachen städtischen Bevölkerung abgestimmt. Diese Branchenstruktur kann daher als Konzentration im Zuge der Entwicklung zur Einkaufsstraße, deren Läden auf das massenweise Vorbeiströmen eines ganz bestimmten Publikums angewiesen sind, gesehen werden.

Typ 3: Standortbedingtes Beibehalten der Branchenmengung (Bazar Bozorg)

Die Branchenstruktur des alten Bazar Bozorg wurde unter dem Schlagwort „Einheit in der Vielfalt" bereits beleuchtet. Auch in früheren Jahren herrschte hier eine mannigfaltige Branchenmischung, in der aber nicht, wie an der Bouzarjomehri-Straße der tägliche Bedarf, sondern der periodische bis seltene Bedarf zu finden war. Auch das Publikum unterscheidet sich heute wie damals von dem der Gassen im nördlichen Bazarabschnitt. Stets waren die Kunden hier vorwiegend Männer, Händler, Handwerker, zu einem ganz wesentlichen Teil Bauern aus dem Umland, wie das Angebot im Bazar Bozorg zeigt. Unter den um 1933 80 Geschäften des aufgenommenen Bazarstückes (östlich der Kreuzung mit dem Bazar Meshgarha) können nicht weniger als 29 verschiedene Branchen festgestellt werden. Darunter sind Textilien mit 16, Nahrungsmittel mit 11, die Kurzwarenhändler (Kharrasi) mit 10 und die Seiler mit 9 Läden am stärksten vertreten. Daneben werden Wolle und Farben für das Teppichknüpfen, Sättel, Kamelglocken, Wasserpfeifen, Hufeisen, aber auch Bettwaren, Samoware und Rosenwasser verkauft. Der Bazar weist ferner eine Kebab-Stube, ein Bad und zwei Zigarettenerzeuger auf.

Bis heute (83 Läden) ist die Zahl der Branchen auf 24 gesunken, was vor allem auf das Konto der letztgenannten Betriebe geht. Sie wurden hauptsächlich durch Bekleidungsgeschäfte ersetzt, die auf 35 Läden (42 %) angestiegen sind. Diese Entwicklung wird von billiger Konfektion und einfachem, oft Plastik-Schuhwerk, getragen. Daneben haben sich noch einige der alten Branchen erhalten. Ihre Existenz ist ein Zeichen für den Fortbestand des einfachen und ländlichen Publikums im Bazar, für das der erwähnte geringe Wandel des Angebotes die genügende Partizipation an der neuen Zeit darstellt.

Typ 4: K o n z e n t r a t i o n u n d B r a n c h e n m e n g u n g a l s
s c h e i n b a r g e g e n l ä u f i g e B e w e g u n g (B a z a r
B a z z a z h a)

Dieser Bazar wurde bereits als Schmuck- und Touristenbazar beschrieben,
dessen Geschäfte sich im Nordteil des Bazar Bazzazha befinden. Doch nur
die Hälfte der Juweliere bestand bereits in der Zwischenkriegszeit, die übrigen etablierten sich vorwiegend nach Kriegsende anstelle von Kebab-Küchen,
Schuhgeschäften und Stoffgeschäften. Schon vor dem Einsetzen des Tourismus
wurde so aus dem Konzentrationseffekt der Nachbarschaftslage, der besonders bei selten aufgesuchten Branchen wirksam wird, ein einheitlicher Bazarbereich. Gleichzeitig wird die alte dominante Struktur, der Stoffhandel mit
ausgesprochen guter Ware, zunehmend aufgelöst. Dies ist zunächst eine
widersprüchliche Entwicklung, weil beide Branchen gehobene Ware anbieten.
Tatsächlich sind den Juweliergeschäften Herrenanzugsstoffe und andere
wertvolle Stoffe benachbart, Artikel jedoch, die heute nicht mehr im Bazar,
sondern in den westlich geprägten Citystraßen gekauft werden. Noch vorhandene Anzugstoffgeschäfte sind Nachzügler im Exodus gehobener Güter
aus dem Bazar, die sicher nur mehr von einer kleinen Schicht konservativer
Bazarkunden gehalten werden. Die einfache Bevölkerung, die hier Schmuck
kauft, hat andere Konsumziele. So verwundert es nicht, daß anstelle der
Stoffgeschäfte nun der Hausrat tritt. Auch das ist ein Hinweis auf die verstärkte Rolle der Frau im Kundenspektrum, schließlich ist ja auch der benachbarte Geschirr- und Bekleidungsbazar (Hadjebod Dowleh) weitgehend
auf Frauen eingestellt.

Typ 5: A u s b r e i t u n g d e r M o n o s t r u k t u r m i t d e m
W a c h s t u m d e s B a z a r s (B a z a r A b b a s A b a d)

Der zentrale Abschnitt des Nord-Süd verlaufenden Bazar Abbas Abad,
der die Fortsetzung des Bazars Bazzaha darstellt, weist heute so gut wie
ausschließlich nur zwei Warengruppen auf, Stoffe und Teppiche. Das verwundert nicht, befinden sich doch hier die großen Serais des Stoffbazars, die
gegen Süden und Westen in das Gebiet des geschlossenen Teppichhandels
übergehen. Erhoben wurde der westliche Abschnitt von der Gasse Imamza-
deh Zeyed südwärts bis in den Teppichbazar sowie das diesen Teppichläden
gegenüberliegende Gassenstück bis zur Gasse Hamam Tchal. Die beiden
erfaßten Monostrukturen sind Teile großer, einheitlicher Nutzung unter
extremer Branchenkonzentration. Gerade deshalb ist es interessant, die Entwicklung zur Uniformität des Angebots zu verfolgen. Dabei stellt sich her-

aus, daß hier, im Bereich alter Serais, die bis zur Jahrhundertwende an der
Grenze zum Wohngebiet lagen, Läden der Nahversorgung existierten, die
von den sich ausbreitenden Branchen höherer Renditen (Teppiche, Stoffe)
verdrängt wurden. Das gilt besonders für den südlichen Abschnitt, während
an der Gassenfront des Serai Amir stest schon Stoffgeschäfte vorhanden waren und der nördliche Abschnitt, Grundstück der Medrese Zeyyed mit Fried-
hofsgelände, lange nicht von Geschäften besetzt war. Der Branchenwandel
im Bazar Abbas Abad ist deshalb so interessant, weil sich der Wechsel voll-
ständig und in nur wenigen Jahren vollzog. Zur Zeit Reza Shahs waren im
südlichen Abschnitt des untersuchten Gassenstückes Lebensmittelgeschäfte
(Attari, Agil), Bäcker, Hausrat- und Futtermittelhändler, aber auch Taschner,
Tischler, Schuhmacher und Lederhändler, jedoch kein einziger Teppichhändler zu finden. Diese Struktur erhielt sich bis in die Kriegszeit, dann aber
setzte ein rascher Wandel ein. Bereits um 1945 werden hier sechs Teppichhändler gezählt, bis 1953 ist die Zahl auf 18 Läden angewachsen, und nur
mehr acht Geschäfte zeigen die alte Branchenstruktur. In den sechziger
Jahren ist der Wandel abgeschlossen, und nur mehr (zwei) Nähmaschinen-
händler, die hier ebenfalls seit Kriegsende sitzen, durchbrechen die Reihe
der Teppichgeschäfte.

Auch in den nördlich anschließenden Serais Ettefag und Amir gab es an
der Straßenfront neben Stoffhändlern Nahrungsmittel- und Melonenläden
und Bäcker. Als einziger — und heute überaus unmotiviert — hat sich mitten unter den Stoffgeschäften ein Fleischer erhalten. Die Aufgabe der Nah-
versorgungsfunktion erfolgte auch hier im Jahrzehnt nach dem Krieg. Der
Stoffhandel, der diese Standorte nun besetzt, bietet billige Baumwollstoffe
für Frauenkleider, Tschadorstoffe, an. Verkauft wird die Ware rollenweise
an Wiederverkäufer wie an Konsumenten. Diese Händler werden als Halb-
Grossisten bezeichnet.

Die Medrese Zeyyed, die eine Gassenfront am Bazar Khayyatha (Schnei-
derbazar) und am Bazar Abbas Abad besitzt, hat bereits seit langem Läden
an Schneider und Tuchhändler vergeben. Die Schneider wichen um 1950 dem
Stoffhandel und bald darauf wurde ein bis dahin nicht von Geschäften be-
nutztes Stück ebenfalls durch den Handel mit leichten Baumwollstoffen
besetzt.

Beide Beispiele, sowohl das des Teppich- wie auch des Stoffhandels, zeigen,
wie sich einzelne Bazarteile bei der Vergrößerung des Gesamtbazars zwangsläufig verändern müssen. Die Struktur der Vorkriegszeit entsprach einem
Bazar, dessen Umsätze wegen der geringen zu versorgenden Bevölkerung,
deren minimalem Konsum und wegen einer infolge fehlender Transport-
möglichkeiten geringeren Reichweite unvergleichbar niedrig waren. Dem

Teppichhandel wieder fehlte der internationale Markt, dem er seinen heutigen Umfang zu verdanken hat. Dem aus diesen Gründen eher kleinen Bazarkern folgten recht bald die randlichen, auf die Versorgung der Wohnbevölkerung ausgerichteten Bazarteile. Der vielschichtigen Aufwärtsentwicklung Teherans entspricht heute ein Bazar, der, wie gezeigt wurde, in seinen wichtigen Branchen weit über den Rahmen der einstigen Branchengliederung hinausgewachsen ist. Warum dabei eine derart auffällige Branchenkonzentration entstanden ist, kann wohl durch die Vorteile der Nachbarschaftslage erklärt werden. Wer den Einkauf plant, hat zugleich auch eine feste Vorstellung, in welchem Teil des Bazars man diese Ware finden kann. Existiert das Wissen um die Warenverteilung, dann ist es unabhängig vom Umfang des Passantenstroms für neue Geschäfte von Vorteil, wenn sie sich diesem allgemein bekannten Standort ihrer Branche anschließen. So kommt es zu einem agglutinierenden Wachstum einer Monostruktur, das Prinzip des N a c h b a r s c h a f t s v o r t e i l e s kann dem Prinzip der K u n d e n s t r o m o r i e n t i e r u n g überlegen sein. Genauer besehen ist der Nachbarschaftsvorteil ja nur die Nutzung eines bestimmten Kundenstromes, wie auch in den kundenstromorientierten Branchen (Damenbekleidung, Wirkwaren, Schmuck, Touristenwaren) der Nachbarschaftsvorteil zur Geltung kommt. Das derart geschilderte Wachstum von homogenen Bazarbereichen schließt zugleich auch die durchgehende Wirkung des zentral-peripheren Ordnungsprinzips aus, das daher nur als allgemeingültige und nicht auf die orientalische Stadt beschränkte Zentrierungsregel angesehen werden darf. Teppich- und Stoffbazar, denen aber auch Geschirr- oder Schreibwaren anzuschließen wären, entwickeln als Branchen mit Waren des seltenen Bedarfes oder mit großhandelsähnlichem Angebot (Halb-Grossisten) eine auf dem Nachbarschaftsorteil beruhende Branchenkonzentration. Mit steigendem Flächenbedarf verdrängen sie in additivem Wachstum ältere und renditenmäßig geringerbewertete Bazarfunktionen.

S t r u k t u r w a n d e l   a l s   E n t s c h e i d u n g s p r o b l e m

Der Wandel der Branchenstruktur ist in vielen Fällen, aber lange nicht immer, zugleich auch ein Wechsel im Besitz eines Bazargeschäftes. Die bereits erwähnte Enquete in zentralen Abschnitten des Bazars untersuchte neben dem Branchenwandel auch die Frage nach den früheren Tätigkeiten der Bazarhändler. Als Ergebnis können die folgenden Typen unterschiedlicher Anpassung an die geänderten Wirtschaftsbedingungen im Bazar ausgeschieden werden:

1. **A l t e i n g e s e s s e n e.** Bazarhändler mit spezifischer Anpassung, die zeitlebens am gleichen Standort tätig waren. Oft haben bereits einige Generationen vorher denselben Beruf ausgeübt, und Angaben über hundertjährige Standorttreue sind nicht selten. Nur wenige der Alteingesessenen können es sich leisten, ein konservatives Angebot unverändert weiterzuführen. Sie beliefern traditionsverhaftetes Publikum im Einzelhandel. Stets gleichbleibendes Angebot als eine kritische wirtschaftliche Situation zeigt das Beispiel des Lederhandels. Daher kommt es meist zum Sortimentwandel als Anpassung an geänderte Konsumentenwünsche. Beispiele dafür liefern der Textilhandel, der nun westliche Arbeitskleidung anbietet, Krämer, die Taschenlampen und andere westliche Industrieware führen, oder mit Hausrat, Schuhhandel und Plastikprodukten das herkömmliche Sortiment ergänzen. Schließlich wurde wiederholt Standorttreue, ohne Branchentreue festgestellt. Einige Branchenwechsler waren im Schusterbazar zu finden, sie gaben das Schusterhandwerk auf und begannen mit dem Handel von Hausrat, Spiegeln und Glaswaren (vier Fälle). Der Branchenwechsel wird oft mit der Geschäftsübergabe an die nächste Generation vollzogen. Viele Beispiele dafür wurden bekannt (von Wolle zu Textilien, von Seife zu Hüten, von Bettwaren zu Kurzwaren). Andere begnügten sich mit der Trennung von Produktion und Verkauf (sechs Fälle), die übrigen Schuhhändler waren neu im Bazar, oder nicht am Branchenwechsel beteiligt.

2. Als **S t a n d o r t v e r b e s s e r e r** seien Kaufleute bezeichnet, denen es gelang, einen vergleichsweise besseren Platz im Bazar zu besetzen. Sie waren oft schon in der gleichen Branche, aber in einem abgelegeneren Teil des Bazars tätig. Das Einkaufen in einen höherwertigen Standort erfordert eine hohe Ablöse. Standortverbesserer sind auch ambulante Händler, die für sich eine der wenigen noch freien Stellen erobern können. Sie begnügen sich anfangs mit Standplätzen für kleine Kojen, etwa am Eingang zu einem Serai, von dem sie sich schrittweise zu besseren Läden hocharbeiten können.

3. **Z u z ü g l e r u n d A n f ä n g e r** im Bazar. Die Zuwanderung nach Teheran bringt auch Händler in den Bazar. So wurden ein ambulanter Sockenhändler bekannt, der vorher Kupferschmied im Bazar von Hamadan gewesen war, ein Beamter aus Gorgan, der nun Stoffhändler ist, und ein Hausrat- und Glaswarenhändler, dessen Vater ein ähnliches Geschäft im Bazar von Mashad führt. Andere Händler, speziell bei kleinen Läden, mußten früher einem anderen Beruf nachgehen, sie haben das Geschäft erst im Zuge der Übergabe von der älteren Generation erhalten.

162

5. 5 Standortwert und Kundenstrom

5. 5. 1 Fußgängerdichte und Geschäftspreise —
zur Quantifizierung des Standortwertes

Die Abhängigkeit der Branchenstruktur von qualitativ und quantitativ
bestimmten Passantenströmen wurde wiederholt angeschnitten. Eine Zählung
der Fußgängerfrequenz zeigt die Unterschiede, die im Bazar in bezug auf
den Fußgängerverkehr bestehen (Abb. 59). Die Karte wurde aufgrund von
22 Kontrollzählungen über einen kürzeren Zeitraum und zwei Zählungen
des Tagesganges des Fußgängerverkehrs erstellt. Sie zeigt, daß der überwie-

Abb. 59: Fußgängerfrequenz im Bazarviertel. Passantenstrom pro Stunde
und in beiden Richtungen an einem Werktags-Vormittag

Grundlage: eigene Erhebungen an 22 Zählstellen mit Hilfe von Studenten
am 23.—26. Juli 1973

gende Teil des Verkehrs sich im nordwestlichen, durch den Einzelhandel bestimmten Teil des Bazars abwickelt. Hier werden auch mit etwa 3000 Personen/h (in beiden Richtungen), die stärksten Passantenströme gezählt, die sich gegen das Innere des Bazars rasch verzweigen. Nur die Hauptgassen des Bazars, in denen mehr Durchgangs- als Kundenverkehr herrscht, sind im älteren Bazarteil noch stärker frequentiert. Neben dem Bazarhaupteingang wird auch der östliche, zum Bazar Patchenar führende Eingang häufig benützt, während der Schmuck- und Touristenbazar einen etwas schwächeren Menschenstrom aufweisen. Daneben fällt die Nord-Süd-Asymmetrie des Fußgängerverkehrs auf.

Wie sehr das Fußgängeraufkommen durch die einkaufenden Frauen bestimmt wird, zeigt folgende Zusammenstellung:

Bazarabschnitt	Anteil der Frauen an Fußgängern
Nordrand, Textilgeschäfte	70 %
Nordrand, Nahrungsmittel	35 %
Nahversorgungsabschnitt im SW	35 %
Bazareingänge im NW	12—20 %
Schusterbazar	12 %
periphere Einzelhandelsgassen	10 %
Bazar Bozorg, Randbereich	6 %
Bazar Bozorg, Mittelabschnitt	3 %

Gewiß ist die Wertung eines Bazarteiles über den Kundenstrom möglich, exakter ist jedoch die Feststellung der Mieten und Ablösen. Bei Besitzwechsel ist es üblich, daß die Händler einen sehr hohen Einstandspreis, eine Art Ablöse an den Grundstücksbesitzer zu zahlen haben, neben einer durchaus respektablen monatlichen Miete. Die Frage nach diesem Einstandspreis wurde von den Bazarhändlern mißtrauisch aufgenommen und äußerst ungern beantwortet. Die Mittelwerte der Angaben lassen dennoch eine Preisabfolge erkennen, die aus den der Branchenkartierung gewonnenen Vorstellungen entspricht. Für die kleinen Ladenkojen, die etwa 10 m² groß und 2,4—5 m breit sind, erscheinen die Ablösen beachtlich hoch. Die angegebenen Werte stammen aus dem Jahr 1973.

Ablöse-(Einstands-)preis für Bazarläden (Durchschnittswert) in verschiedenen Bereichen des Teheraner Bazars. Eigene Erhebung mit Hilfe eines Dolmetschs

Schmuck- und Touristenbazar	900 000 Tuman
Bazar-Nordrand, Westseite (Textilien)	500 000 Tuman
Sabzeh Meidan (Bazarhaupteingang)	450 000 Tuman
Bazar Bazzazha südlich Schmuckbereich	400 000 Tuman
Bazar Bazzazha bei Bazar Borzorg	300 000 Tuman
Bazar Abbas Abad	300 000 Tuman
Bazar Kaffachha (Gasse des Bazarhaupteinganges)	270 000 Tuman
Bazar Bozorg	230 000 Tuman

(1 Tuman = 10 Rial, entsprach 1973 etwa 0,5 DM)

Ein Korrelationsdiagramm (Abb. 60) zwischen den Fußgängerwerten und den Einstandspreisen zeigt den erwarteten Zusammenhang mit einer markanten Ausnahme: generell steigt in den untersuchten Bazarabschnitten der Geschäftspreis mit dem Passantenstrom vom Bazar Bozorg bis zum Haupt-

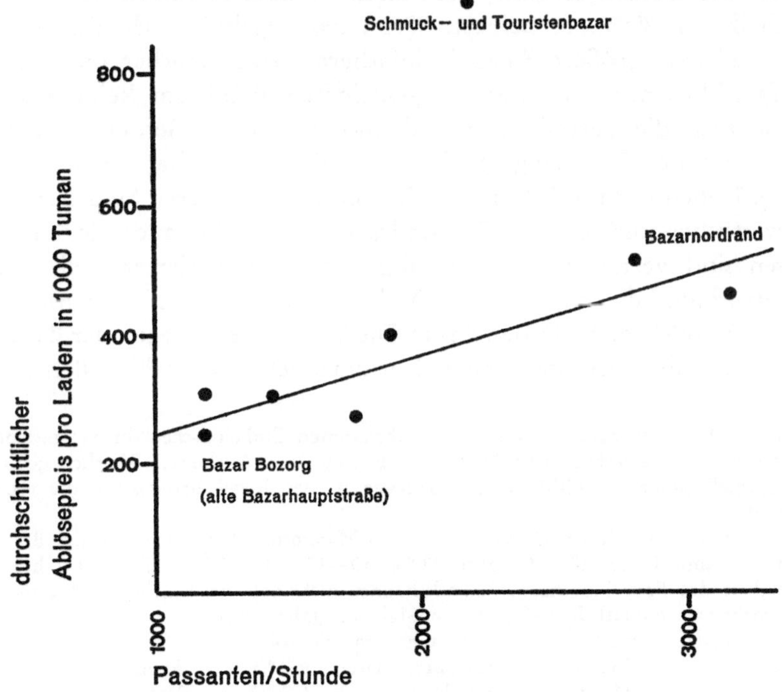

Abb. 60: Korrelation von Passantenstrom und Standortwert für ausgewählte Abschnitte des Bazars
Grundlage: eigene Erhebung

eingang des Bazars an. Der Schmuck- und Touristenbazar schert aus dieser Korrelation aus, sein Standort wird als einziger ganz deutlich durch die Qualität der Ware und nicht durch die Quantität des Publikums bestimmt.

5. 5. 2 Zum Einzugsbereich des Bazars

Der Verlust der Funktion, auch Einkaufszentrum der Oberschicht zu sein, hat dem Bazar von Teheran gewiß viele Waren entzogen, die in weniger verwestlichten Städten noch im Bazar selbst angeboten werden. Dennoch wäre es falsch, den Bazar als Einkaufsgebiet der Unterschicht zu bezeichnen. Das trifft nur für seine südöstlichen Bereiche zu, der moderner ausgestattete Bazarbereich ist, wie die Detailanalyse einzelner Bazarabschnitte gezeigt hat, durchaus auch mit hochwertigen Gütern ausgestattet. Vermutet man so einen bis in die oftmals noch traditionsnahe Mittelschicht — zu den kleinen Beamten und Angestellten — reichenden Einfluß des Bazars, so wird diese Auffassung durch Befragungsergebnisse durchaus bestätigt. Im nördlichen Bazarabschnitt wurden Kunden nach ihren Einkaufsgewohnheiten im Bazar und nach ihrem Wohnort befragt. Wenn das Ergebnis auch nicht voll befriedigt, weil eine größere Anzahl einfacherer Bazarbesucher im Gegensatz zum aufgeschlossenen und westlich gekleideten Publikum keine Auskunft gab[56b]), so zeigt die Verteilung der Wohnorte von 170 Befragten doch, wie weit das B a z a r - E i n z u g s g e b i e t in den nördlichen Stadtteil reicht (Abb. 61). Neben dichter Ballung der Wohnorte im inneren Stadtbereich fallen die westlichen und östlichen Vorstadtgebiete auf, aber auch die Stadtrandsiedlungen sind vertreten. Ein auffällig unterrepräsentierter Teil sind das neue Zentrum und die angrenzenden Villenviertel: nur von hier kommen absolut keine Kunden mehr in den Bazar. Die Waren, deretwegen der Bazar aufgesucht wird, umfassen das ganze Einzelhandelsangebot[56c]), allerdings ist

[56b]) Nicht gewohnt, von Fremden oder von unbekannten Einheimischen direkt angesprochen zu werden, verweigerten etwa 80 % der Frauen jede Auskunft. Westlich gekleidetes und speziell jüngeres Publikum gab dagegen in der Regel bereitwillig die erbetenen Auskünfte.

[56c]) 170 Interviews im Juli 1973, davon 38 % bei Männern. Altersverteilung der Befragten: unter 20 Jahre 15 %, 20—30 Jahre 38 %, 30—40 Jahre 25 %, über 40 Jahre 22 %. Häufigkeit des Bazarbesuches wöchentlich oder mehrmals wöchentlich 22 %, monatlich oder mehrmals monatlich 36 %, einige Male im Jahr 42 %. Die Häufigkeit nachgefragter Waren reiht sich wie folgt:

Stoffe	26,2 %	Geschirr, Gläser	6,7 %	Kunsthandwerk	5,4 %
Bekleidung	11,8 %	Schuhe	6,7 %	Pers. Bedarf	4,5 %
Haushaltswaren	10,6 %	Wohnungs-		Teppiche	4,0 %
Schmuck, Uhren	8,0 %	einrichtung	5,8 %	Hochzeitszubehör	2,7 %
		Lebensmittel	5,4 %	div. Geschenke	2,7 %

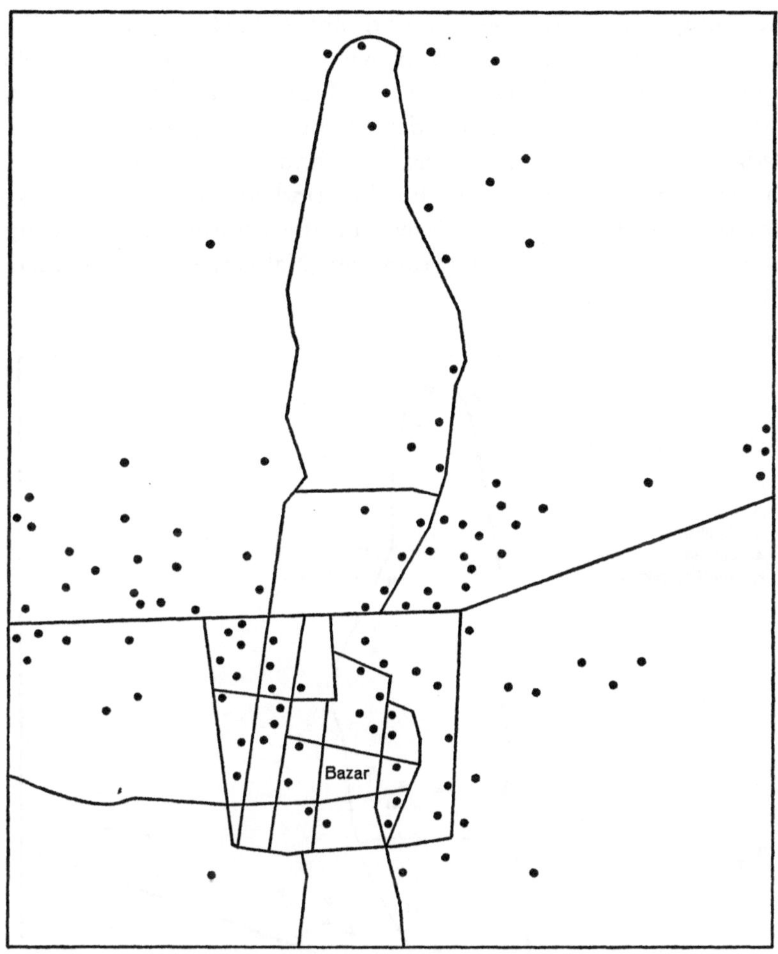

Abb. 61: Einzugsbereich des Bazars: Wohnorte befragte Bazarbesucher,
die vorwiegend der Mittelschicht angehören.

Grundlage: eigene Erhebung, Juli 1973

dieser Bedarf in einem relativ kleinen Bereich, der mit dem Schwerpunkt
des Fußgängerverkehrs ident ist, erhältlich. Den Auskünften der Kunden,
von denen 60 % Frauen waren, war zu entnehmen, daß der Bazar zumindest
periodisch aufgesucht wird. Dabei kaufen Arbeiter vorwiegend billige Stoffe,
Rohmaterial zur eigenen Weiterverarbeitung, während die Angehörigen der
Mittelschicht ihren Bedarf an Bekleidung und Hausrat decken. Gehobenere
Berufe geben an, den Bazar des Gold- oder Silberwareneinkaufes wegen zu
besuchen. Der Einzelhandel im Teheraner Bazar hat somit gerade wegen

167

seiner Inhomogenität einen weiten und unterschiedliche soziale Gruppen umfassenden Einzugsbereich. Er spricht, wie gezeigt wurde, für spezielle Waren (Teppiche) sogar auch gehobenere Schichten an, ist aber in seinem modernisierten Abschnitt Zentrum der Deckung des periodischen und seltenen Bedarfes einer unteren Mittelschicht und der breiten Bevölkerungskreise. Im alten Bazarabschnitt auf ländlich-traditionelle Kunden ausgerichtet, bietet der Bazar im Osten Waren für die ärmsten Bevölkerungsteile. Daneben ist die Einzelhandelsfunktion der Nahversorgung in allen peripheren Bereichen zu verfolgen.

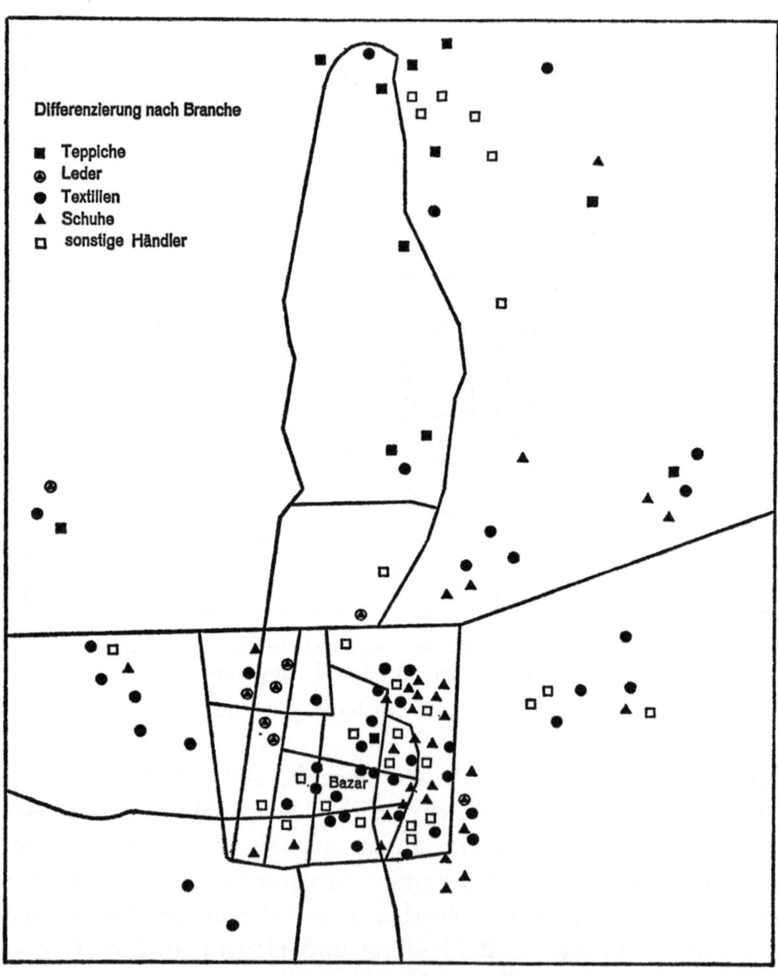

Abb. 62: Wohnorte der Bazarhändler, nach Branchen gegliedert
Grundlage: eigene Erhebung, Juli 1973

168

Im Gegensatz zum weiten Kunden-Einzugsbereich stellen die Bazarhändler ein wesentlich stärkeres a u t o c h t h o n e s Element der orientalischen
Stadt dar. Zumindest bis vor wenigen Jahren waren sie im inneren Stadtbereich konzentriert. Nun setzt eine Differenzierung ein, bei der der besser
situierte Bazarhändler seinen Wohnsitz in äquivalent gehobene Stadtviertel
verlegt. Einige Händler, die gerade im Stadium dieser Wanderung sind,
gaben Altstadt- und Stadtrandwohnsitz an. Der gehobene Bazarhändler
macht somit den bereits erwähnten Exodus der gehobenen Schichten aus dem
Altstadtbereich mit.

Eine Verteilung der Wohnstandorte, die für Händler aus den Bazarteilen
Kaffachha, Abbas Abad und Bazar Bozorg ermittelt wurde, zeigt, daß die
Bazarhändler nach wie vor zum überwiegenden Teil im inneren Stadtbereich
wohnen (Abb. 62). Doch auch hier gibt es bereits deutliche Unterschiede,
wobei die Schuh- und Textilhändler bescheidene Altstadtquartiere, die Lederhändler dagegen das alte Villenviertel als Wohngebiet angeben. Eine Reihe
von Händlern wohnen in den Mittelstands-Vorstädten westlich und nordöstlich des Bazars, Gebieten, die bereits einen höheren Wohnwert als die
Altstadt aufweisen. Der westlich moderne Stadtteil dagegen wird von den
Bazarhändlern auffallend gemieden. Wer es sich leisten kann, bevorzugt den
Villenvorort Shemiran. Es zeigt sich, daß die Mehrzahl der befragten Teppichhändler — äußerst leger gekleidet und von anderen Vertretern des
Handels dem Äußeren nach nicht zu unterscheiden — in diesem Villenvorort
wohnen.

6. DIE GESCHÄFTSSTRASSEN — NEUE ZENTRALE STRUKTUREN

Über die phasenhafte Entwicklung eines westlich geprägten Stadtzentrums wurde bereits im Abschnitt „Bauliche Struktur" berichtet. Als städtebaulicher Ausdruck der jeweiligen politischen und wirtschaftlichen Situation und durch politische oder wirtschaftliche Zäsuren, voneinander strukturell und räumlich abgesetzt, werden vier Phasen der Verwestlichung des Stadtkernes unterschieden:

1. Beginn westlichen Einflusses am Ende der Kadjarendynastie: Erste Geschäftsstraße außerhalb des Bazars: Khiabane Nasser Khosrow.
2. Erstes westliches Zentrum als Folge breiter Innovationen unter Reza Shah.
3. City-Erweiterung der Nachkriegsjahre.
4. Neues Zentrum ab der Mitte der sechziger Jahre, durch wirtschaftlichen Aufschwung infolge der Industrialisierung und des Ölgeschäftes entstanden.

Im folgenden Abschnitt wird versucht, diese generelle, aus der baulichen Struktur und der Physiognomie des Stadtbildes ablesbare Entwicklung in einer Analyse der gegenwärtigen Funktionen schärfer zu fassen.

6. 1 Geschäftsstraßen — zentrierte Strukturen westlicher Prägung

Die empirische Erforschung der Zentren und Randgebiete des Kernes der westlich orientierten Stadt erfolgte mittels einer Detailkartierung, bei der im besonderen die Struktur des Einzelhandels durchleuchtet wurde. Die Aufnahme im Gelände wurde in den Monaten Juli und August 1973 durchgeführt. Dabei wurde ein Untersuchungsprofil in der für die Differenzierung des Stadtzentrums von Teheran wesentlichen Nord-Süd-Richtung gelegt. Es erfaßte neben dem neuen Zentrum und dem Bazar auch die nördlichen und südlichen Vororte. Als Kartierungseinheiten wurden Straßen oder Straßenabschnitte gewählt, wobei auf Grund begrenzter Kartierungskapazität

170

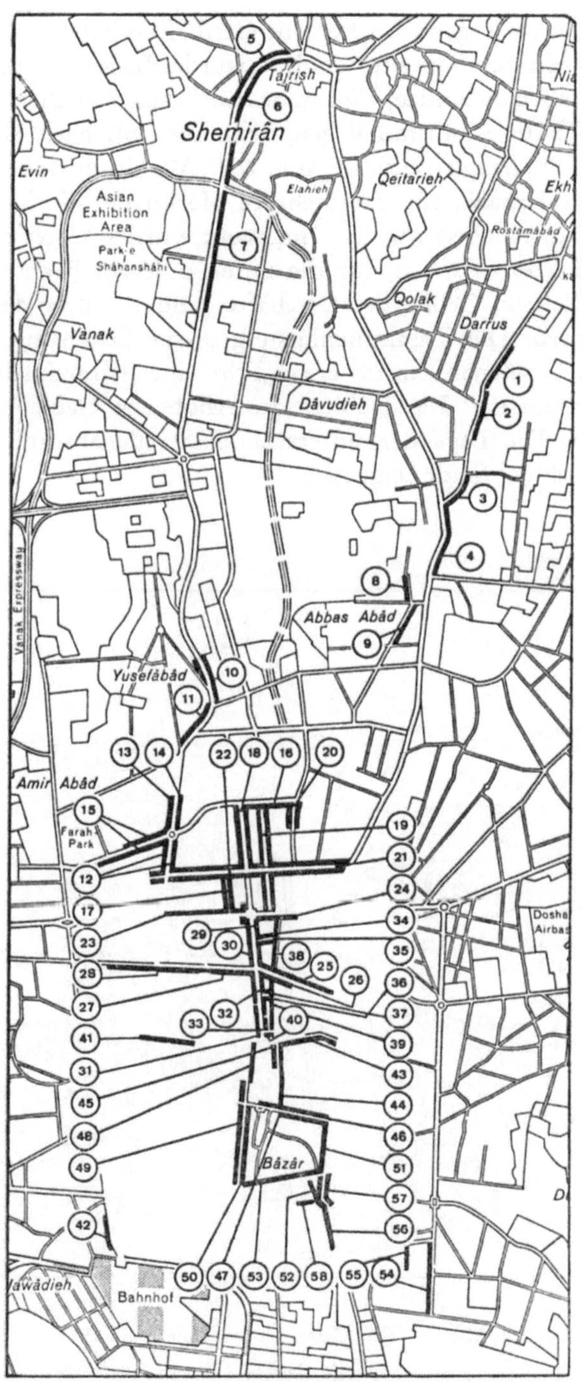

Abb. 63: Geschäftsstraßenabschnitte der Branchenkartierung 1973
Ordnungsnummern vgl. S. 173

vielfach nur die wichtigere, stärker mit Geschäften besetzte oder aus anderen
Gründen typische Straßenseite erhoben wurde. Insgesamt umfaßte die Aufnahme 58 Straßenabschnitte, die im wesentlichen zwischen dem Bazar und
der Avenue Takht-e-Jamshid liegen, aber auch bis nach Shemiran und an
den südlichen Stadtrand reichen (Abb. 63). Als Grundeinheit wurde jeweils
ein Geschäft aufgefaßt, für das mehrere Merkmale, die im folgenden mit-
verarbeitet sind, erhoben wurden. Insgesamt wurden Daten von über sieben-
tausend Geschäften erhoben, für die unter anderem Branche, Qualität und
Typ des Geschäftes, Größe des Geschäftes und Baualter des Objektes festgehalten wurden. Die Zusammenfassung dieser Daten zu Kennziffern für
die einzelnen Straßenabschnitte ermöglicht eine hierarchische Ordnung der
Straßen. Zentrum und Randgebiete des erhobenen Gebietes werden so statistisch gefaßt. Die Lage der untersuchten Straßenabschnitte zum übrigen
Geschäftsbereich der Stadt zeigt Abb. 64.

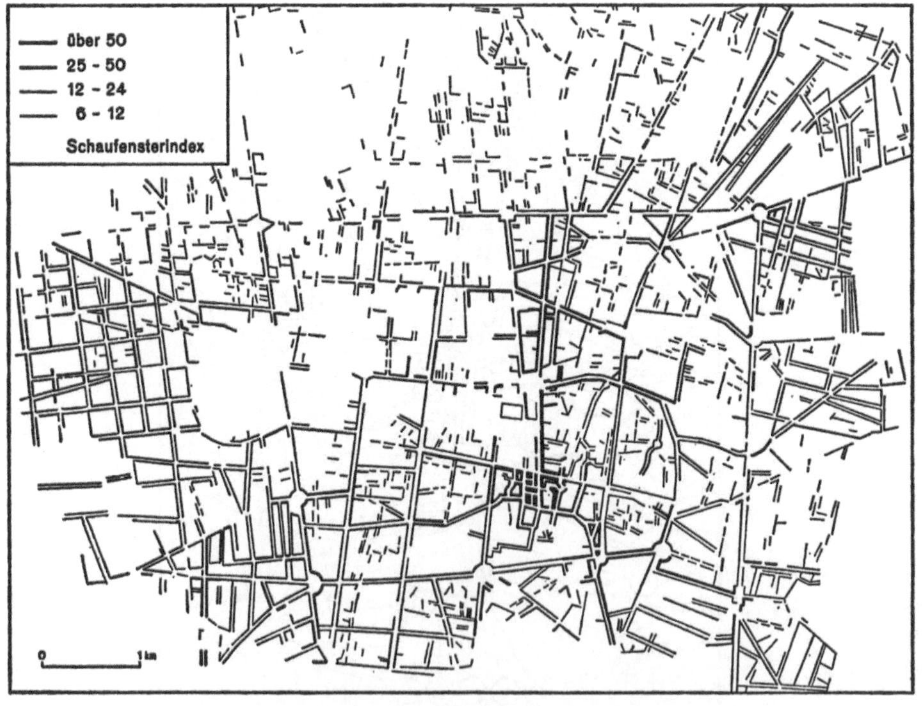

Abb. 64: Das Geschäftsstraßennetz um 1965
Quelle: IERS, Teheran

1	Saltanatabad-Nord	zwischen Gassen Golestan 1 und Laleh
2	Saltanatabad-Mitte	zwischen Gassen Bustan 5 und Delroba
3	Saltanatabad-Süd	zwischen Old Shemiran Straße und Farhad-Gasse
4	Old Shemiran Road	zwischen Saltanatabad-Straße und Khoi-Gasse
5	Pahlavi Avenue Mitte/Shemiran	zwischen Restaurant Chattanooga und Autobahn
6	Pahlavi Avenue Nord/Shemiran	zwischen Autobahn und Tajrish-Platz
7	Pahlavi Avenue Tajrish	zwischen Tajrish-Platz und Kazemi-Gasse
8	Farah-Straße Nord	zwischen Straßen Mostahar und Palizi
9	Farah-Straße Mitte	zwischen Straßen Palizi und Arab Sheybani
10	Pahlavi-Avenue in Abbasabad	zwischen Straßen Abbasabad und Miami Night Club
11	Pahlavi-Avenue in Abbasabad	zwischen Straßen Abbasabad und Ebn Sina
12	Pahlavi-Avenue Stadt	zwischen Straßen Takht-e-Jamshid und Elizabeth II
13	Pahlavi-Avenue Stadt	zwischen Valiad-Platz und Kaufhaus Koroosh, Westseite
14	Pahlavi-Avenue Stadt	zwischen Valiad-Platz und Kaufhaus Koroosh, Ostseite
15	Boulevard Elizabeth	zwischen Valiad-Platz und Straße Los Angeles
16	Boulevard Karim Khan Zand	zwischen Straßen Zahedi und Roosevelt
17	Vila Straße	zwischen Straßen Shah Reza und Takht-e-Jamshid
18	Zahedi Straße	zwischen Straßen Karim Khan Zand und Takht-e-Jamshid
19	Iranshahr Straße	zwischen Straßen Karim Kahn Zand und Shah Reza
20	Roosevelt Straße	zwischen Straßen Karim Kahn Zand und Namju
21	Boulevard Takht-e-Jamshid	zwischen Straßen Vila und Avenue Pahlavi
22	Boulevard Takht-e-Jamshid	zwischen Straßen Vila und Roosevelt
23	Shah Reza Avenue	zwischen Straßen Zahedi und Pahlavi
24	Shah Reza Avenue	zwischen Straßen Ferdowsi und Saadi
25	Shahabad-Istanbul	zwischen Baharestan-Platz und Ferdowsi Straße
26	Istanbul-Südseite	zwischen Saadi Straße und Ferdowsi Straße
27	Naderi-Shah-Straße	zwischen Straßen Ferdowsi und Hafez
28	Shah-Straße	zwischen Straßen Hafez und Pahlavi
29	Ferdowsi-Straße Nord, Ostseite	zwischen Straßen Shah Reza und Naderi
30	Ferdowsi-Straße Nord, Westseite	zwischen Straßen Shah Reza und Bank Melli
31	Ferdowsi-Straße Süd, Westseite	zwischen Bank Melli und Sepah-Platz
32	Ferdowsi-Straße Mitte, Ostseite	zwischen Straßen Berlin und Atabak
33	Ferdowsi-Straße Süd, Ostseite	zwischen Straßen Atabak und Sepah-Platz
34	Manucheri Straße, Nordseite	zwischen Straßen Ferdowsi und Lalehzar
35	Manucheri Straße, Südseite	zwischen Straßen Ferdowsi und Lalehzar
36	Berlin-Gasse, Südseite	zwischen Straßen Ferdowsi und Lalehzar
37	Berlin-Gasse, Nordseite	zwischen Straßen Ferdowsi und Lalehzar
38	Lalehzar Straße Nord	zwischen Straßen Shah Reza und Istanbul
39	Lalehzar Straße Süd	zwischen Straßen Istanbul und Sepah-Platz
40	Sepah-Platz, Nordseite	zwischen Straßen Ferdowsi und Lalehzar
41	Sepah-Straße, Südseite	zwischen Straßen Pahlavi und Hafez
42	Simetri Straße, Ausschnitt	zwischen Straßen Behdari und Jamal ol Haq
43	Amir Kabir Straße	zwischen Straßen Nasser Khosrow und Cyrus
44	Nasser Khosrow Straße, Ostseite	zwischen Sepah Platz und Bouzarjomehri Straße
45	Nasser Khosrow Straße, Westseite	zwischen Bouzarjomehri Straße und Ministerien
46	Bouzarjomehri Nordseite	zwischen Straßen Nasser Khosrow und Cyrus
47	Bouzarjomehri Südseite	zwischen Straßen Cyrus und Bazarhaupteingang
48	Khayyam Straße, Nordteil	zwischen Straßen Bouzarjomehri und Sepah

49	Khayyam Straße, Westseite	zwischen Straßen Bouzarjomehri und Molawi
50	Khayyam Straße, Ost(Bazar)seite	zwischen Straßen Bouzarjomehri und Molawi
51	Cyrus Straße, West(Bazar)seite	zwischen Straßen Bouzarjomehri und Molawi
52	Bazargasse südlich Molawi	zwischen Straßen Molawi und Saheb Jam
53	Molawi Straße, Nord(Bazar)seite	zwischen Straßen Khayyam und Cyrus
54	Shabaz Straße, Südteil	zwischen Straßen Shush und südlichem Ende
55	Arjomand Straße	zwischen Straßen Shush und Vafa
56	Saheb Jam Westseite	zwischen Shush-Platz und Molawi Straße
57	Saheb Jam Ostseite	zwischen Straßen Anbar Gandom und Molawi
58	Amin Sultan	südlich Farah Pahlavi Spital, von Saheb Jam westwärts

6. 1. 1 Geschäftsaufmachung und Geschäftsdichte als Faktoren sozialräumlicher und zentral-peripherer Ordnung

a) Geschäftsaufmachung — Spiegel der sozialen Stellung der Kunden

Den starken sozialen Unterschieden in der Gesellschaft Teherans entspricht ein ebenfalls differenziertes Geschäftsleben, wie im Bazar bereits gezeigt wurde. Schon das Äußere der Geschäfte zeigt in der Regel an, welche Warenqualität angeboten wird und für welche sozio-ökonomische Kundenschicht diese bestimmt ist. Besonders im Nord-Süd-Profil durch Teheran wird der schrittweise Wandel des Ausstattungscharakters deutlich. Die Geschäfte lassen sich in qualitativ absteigender Reihe nach physiognomischen Kriterien wie folgt gruppieren:

Qualitätstypen der Geschäfte und Läden:

1. Nobelgeschäfte des letzten Jahrzehnts. Elegante Gestaltung mit aufwendigen Materialien.
2. Modernes Geschäftslokal mit sehr guter Warenausstattung. Citygeschäft.
3. Einfaches neues Geschäft. Verglasung in Eisenrahmen. Dominierender Typ in Mittelschicht-Geschäftsstraßen.
4. Kleingeschäfte mit einfacher Holz-Glas-Verkleidung. Vielfach Typ des Vorkriegszeitgeschäftes.
5. Läden ohne Trennwand zur Straße. Geschäftslokale in Form von Garagenboxen. Zu verschließen mittels Rolladen. Gegen die Straßenfront einfacher Ladentisch, häufig im Bazar. Ohne besondere Einrichtung. Einfachster Typ der Bazarläden und der Läden in Unterschichtwohngebieten.

Die Bedeutung als Geschäftsstraße wird aber in erster Linie nicht durch die Aufmachung der Läden — diese selektiert die Kundenschicht — bedingt, sondern durch die Konzentration des Angebotes, durch die Dichte der Läden. Daher ist es wichtig, den Geschäftsbesatz einer Straße zu messen. Das geschieht durch den Geschäftsdichteindex, der analog zum Schaufensterindex[57]) (nicht alle Geschäftstypen haben Schaufenster oder einen Abschluß gegen die Straßenfront) aus der Relation der Summe der Geschäftslängen zur Summe der Hauslängen in einer Straße besteht. Der daraus resultierende Quotient ist in wichtigen Geschäftsstraßen dann größer als 1, wenn die Summe der Läden an der Straßenfront und in den zahlreichen Passagen eine Geschäftsfront bildet, die größer als der betreffende Straßenabschnitt ist. Abb. 65 zeigt, daß dies für eine ganze Reihe von Straßen zutrifft. Maximalwerte des Geschäftsdichteindex liegen bei 1,8. Dieser Wert liegt höher, als

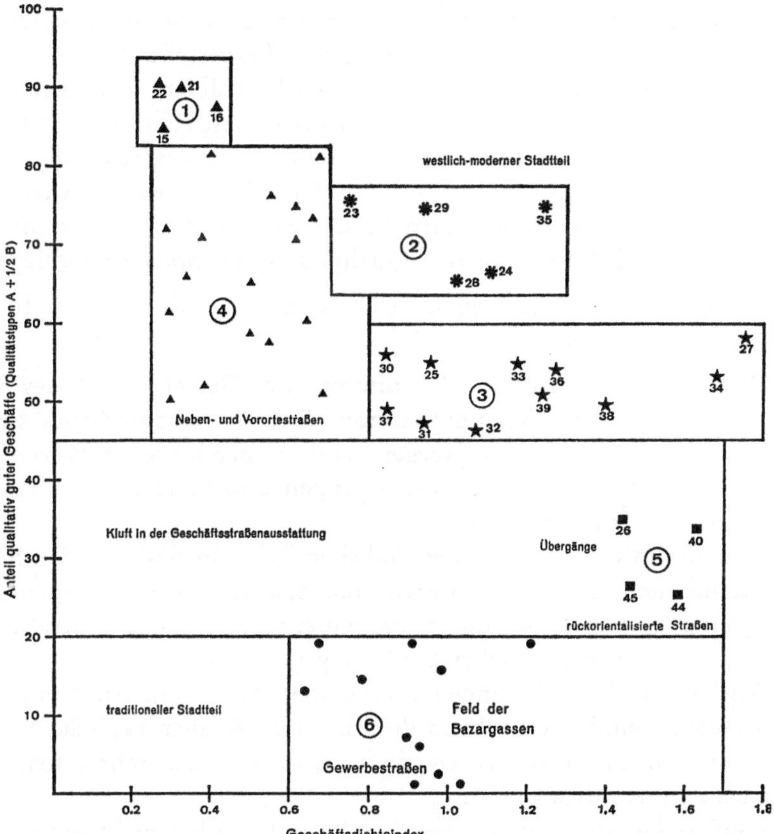

Abb. 65: Qualitativ-quantitative Struktur der Geschäftsstraßen Teherans.
1 Citystraßen im Entstehen, 2 junge Citystraßen, 3 Hauptgeschäftsstraßen
der westl. City, 4 Neben- und Vorortestraßen des westl. Stadtteiles, 5 ältere
Geschäftsstraßen, 6 Straßen der Bazarumgebung und der südlichen Vororte
Grundlage: Geschäftsstraßenkartierung 1973, eigene Erhebung

[57]) Vgl. *E. Lichtenberger*, 1963: Die Geschäftsstraßen Wiens. Eine physiognomisch-statistische Analyse. Mitteilungen der Österr. Geographischen Gesellschaft 105/III.

der der Schaufensterindices von europäischen Citystraßen, doch ist ein direkter Vergleich nicht möglich. Zweifelsohne wird aber durch die vielen, teilweise sehr tiefen Passagen und durch die mit Geschäften besetzten Innenhöfe an Hauptgeschäftsstraßen eine Ladendichte erreicht, die bazarähnlich und in ihren Werten den Citystraßen europäischer Städte überlegen ist. Passagen sind den kurzen Gassen eines flächigen Einzelhandels vergleichbar, auch ihre Sackgassennatur ist dem Publikum durchaus vertraut.

Die Typisierung der Geschäftsstraßen erfolgt nach den für die Abgrenzung des westlichen Stadtkerns wesentlichen Kriterien der Ausstattungsqualität und der Geschäftsdichte (Abb. 65). Dort werden die Geschäftsdichtequotienten einem kombinierten Qualitätsindex gegenübergestellt. Dieser wird aus dem Verhältnis der Qualitätstypen 1+2 : 4+5 gebildet, was einer Gegenüberstellung der modernen und traditionellen Geschäftstypen entspricht. Um einen eher kontinuierlichen Verlauf dieser Relation zu gewährleisten, wird der restliche qualitative Zwischentyp 3 (einfache neue Geschäfte), der sowohl in der Oberschicht wie auch in den südlichen Stadtvierteln anzutreffen ist, je zur Hälfte den beiden Qualitätsübergruppen zugeschlagen.

Die Anordnung der einzelnen Geschäftsstraßen (Abb. 65) läßt folgende Gesetzmäßigkeiten erkennen:

1. Die Qualität der Geschäftsstraßen nimmt vom Gebiet südlich des Bazars, dem Süd-Nord-Profil der untersuchten Straßen entsprechend, zu. Die Dichte des Geschäftsbesatzes dagegen erreicht ihre höchsten Werte in den älteren Geschäftsstraßen, um zu den jungen und bestausgestatteten Straßen hin sehr stark zurückzugehen.

2. Die Altstadtstraßen sowie die des südlichen Teheran sind von den Straßen der westlich geprägten Stadt durch eine deutliche Schranke qualitativer Ausstattung getrennt, die durch das Überwiegen der zur Straßenfront offenen Läden im traditionellen Stadtteil gegeben ist.

3. Die Geschäftsstraßen der jungen Cityausweitung sind in früherem Wohngebiet entstanden. Es fehlt ihnen die für ältere Straßen typische Mengung moderner und antiquitierter Geschäfte, was in einem sehr guten Qualitätsindex zum Ausdruck kommt.

4. Die Straßenzüge des neuen Büroviertels sind (noch?) nicht entsprechend mit Geschäften besetzt, als H a u p t g e s c h ä f t s s t r a ß e n des verwestlichten Teheran sind daher die Citystraßen aus der Zeit von 1930—1950, deren Geschäftsbestand noch weiter verdichtet und modernisiert wird, anzusehen.

Neben diesen generellen Aussagen ist eine Gruppierung der Straßen nach sowohl räumlich-genetischen wie qualitativ-quantitativen Aspekten möglich.

Geschäftsstraßen Teherans nach Geschäftsdichte und Ausstattungsqualität
(vgl. Abb. 65)

	Geschäfts-dichteindex	Ausstattungs-qualität Qualitätstyp A+1/2B Anteil gehobener Geschäfte in %
A) Westlich-moderner Stadtteil		
1. Straßen der jüngsten Cityausweitung Takht-e-Jamshid, Elizabeth II, Karim Kahn Zand	0,25—0,50	85—95
2. Neuere Citystraßen Straßen Ferdowsi-Nord, Shah Reza, Shah-West	0,75—1,25	65—80
3. Hauptgeschäftsstraßen der westlichen City Lalehzar, Ferdowsi, Berlin, Manucheri, Shah, Naderi etc.	0,80—1,75	45—60
4. Neben- und Vorortestraßen Straßen der Villenviertel	0,25—0,70	45—85
B) Traditionell-bescheidener südlicher Stadtteil		
5. Ältere Geschäftsstraßen Nasser Khosrow, Meidan Sepah, Istanbul	1,40—1,65	25—35
6. Straßen der Bazarumgebung und des südlichen Stadtteiles	0,60—1,20	0—20

6. 1. 2 Typisierung nach Hauptbedarfsgruppen

Wie aus anderen Untersuchungen von Geschäftsstraßen[58] bekannt, kann die funktionelle Bedeutung, die einzelnen Straßenstücken im städtischen Gefüge zukommt, auch aus der Dominanz bestimmter Branchen abgelesen werden. Dabei wird den Branchengruppen auch eine konkrete Nachfragehäufigkeit zugeordnet. So kommt den Nahrungsmitteln eine häufige, dem Bekleidungssektor eine periodische und dem hochrangigen Angebot eine seltene Nachfrage zu. Diese drei Hauptbedarfsgruppen stellen zugleich eine einfache funktionelle Hierarchie dar, wobei Nahrungsmittelbranchen für Nebenstraßen und der Bekleidungssektor für Hauptgeschäftsstraßen und Citystraßen typisch sind. Für die Untersuchung der so unterschiedlichen Straßen Teherans wird eine modifizierte Dreiteilung der Branchenvielfalt in Hauptbedarfsgruppen durchgeführt:

1. Branchen des täglichen Bedarfes und des Handwerks, dominant in dezentralen Standorten: Nahrungsmittel, Gewerbe, Altwarenhandel.
2. Bekleidung und Textilien als Branchen zentraler Standorte.
3. Übrige Branchen, die überwiegend dem gehobenen Bedarf der konsumorientierten, westlich geprägten Bevölkerung dienen: Wohnungs- und Haushaltseinrichtung, persönlicher und Luxusbedarf, Geldwesen, Fahrzeuge und technische Geräte.

[58] *E. Lichtenberger*, 1963, a. a. O.

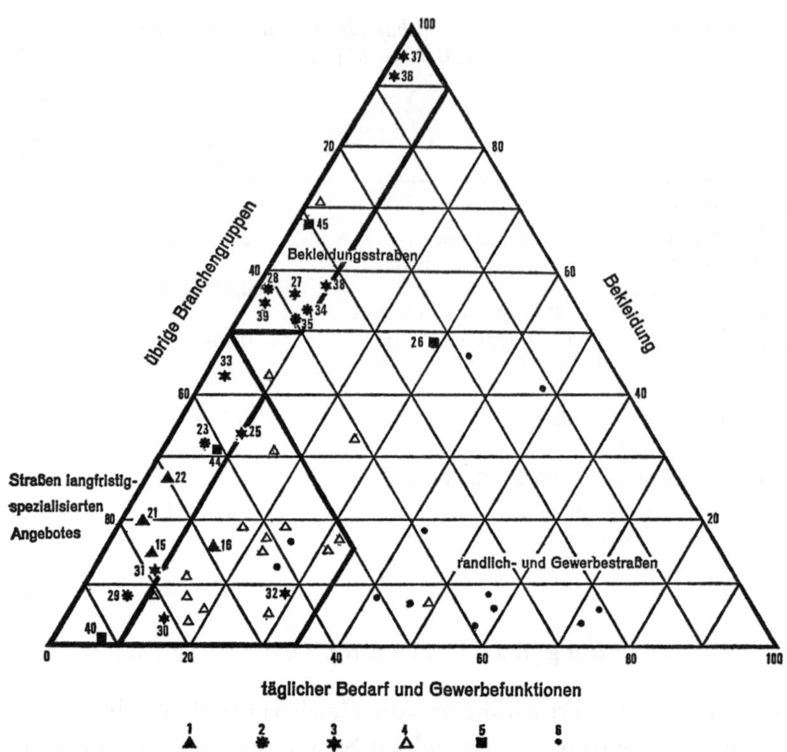

Abb. 66: Straßen nach Hauptbedarfsgruppen. Zahlen im Diagramm:
Ordnungsnummern der Straße: 1 Citystraßen im Enstehen, 2 junge Citystraßen, 3 Hauptgeschäftsstraßen der westl. City, 4 Neben- und Vorortestraßen des westl. Stadtteiles, 5 ältere Geschäftsstraßen, 6 Straßen der
Bazarumgebung und der südlichen Vororte

Grundlage: eigene Erhebung

Eine Gliederung der Geschäftsstraßen nach diesen drei Bedarfsgruppen
zeigt das Dreiecksdiagramm, Abb. 66, in dem die a u s s t a t t u n g s m ä ß i g
u n t e r s c h i e d l i c h e n   H a u p t g e s c h ä f t s s t r a ß e n   besonders
kenntlich gemacht sind. Deutlich hebt sich eine Gruppe von B e k l e i -
d u n g s s t r a ß e n ab (Bekleidung > 50 %), die sich aus Straßen unterschiedlicher qualitativer Struktur zusammensetzt. Das zeigt, daß der B e -
k l e i d u n g s s e k t o r   ü b e r   m e h r e r e ,   d e r   s o z i o ö k o n o m i -
s c h e n   S t e l l u n g   u n t e r s c h i e d l i c h e r   K u n d e n g r u p p e n
a n g e p a ß t e S t a n d o r t e (Geschäftsstraßen) verfügt. Bekleidungsstraße
der ärmeren Bevölkerung ist die Khiabane Nasser Khosrow nördlich des
Bazars, ihr folgt das Mittelschicht-Textilzentrum um die Straße Berlin, Bei-

178

spiel für die bazarähnliche Monostruktur einer Branche. Neben einfachen Geschäften findet hier zur Zeit eine Aufwertung durch den Bau von eleganten Passagen und Kaufhäusern statt. Der Textil- und Bekleidungssektor ist auch auf die benachbarten Straßen ausgedehnt, so auf die Straßen Lalehzar und Manucheri. Der häufige Zusammenhang zwischen hoher Geschäftsdichte und hohem Bekleidungsanteil wird auch in den Geschäftsstraßen Teherans bestätigt. Auch die jüngeren Geschäftsstraßenabschnitte der Avenuen Shah und Shah Reza schließen sich mit ähnlichen Werten an und an einem verkehrsgünstigen Standort an der Straße zum Villenviertel Shemiran ist eine moderne, junge Bekleidungsstraße (Pahlavistraße nördlich des Valiad-Platzes, Westseite) entstanden. Ebenfalls gut abgesetzt sind nach Abb. 66 die Nahrungsmittel-, Altwaren- und Handwerksstraßen, die sich am Rand des Bazars (Straßen Khayyam, Cyrus, Molawi) und südlich davon (Saheb Jam) befinden. Täglicher und Großhandelsbedarf sowie Gewerbefunktion verbinden sich hier zum Negativgebiet der Prestigeabfolge der Geschäftsstraßen. Die Gruppe „übrige Branchen" bildet das Gros der untersuchten Straßenabschnitte. Hier finden sich die Vorstadt- und Nebenstraßen, aber auch einige der Hauptgeschäftsstraßen jüngeren Typs. Hier ist auf die Ferdowsistraße und den anschließenden Teil der Avenue Shah Reza sowie auf die Hauptstraße der jüngsten Cityerweiterung Takht-e-Jamshid hinzuweisen. Besonders auffällig ist im Diagramm (Abb. 66), die Konzentration der wesentlichen Hauptgeschäftsstraßen in einem Bereich, in dem der Anteil von Nahrungsmitteln etc. unter zehn Prozent liegt. In der Verbindung von hoher Geschäftsdichte, gehobener Ausstattung und einem Angebot des eher seltenen Bedarfes kommen hier die Citystraßen des modernen Teheran zum Ausdruck.

6. 1. 3 Branchenkonzentration in Geschäftsstraßen

Eine Ansammlung von Geschäften der gleichen Branche, wie sie wiederholt zu beobachten ist, wird oft als bazaranaloge und daher typisch orientalische Standortwahl empfunden. Bereits die Ausführungen im Kapitel über den Bazar haben gezeigt, daß die Branchenanordnung in den alten Bazarhauptstraßen eine Branchenmengung darstellt. Das gilt für den Einzelhandel, und nicht für das stets branchensortierte ansässige Gewerbe. Erst später kommt es zur Branchenkonzentration in einzelnen Bazarteilen, etwa durch planmäßige Ausweitung bestimmter Branchen oder durch die wirtschaftlich bedingte Selektion von Branchen geringerer Renditen.

Dieser Prozeß der Konzentration findet auch in den Geschäftsstraßen statt, wobei die Vorteile der gleichgearteten Nachbarschaft im wesentlichen in der Teilhabe an einem möglichst vielen Kunden bekannten Standort liegen. Die Branchenkonzentration ist nicht unbedingt gleichzeitig nach dem maximalen Kundenstrom orientiert, sie operiert erfolgreich mit der Informiertheit des Publikums und kann daher auch in Nebengassen ihren Standort haben. Die Konzentration einzelner Branchen in den Straßen der orientalischen Städte ist tatsächlich vom Bazar her beeinflußt, ziemlich direkt dort, wo Gewerbe oder Reparaturbetriebe (Elektriker, Korbflechter) ähnlich den Verhältnissen im Bazar konzentriert sind, und indirekt dort, wo die ökonomische Selektion von Branchen, die in Richtung Monostruktur abläuft, durch das allgemeine Akzeptieren dieser Monostruktur begünstigt wird (Schuhe, Oberbekleidung, Teppiche etc.).

Wie sehr Geschäfte einer Branchengruppe tatsächlich gruppenweise und konzentriert auftreten, zeigt eine Berechnung, die für den B e k l e i d u n g s - s e k t o r durchgeführt wurde. Dabei wurde ermittelt, wie oft sich Geschäfte der Bekleidungsbranche innerhalb einer Straße wiederholen, besser: jedes wievielte Geschäft zum Bekleidungssektor zählt. Berechnungseinheit war dabei derjenige Teil einer Geschäftsstraße, innerhalb dessen sich zwei Drittel aller Bekleidungsgeschäfte dieses Straßenzuges befanden. Damit wurde der bekleidungsorientierte Teil der untersuchten Straßen ausgewählt, die Berechnung war aufgrund einer fortlaufenden Numerierung der Läden möglich. Der Häufigkeitsfaktor unterscheidet sich durch den Bezug auf den räumlich konzentrierten Teil der Branche von einem durchschnittlichen Prozentanteil dieser Branche innerhalb der zugehörigen Straße. Er zeigt, wie überaus konzentriert der Bekleidungssektor in den bevorzugten Bereichen der Hauptgeschäftsstraßen ist. In den als Bekleidungsstraßen ausgewiesenen Geschäftsstraßen (vgl. Abb. 66 und 67) liegt der Wiederholungswert für ein zugehöriges Geschäft unter 2. Die bekleidungsorientierten Hauptgeschäftsstraßen besitzen demnach eine starke räumliche Konzentration der Textilbranche. Auch Geschäftsstraßen und Nebengeschäftsstraßen des nördlichen Stadtteiles, die einen eher geringen Bekleidungsanteil aufweisen, zeigen eine auffällige Bündelung und gruppenartige Konzentration dieser Geschäfte (Pahlavistraße, Boulevard Elizabeth, im gewissen Maße auch Takht-e-Jamshid). Den Haupt- und Oberschichtseinkaufsstraßen mit deutlich konzentrierter Anordnung der Bekleidungsgeschäfte stehen Nebenstraßen gegenüber, in denen der Bekleidung eine untergeordnete Bedeutung zukommt. Die hier vorhandenen Läden sind wie zufällig in die Reihe der übrigen Geschäfte eingestreut, die Wiederkehr eines Bekleidungsgeschäftes kommt (trotz gleicher Anzahl dieser Geschäfte wie in den vorher genannten Straßen) wesentlich seltener vor. Extrem gestreut ist die Bekleidungsbranche in den Nebenstraßen der nördlichen Stadt (Straßen Iranshah, Zahedi, Vila) oder in Straßen mit deutlicher anderer Hauptfunktion (Nordteil der Ferdowsistraße, Ostteil der Bouzarjomehri Straße, Werte im rechten Teil des Diagrammes Abb. 67).

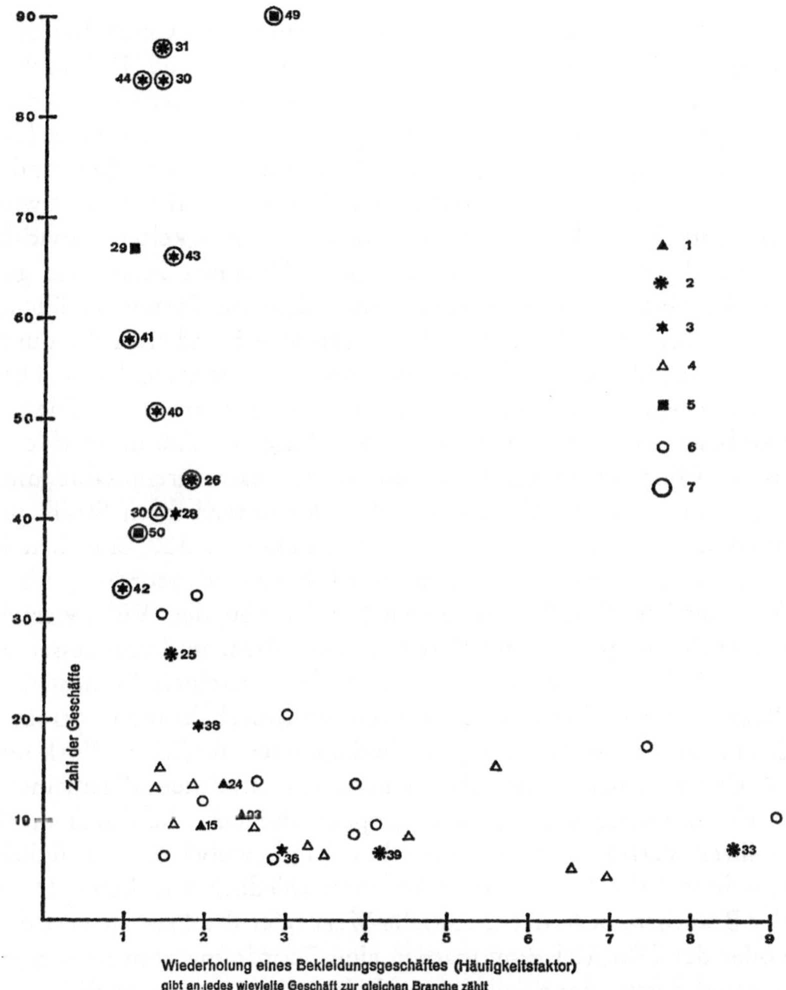

Abb. 67: Branchenkonzentration der Bekleidungsgeschäfte. Häufigkeitsfaktor von Bekleidungsgeschäften für die dichtest angeordneten Geschäfte im Straßenverlauf[1]). Zahlen im Diagramm: Ordnungsnummern der Straßen: 1 Citystraßen im Entstehen, 2 junge Citystraßen, 3 Hauptgeschäftsstraßen der westl. City, 4 Neben- und Vorortestraßen des westl. Stadtteiles, 5 ältere Geschäftsstraßen, 6 Straßen der Bazarumgebung und der südlichen Vororte, 7 Bekleidungsstraßen lt. Abb. 65
Grundlage: Geschäftsstraßenkartierung 1973, eigene Erhebung

[1]) Zahl der Geschäfte = dichtest angeordneter $2/3$-Teil der Gesamtzahl von Bekleidungsgeschäften

181

6. 1. 4 Die Branchenstruktur als Spiegel der sozial-räumlichen Differenzierung der Stadt

Bereits das Merkmal der qualitativen Ausstattung von Geschäften hat eine offenkundige Übereinstimmung mit der sozialräumlichen Differenzierung der Stadt, die durch einen Nord-Süd-Abfall des Sozialprestiges gekennzeichnet ist, gezeigt. Auch die nachfolgende Typisierung nach Hauptbedarfs- bzw. Hauptfunktionsgruppen ließ mit den nördlichen Citystraßen und dem Handwerkerzentrum am Bazarrand und südlich davon die Wechselwirkung von wirtschaftlichen Aktivitäten und sozialen Wertigkeiten benachbarter Wohngebiete deutlich werden. Der folgende Abschnitt zeigt, wie gut die Funktion, die Geschäftsstraßen im gesamtstädtischen System erfüllen, ihre zentrale oder periphere Lage und ihre spezifische Kundenschicht durch die Branchenstruktur der Geschäftsstraßen beschrieben werden kann. Dazu ist es nötig, das Angebot des Einzelhandels und das Spektrum der Dienste detailliert zu beschreiben, was zu einer Verwendung von 320 unterschiedlichen Betriebsarten führt. Diese 320 Branchen werden nach ihrem zahlenmäßigen Vorkommen in einzelnen Geschäftsstraßen der untersuchten Straßenmenge festgehalten, was zu einer Matrix von 58 Straßen $\times$ 320 Branchen führt. Dabei sind die Straßen nach einem Nord-Süd-Profil geordnet, was dem sozio-ökonomischen Gefälle und einem Schnitt von den Villenvierteln im Norden über die jüngste und mittlere City zum Bazar und von dessen Randgebiet zum südlichen Stadtrand entspricht. Die einzelnen Branchen, die ja in der Regel nur eine bestimmte Verbreitung innerhalb dieses Straßenprofils besitzen, werden nach Gruppen gleichen oder ähnlichen Vorkommens geordnet. Dabei ist neben dem Aussondern von Branchen allgemeiner Verbreitung eine Bindung von Branchengruppen möglich, die durch markante Grenzen ihrer Verbreitung gekennzeichnet sind, wobei die Häufigkeit des Auftretens innerhalb der Gruppe sehr unterschiedlich sein kann. Der Charakter der Branchen, d. h. der materielle Wert oder der Prestigewert des Angebotes oder der Dienstleistung machen eine Zuordnung zum nachfragenden Publikum und dessen finanziellem und kulturellem Status möglich.

Die Geschäftsstraßen-Branchen-Matrix ist in einer Tabelle (Faltblatt im Anhang) dargestellt, worin die nun folgenden Branchengruppen auf Grund gemeinsamen Vorkommens im gleichen Stadtteil ausgesondert wurden. Zugleich werden einige Kennbranchen angeführt. Branchen mit geringer Häufigkeit, die dennoch sehr charakteristisch für ein bestimmtes Gebiet der Stadt sein können, sind aus der Tabelle zu entnehmen.

Branchengruppierung nach Verbreitungsgebieten und Kennbranchen:
1. Branchen allgemeiner Verbreitung im Untersuchungsgebiet.

1. 1 Durchläuferbranchen mit nahezu allgemeinem Vorkommen: Bank, Teppiche, Chelo-Kebab-Restaurants, Stoffe, Schuhe.
1. 2 Branchen mit weiter Verbreitung und Schwerpunkt im nördlichen Stadtteil und in den Hauptgeschäftsstraßen: Herrenbekleidung, Imbißstuben, Uhren, elektrotechnische Photo- und TV-Geräte, Schallplatten, Klimaanlagen, Photoartikel, Lampen, Spielwaren.
1. 3 Durchlauferbranchen mit Lücken in Hauptgeschäftsstraßen: Obst, Bäcker, Elektriker, Haushaltswaren etc.
2. Branchen der Vorstadt- und Stadtrandwohnviertel.
   2. 1 Vorkommen in nördlichen und südlichen Vorstadt- und Stadtrandgebieten: Gemischtwaren, Fleisch, Eier, Installateure, Spengler, Tapezierer.
   2. 2 Gleiche Verbreitung wie 2. 1, zusätzlich in älteren Hauptgeschäftsstraßen: Baustoffe, Eisenwaren, Sanitärmaterial, Bodenbeläge, div. Möbel.
3. Branchen der westlich-modernen Stadthälfte (nördlich der Avenue Shah Reza).
   3. 1 Ohne Zentrum-Vorort-Differenzierung: Supermarkets, Self-Service-Restaurants, moderne Möbel, gehobene Glaswaren, Autogeschäfte, Lüftungstechnik, Fluglinien.
   3. 2 Branchen des Villenviertels oder selteneren Auftretens: Schönheitssalons, Perücken, Gartenmöbel, Gartenpflanzen, Gartenzubehör, ausländische Haushaltswaren und Autos, moderne Kfz-Werkstätten, Weiterverkauf von Möbeln (bei Zuzug/Abreise ausländischer Experten).
   3. 3 Dienste, die in jüngsten Citystraßen konzentriert sind: Versicherungen, Hotels, Kliniken, Fachärzte, Clubs, Kunstgalerien.
4. Branchen mit weiterer Verbreitung in der älteren und jüngeren City sowie in der übrigen nördlichen Stadt.
   4. 1 Mit Verbreitung von den Straßen Shah-Naderi nordwärts: Boutiquen, Damenmoden, Blumenhandel, gehobene Teppiche, Photographen.
   4. 2 Ab dem Meidansepah nordwärts vorkommend: moderne Friseure, westlich europäische Restaurants, Damenwäsche, Antiquitäten, Stilmöbel.
5. Branchen des zentralen Geschäftsbereiches der älteren und jüngeren City: Bücher und fremdsprachige Literatur, Gold, Juwelen, gehobene Lederwaren (Taschen, Schuhe), Anzugstoffe, Hüte, Krawatten, Papierwaren, Damenmoden, Kinderwagen, Damenfriseure, Büromaschinen, Ingenieurgeräte.

6. Branchen für ein einfaches Publikum mit weiter Verbreitung.

6.1 Kennbranchen für Gebiete südlich der Avenue Shah Reza: traditioneller Lebensmittelhandel, Handel mit Trockenfrüchten, Teestuben, Barbiere, Wirkwaren und Strümpfe, Schuster, Schuhe, Bücher in Farsi, billige Taschen, traditionelle Süßwaren, Nähmaschinen, Geschirr, einfache elektrische Haushaltsgeräte.

6.2 Konzentration im Raum zwischen Bazar und Avenue Shah Reza ohne besondere soziale Zuordnung: Kosmetika, Parfumerie, einfache Polstermöbel, Farben, Lacke, Werkzeug und Geräte, einfache Frauenkleidung ohne besondere soziale Zuordnung, Sonnenbrillen, Zeitungen, Zigaretten.

7. Branchen des Altstadtgebietes und der ärmeren südlichen Wohnviertel.

7.1 Davon mit gleichzeitigem Auftreten in nachträglich abgewerteter (rückorientalisierter) ältester westlicher Geschäftsstraße Nasser Khosrow: Uhrmacher, Hochzeitszubehör, Altkleider, Woll- und Seilerwaren, Drogenhandel, Kfz-Werkzeuge, traditionelle Getränke, einfache Herbergen.

7.2 In Bazarumgebung und südlichen Wohnvierteln: Samoware, Bettwaren, Altwaren, Besen, Korbwaren, Blechwaren, Fahrrad- und Mopedhandel und deren Reparatur, Melonen, Reis, Öl. Hierher zählt auch der Sonderfall der Konzentration des Kfz-Gewerbes in der Khibane Amir Kabir.

8. Branchen geringster Wertigkeit aus dem Gebiet südlich des Bazars. Garküchen, Altblech- und Altmetallhandel, Besenbinder, Trödler, Altwolle, Kisten, Truhen, Geflügel, Zitronensaft. Dazu noch Gewerbe und traditionelle Branchen am abgewerteten Südrand des Bazars wie: metallbearbeitende Gewerbe, Handel mit diversen Altmaterialien, differenzierter traditioneller Lebensmittelhandel.

6. 1. 5 K a r t i e r u n g s b e i s p i e l e   u n t e r s c h i e d l i c h e r
         G e s c h ä f t s s t r a ß e n t y p e n

D i e   H a u p t e i n k a u f s s t r a ß e n   u n d   i h r e   u n t e r s c h i e d -
l i c h e   S t r u k t u r

Die nordwärts führenden Citystraßen regen im Bereich wichtiger Querstraßen zum seitlichen Ausweiten der Cityzone an. Mehrere Querstraßensysteme existieren, von ihnen werden der Altstadt-Nordrand (Straße Amir Kabir) und die jungen, nördlichen Querstraßen (Avenue Takht-e-

Jamshid) in diesem Abschnitt beschrieben. Dazwischen liegen die Avenue Shah Reza und ihre südliche Parallelstraße, die Khiabane Shah (sie führt im zentralen Bereich die Bezeichnung Nadeir und Istanbul — nach dem Sitz der türkischen Botschaft — und heißt im östlichen Teil Shahabad).

Zusammen mit den Radial-Straßen Ferdowsi, Lalehzar und Saadi bilden sie das Geschäftszentrum der Stadt. Die alte Citystraße in diesem Bereich ist die Khiabane Lalehzar-Now, die ihre Vorrangstellung durch einen überaus hohen Bekleidungsanteil dokumentiert. Besonders auffallend ist die Spezialisierung auf gehobene Herrenbekleidung, Anzugstoffe und Herrenhemden, überwiegend besonders im nördlichen Teil dieser Straße, während südwärts nach einem Übergang gemischten Angebotes (Stoffe, Schuhe) im Bereich der Kreuzung mit der Straße Istanbul eine Konzentration von Schmuck- und Uhrengeschäften zu beobachten ist. Diese geht in einen Bekleidungsabschnitt über, in dem Kinos und Kabaretts noch heute das westliche Zentrum der zwanziger Jahre erkennen lassen. Teherans alte Citystraße zeigt demnach einen doppelten Wachstumsschub mit entsprechender Differenzierung: Die erste Phase erreichte noch vor dem Krieg die Querstraße Shahabad-Istanbul und ist im oberen, vornehmeren Abschnitt durch Bekleidung und Schmuck charakterisiert. Der zweite, bis in die fünfziger Jahre andauernde Wachstumsschub erreichte die Avenue Shah Reza, sie ist ebenfalls in bezug auf den traditionell-modernen Gegensatz gegliedert und im nördlichen Teil durch die damaligen erstrangigen Citygeschäfte der Herrenbekleidung ausgewiesen.

Diese gehobene Funktion hat sich auch auf die Avenue Shah Reza ausgeweitet, in deren westlichem Abschnitt zwischen Pahlavi und Hafez Straße sich das moderne, den Erwartungen der heutigen Oberschicht entsprechende Herrenbekleidungszentrum der sechziger Jahre entwickelt hat. Damit ist die Kontinuität zur alten Citystraße abgerissen, das gehobene Zentrum hat sich nordwärts verlagert. Dieser Bedeutungsverlust wirkt sich auch in der Branchenstruktur aus, der der alten Citystraße (Lalehzar Now) benachbarte Teil der Avenue Shah Reza weist nur mehr einen geringen Anteil Oberbekleidung auf. Es dominieren Schuhgeschäfte. Auch unter den Radialstraßen ist eine westwärtige Bedeutungsverschiebung eingetreten, Nord-Süd-verlaufende Hauptstraße ist heute die Khiabane Ferdowsi, die in ihrem nördlichen Abschnitt als Teppich- und Kunstgewerbestraße anzusprechen ist. Hier bieten vorwiegend jüdische Händler gehobene Teppichware, Schmuck und Antiquitäten an, für Touristen und andere Ausländer, die ja in Teheran zahlreich sind. Südlich der Kreuzung mit dem Straßenzug Nadir-Istanbul herrscht das gemischte Angebot einer guten, etwas veralteten Geschäftsstraße bis zum Kaufhaus Ferdowsi, wobei der Komplex der Bank Melli (Nationalbank) den Straßenabschnitt aufwertet. Weiter südwärts dominieren sehr bald niederrangige Großhandelsgeschäfte, wie sie an anderer Stelle beschrieben werden (Umgebung des Meidan Sepah). Auf die kleine Quergasse Khiabane Berlin (Nachbarschaft der Deutschen Botschaft) sei besonders verwiesen, sie hat sich zu einer reinen Bekleidungsstraße entwickelt. Hier werden billige Stoffe und einfache Konfektionswaren angeboten, für viele Frauen der unteren Schichten ist dieser Standort der vornehmste, nach Norden vorgeschobenste Einkaufsort. Der Spezialisierung auf weibliches Publikum entspricht das ergänzende Angebot an Kosmetika und Kinderbekleidung. Eine Aufwertungstendenz ist im Bau von Textil-Kaufhäusern und tiefen Passagen zu sehen — eine Reaktion auf die gesteigerte Kaufkraft breiter Schichten. Auch in der Querstraße Mamcheri ist das verstärkte Bekleidungsangebot deutlich. Daneben zeigt die Straße Mamcheri eine Konzentration von Glaswaren, Spiegeln, Geschirr, Bildern, Kurzwaren und westlich geprägten und gehobenen Hausrats.

Der große Querstraßenzug schließlich ist ost-westlich differenziert. Im Osten, nahe dem Baharestan Platz, befinden sich im Abschnitt Shahabad in den kleinen und bescheidenen Geschäften der Zwischenkriegszeit noch heute die alten Branchen der damals bedeutenden, westlich-modernen Geschäftsstraße. Erst weiter westlich, im Abschnitt Istanbul, dominieren jüngere und hochwertige Branchen wie Apotheken, Schmuck, Kunsthandwerk. Hier befindet sich nahe der Kreuzung mit der Ferdowsi-Straße auch ein modernes Geschäfts- und Bürohaus (Plasco-Building 1962). Die Südseite der Straße Istanbul ist dagegen mit deutlich einfacheren Geschäften besetzt, hier findet man billige Bekleidung und Lebensmittel. Besonders die tiefen, alten Passagen, wo Fleisch, Fisch und andere Nahrungsmittel verkauft werden, erfüllen noch aus der Zwischenkriegszeit überkommene Funktionen des zur City gehörigen Zentrums täglichen Bedarfs. Eine benachbarte moderne Bekleidungspassage deutet auch hier auf einen künftigen Wandel.

Östlich der Ferdowsi Straße hat sich dieser Wandel in zahlreichen neuen Passagen bereits vollzogen. Hier werden Bekleidung und spezialisierte Waren des seltenen Bedarfs angeboten. Die neuen Geschäfte sind teils in ältere Bausubstanz eingebaut, teils in Neubauten untergebracht. Die Modernisierungswelle und der Grad sehr guter Geschäftsaustattung nehmen nach Westen sehr rasch wieder ab, was die Bedeutung der zentralen Ferdowsi-Straße zeigt. Die einer Hauptgeschäftsstraße entsprechende Branchenstruktur, speziell das Fehlen des Lebensmittelsektors, bleibt jedoch bis zur Pahlavi-Straße erhalten. Einzelne neue Geschäfts- und Bürohäuser (Aluminium-Building) im Bereich um Pahlavi und Hafez-Straße zeigen den Westwärts-Trend der Cityausweitung, die hier entlang von Hauptstraßen in altes Villengebiet vordringt.

In diesem Zusammenhang sei auf die auffällige Bindung der Cityfunktionen an die jungen, großen Hauptstraßen hingewiesen, die zu einem City-Raster führen, zwischen dem sich die ursprüngliche Wohnfunktion vielfach unverändert erhalten hat.

Takht-e-Jamshid — Büro- und Verwaltungszentrum im Aufbau (1973)

Die Geschäftsstraßenstruktur der Avenue Takht-e-Jamshid, nördliche Parallelstraße zur Teheraner Magistrale Avenue Shah Reza, wurde bereits als qualitativ hochrangig, jedoch vergleichsweise nur spärlich mit Geschäften besetzt, beschrieben. Wie ebenfalls schon angedeutet, wurde dieses vornehme Wohngebiet der fünfziger Jahre vor etwa zehn Jahren von der wachsenden, entlang der Hauptstraße vordringenden City erfaßt. Das führt zu baulichem und funktionellem Wandel, der heute noch anhält. Die Aufnahme aus dem Jahr 1973 zeigt das charakteristische Nebeneinander verschiedener Nutzungen, die ein solcher Wandel mit sich bringt. Drei wesentliche Parzellennutzungen sind zu unterscheiden:

1. ältere Wohnhausbebauung bis etwa 1960,
2. moderne Cityhochbauten, verstärkt ab 1965 entstanden und
3. unbebaute Parzellen, deren Bebauung aus Spekulationsgründen noch zurückgehalten wird.

Ein Diagramm der Geschoßzahlen nach dem Baualter zeigt deutlich den Wandel in der vertikalen Struktur (Abb. 68). Die funktionellen Veränderungen im Verlaufe der Avenue lassen einen Zusammenhang zu den Nord-Süd laufenden Hauptstraßen erkennen. Die älteren Bürobauten liegen nahe der Khiabane Roosevelt, einer Straße, die die ältere und früher bevorzugte Route zu den nördlichen Villenvierteln darstellt. Bei den Geschäftslokalen dominieren hier verschiedene technische Geräte und Anlagen westlicher Provenienz, etwa Heizungsgeräte und Industriebedarf — für technisch weniger entwickelte Länder ein Sonderfall, da technische Artikel ausländischer Erzeugung als so hochrangig gelten, daß sie in Citystraßen vorgestellt werden.

Die erste Konzentration vielgeschossigen Hochbaues entstand jedoch etwa zwei Kilometer weiter westlich, nahe der Pahlavi-Straße, die heute die wesentlich bessere Verbindung nach Shemiran darstellt. Hier wurden zunächst Hotelbauten (Commodore, Sina) errichtet, denen Bürobauten und Banken folgten. Auch die Kreuzungen mit weiteren Nord-Süd-Straßen, so mit den Straßen Hafez Vila, Zahedi und Iranshah, waren Ansatzpunkte der Cityausweitung. In unregelmäßiger Abfolge wechseln die Hochbauten mit noch verbliebenen Villen in großen Gärten, mit der provisorischen Parzellennutzung durch eingeschossige Läden, und mit Wohnbauten der fünfziger Jahre, die

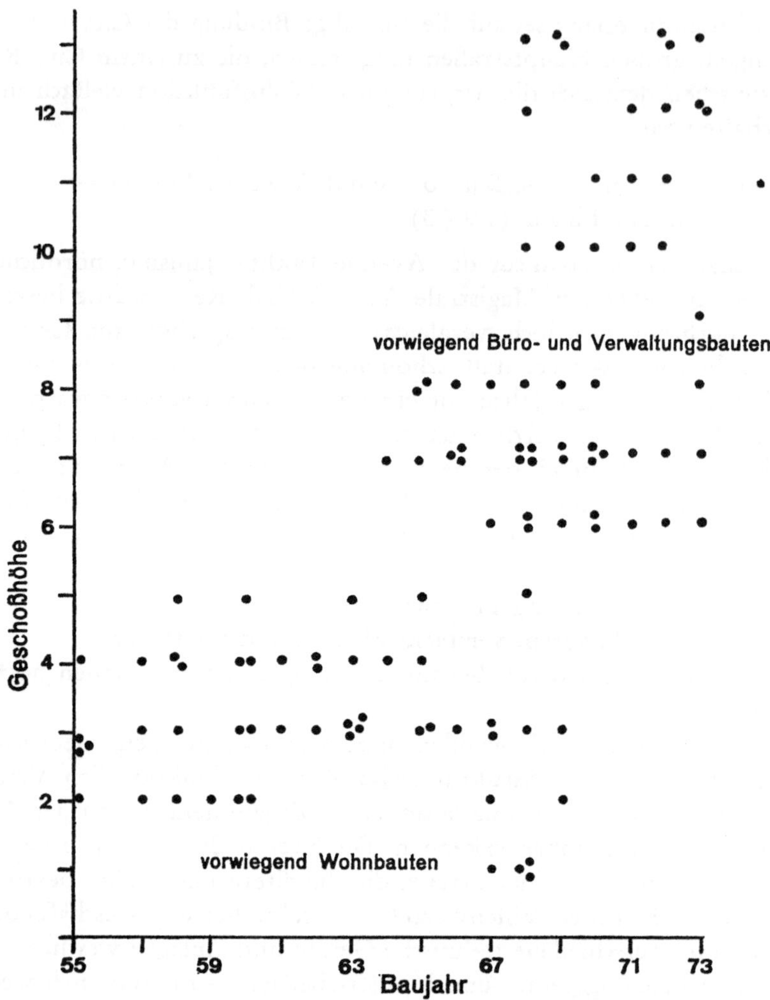

Abb. 68: Takht-e-Jamshid: Zunahme der Bauhöhe mit Funktionswandel
zum City-Randgebiet
Grundlage: eigene Erhebung

bereits zum Abbruch vorgesehen sind. Ein dominantes Element stellt das
Hauptgebäude der NIOC (National Iranian Oil Campany) dar, wenn es an
Höhe auch bereits von einigen Bürobauten und Banken übertroffen wird.
Wer das nördliche Teheran von einem Aussichtspunkt im Süden, etwa vom
Plasco-Building aus betrachtet, erkennt die Avenue Takht-e-Jamshid an
ihrer bereits augenfälligen Skyline. Sie ist die nördlichste der großen West-
Ost-Straßen, die zusammen mit einigen Radialstraßen das großmaschige Netz
von jungen Citystraßen bilden.

188

Die heutige Funktion älterer westlicher Geschäftsstraßen — die Umgebung des Meidan Sepah

Der Meidan Sepah bildet die Verbindung vom Altstadtbereich zu den nördlich anschließenden Citystraßen der Zeit Reza Shahs. An diesem Platz endet die vom Bazar kommende Nasser Khosrow-Straße und die Straßen Ferdowsi, Lahlezar und Saadi nehmen von hier ihren Ausgang. Die Straßen Amir Kabir und Sepah markieren die ehemalige Altstadtgrenze. Dieser Bereich erster westlicher Geschäftsstraßen erfuhr durch das nordwärtige Vorrücken gehobener Einzelhandelsfunktionen eine charakteristische Umbildung. Mit dem schrittweisen Verlegen hochrangiger Geschäfte wurde Platz für die nächst billigere Angebotspalette geschaffen, die jedoch nicht mehr der Nachfrage des gehobenen Publikums entsprach. Die Umgebung des Meidan Sepah erfuhr dadurch eine Abwertung.

Zugleich kam es zu bemerkenswerten Branchenkonzentrationen, was speziell bei gewerblich geprägten Geschäftstypen sehr auffallend ist. Hier ist an erster Stelle die Straße Amir Kabir zu nennen, an der sich der Kraftfahrzeugzubehör- und -ersatzteilhandel in eindrucksvoller Geschlossenheit entwickelt hat. Eine prestigemäßige Sortierung ist auch hier zu beobachten: dem Ersatzteilhandel im westlichen, zentralen Straßenabschnitt folgt die Konzentration von Reifenhandel und Reifenservice, und schließlich der Übergang in den Abschnitt des Handels mit Altteilen. Die frühere soziale Position der Straße zeigt das alte renommierte Hotel Amir Kabir, heute eine Herberge für einfache Bevölkerung. Auch die heutige Konzentration der Kraftfahrzeugbranche dürfte an den ersten hier stationierten und durchaus angesehenen Reparaturwerkstätten, die im Gefolge des beginnenden Autoverkehrs entstanden sein müssen, angesetzt haben.

Eine weitere bemerkenswerte Monostruktur bildet der Nordrand des Meidan Sepah (Shahrdasi-Gasse), an dem Schallplatten, Radio- und TV-Geräte sowie andere Phonogeräte angeboten werden. Die Innenhöfe dieses Straßenstückes sind von Elektrogroßhandelshäusern und Radioreparatur-Werkstätten besetzt. Der Handel mit Elektrogeräten aller Art, mit Zubehör und Ersatzteilen ist für alle Geschäftsstraßen dieses Cityteiles charakteristisch, schließlich entstanden sie zur gleichen Zeit, in der der Aufbau eines Stromnetzes in Teheran erfolgte. Auch im nördlichen Abschnitt der Nasser Khosrow-Straße findet sich diese Branchengruppe häufig. Im übrigen zeigt sich noch heute die gemischte, auf Bekleidung und Wohnungseinrichtung ausgerichtete Branchenstruktur der alten Hauptstraße, zum Teil noch mit den einfachen Halbportalen der Geschäfte aus der Zwischenkriegszeit. Weiter südlich gegenüber den Ministerien ist der Chemikalienhandel konzentriert.

Hier werden auch Laborgeräte und medizinisch-chemische Geräte angeboten, eine Reihe von alten Pharmacien besorgt den Einzelhandel.

Nordwärts setzt sich die Hauptgeschäftsstraße in der Khiabane Lalehzar fort, in der zunächst eine Häufung von Geschäften für elektrotechnische Artikel zu beobachten ist. Neben Haushaltsgeräten werden Sprechanlagen, Starkstromkabel, Straßenbeleuchtungen etc. angeboten. Der Trend zur Konzentration an diesem Standort hält weiter an, wie ein sehr spezialisiertes und nach den vertikalen Gesetzmäßigkeiten (1. Geschoß: Kleingerät, 2. Geschoß: Büroräume, 3. Geschoß: Lager, Kellergeschoß: Werkstätten) gegliedertes neues Elektrowaren-Kaufhaus zeigt. Daneben weisen Buchhandel, Photogeschäfte und Kabaretts auf die früher gehobene Funktion dieser Straße hin. Weiter nördlich, etwa ab der Gasse Atabak, wird die Hauptstraße der Vorkriegszeit auch heute noch in einer Konzentration von Stoff- und Schmuckgeschäften sichtbar. Dieses gehobene Angebot für eine westliche Mittelschicht prägt den Straßenzug weiterhin. Auch die Betriebe in den Innenhöfen und Passagen ordnen sich diesem Wandel ein. Während die Höfe zunächst von Wirkereien besetzt sind, finden sich weiter nördlich Gebäude, in denen in mehreren Geschossen Herrenschneider untergebracht sind. Die bazarartige Branchen-Monostruktur des Gewerbes hält auch in den Geschäftsstraßen weiter an, wobei die westliche Bauweise auch eine vertikale Konzentration ermöglicht.

Im Gegensatz zu dieser alten Citystraße ist die Ferdowsi-Straße in ihrem südlichen Teil stets nur Randgebiet dieses Zentrums gewesen. Das wirkt sich auch in der derzeitigen Branchenstruktur aus. Das südliche Ende dieser Straße ist durch den Handel mit Installationsmaterial, mit Werkzeug und Maschinen charakterisiert. Diese Branchen werden durch Baustoff- und Sanitärgroßhandel abgelöst. Seltener sind Buch- und Schreibwarengroßhandel. Auch hier findet ein eher rascher Wechsel zur passablen Einkaufsstraße statt, der sich etwa in dem aus den Sechzigerjahren stammenden Kaufhaus Ferdowsi manifestiert.

Vom Bazar zur Geschäftsstraße — nördlicher Bazarrand und Nasser-Khosrow-Straße

Am nördlichen Bazarrand bildet die Bouzarjomehri-Straße eine Kontaktzone zu den nordwärts führenden Geschäftsstraßen, die mit der Straße Nasser Khosrow beginnen. Der südliche, bazarseitige Teil der Bouzarjomehri-Straße wurde bereits als nach außen gewendete Fortsetzung des Eisenwarenbazars beschrieben. Auch die nördliche Straßenseite ist vom Großhandel mit Eisenwaren aller Art besetzt. Kleinmaterial, Beschläge, Drähte, Griffe, Gitter,

Rohre, Bleche und Eisenträger, aber auch Werkzeug und Geräte werden in Gassenlokalen und Höfen gelagert. Daneben sind Installationszubehör und Farben, speziell im östlichen Teil der Straße, vertreten. Eine Reihe von jüngeren Bankgebäuden nimmt die Chance des Bazargeschäftes wahr. Großhandel und Geldgeschäft klingen ostwärts aus, sie werden von kleinen Läden mit Waren minderer Bedeutung abgelöst. Der Ostteil der Straße ist durch eine Konzentration von Bauhöfen gekennzeichnet. Fünf Überland-Buslinien haben hier ihre Abfahrtsstation. Ihnen sind einfache Herbergen sowie Geschäfte für Reiseproviant und diversen Hausrat funktionell zugeordnet. Der Wechsel vom Verwaltungsviertel im ehemaligen Palastbereich über den Großhandel zu den Abfahrtsstellen der Buslinien für eher einfache Bevölkerung zeigt einen klaren Bedeutungsabfall in der typischen zentral-peripheren Ordnung.

Die Straße Nasser Khosrow zeigt an ihrem bazarseitigen Anfang starke Anklänge an den Bazar selbst. Das gilt besonders für eine überkuppelte Ladenhalle aus der Kadjarenzeit, die, heute Textilien, Schenken und Khebab-Restaurants beherbergend, den Übergang von den Serais des Bazars zu den Passagen der Geschäftsstraßen darstellt (Ostseite, nahe Bouzarjomehri-Straße). Die benachbarten Passagen, die untereinander in Verbindung stehen, sind sowohl nach der Anlage wie auch noch dem Angebot (Hausrat, billige Bekleidungsartikel, einfacher persönlicher und Wohnungsbedarf) den Verhältnissen im zentralen Bazarabschnitt ähnlich. Beide werden von den gleichen Bevölkerungsschichten aufgesucht. Einfache Baumwolltücher, Eisenwaren, Werkzeuge und landwirtschaftlicher Bedarf zeigen weiter nördlich den Einfluß eines großen Busbahnhofes, wo die ländliche Bevölkerung das Stadtzentrum erreicht, auf die Geschäftsstruktur. Dieser Busbahnhof, nahe einer kleinen Bazargasse angelegt, verbirgt sich hinter der Fassade einer kadjarischen Stadtvilla. Der ehemals elegante Bau, von der Straßenfront abgerückt und im Grundriß zur Straße hin halbkreisförmig angelegt, ist ein prägnantes Beispiel für die Abwertung der Nasser-Khosrow-Straße. Ehemals Oberschicht-Wohnhaus, ist er heute mit verschiedenen Geschäften für die einfache Bevölkerung besetzt. Nach einer Häufung von einfachen Elektrogeschäften wird die konzentrierte Ansiedlung des Drogen- und Pharmazeutika-Großhandels erreicht, die, aus der Zwischenkriegszeit stammend, in der sackgassenartig verwinkelten Anlage, in der Nutzung von Höfen und Durchgängen eine bazarartige Struktur zeigt.

Entgegen der gemischten Einzelhandelsstruktur an der Ostfront dieser Straße hat sich auf der gegenüberliegenden Straßenseite eine Konzentration von Bekleidungsgeschäften gebildet. Sehr auffallend ist bei diesem Straßenstück, das sich vom Bazar bis zu den nahen Ministerien erstreckt, daß der bazarwärtige Teil schlechte und billige Ware in einfachsten Kojen, der nordwärtige Abschnitt dagegen bessere Bekleidung und differenzierteres Angebot (Brautkleider, Damenmoden) als in den guten Bereichen des zentralen Bazars bietet. Fahrrad- und Motorradhandlungen sind das Äquivalent zu den Autosalons von gehobenen Citystraßen, während der Handel mit religiösen Artikeln und die zahlreichen Buchhandlungen auf die vergangene höhere Position dieser ersten westlichen Geschäftsstraße hinweisen.

Die Rückseite der Zone zentrierter Funktionen im Süden des Bazars

Im Süden des Bazars befindet sich die funktionelle und damit auch qualitative Rückseite der Geschäftsstraßenzone. Besonders an der Straße Saheb Jam, die die südliche Verlagerung der ostseitigen Bazarbegrenzungsstraße Cyrus darstellt, haben sich einfachste Läden, eher primitive Gewerbe und Großhandelsfunktionen, die einem niederrangigen Standort entsprechen, konzentriert. Die an dieser Straße entstandenen Höfe und Lagerhallen sind vom Lebensmittelgroßhandel besetzt, ähnlich wie der südliche Rand des Bazarviertels. Daneben finden sich Transportunternehmen, Betriebe des Fremdenverkehrs mit ihren Lkw-Höfen und Büroräume. Im südlichen Abschnitt der Saheb Jam-Straße befinden sich die Hallen des Gemüse- und Obstgroßhandels sowie ein Fleischmarkt. Die Geruchsbelästigung durch verschiedene Abfälle ist enorm, in den offenen Wasserrinnen am Straßenrand (Djubs) fließt eine dunkle, stinkende Kloake, die allerlei Unrat mit sich führt und zum südlichen Stadtrand abtransportiert.

Dieser Nutzung entsprechend sind die kleinen Läden an der Straßenfront vorwiegend von einfachem Gewerbe, wie Besenbindern, Drechslern, Spenglern besetzt. Selten finden sich Sattler und Schmiede, analog zum Großhandel ist der Lebensmittelzwischenhandel in all seinen Varianten zahlreich vertreten. Die Funktion der Nahversorgung ortsständiger Bevölkerung wird durch eingestreute Läden für billige Teppiche, Fleisch oder Tee, durch Bäcker, Schuster und Barbiere deutlich. In der Nähe des Shush-Platzes ist der Lebensmitteleinzelhandel konzentriert, speziell durch den Verkauf von Eiern und Milchprodukten auffallend, während nördlich der Moschee auf einem noch immer unverbauten Platz ein großer Obst- und Gemüsemarkt abgehalten wird. Er umfaßt auf der Westseite der Straße etwa hundert Stände. Auch in einer Nebengasse setzt sich der Gemüsehandel fort, während der nördlichste Abschnitt der Straße Saheb Jam, der die Außenfront einer kleinen Bazargasse bildet, wieder dem Lebensmittelhandel vorbehalten bleibt. Die nahe Molawi-Straße, abgewertete Bazarrückseite, ist Standort für den

Altwarenhandel. Dies gilt auch für die Ostseite der Straße Saheb Jam, die im übrigen durch Geflügelhandel, Handel mit Eiern, Federn, Singvögeln gekennzeichnet ist.

Unmittelbar nördlich des Hospitals und als Hinterfront zur Gewerbe- und Großhandelsstraße Saheb Jam, die die Funktion von „Markthallen" für die Stadt trägt, liegen LKW-Höfe und Großhandelslager, an deren Straßenfront sich ein Handel mit Altwaren und allerlei beschädigtem Material sowie mit billigstem Hausrat und Brennmaterial als Tauschzentrale für Randgruppen der Unterschicht entwickelt.

6. 2   Zur Cityabgrenzung

Mit den Phasen der Verwestlichung und des Aufbaues moderner Geschäfts- und Bürozeiten ist auch eine stete Verschiebung der Zone höchster Standortwerte verbunden. Im kadjarischen Teheran war der Bazar unangefochten das wirtschaftliche Zentrum, doch zeigt die gleichzeitige Asymmetrie der sozialen Wertigkeit des Wohngebietes (Villenviertel in Palastnähe, bescheidenes Wohngebiet im Süden des Bazars) die Existenz unterschiedlicher Bewertungskategorien. Diese beiden Bewertungsebenen spielen auch weiterhin eine Rolle und P. V i e i l l e[59]) unterscheidet stets zwischen Preisstrukturen an der Straßenfront und solchen im Inneren der Baublöcke. Damit wird zwischen dem Nutzwert als Standort des Handels und allein zur Bebauung unterschieden.

Mit dem Entstehen eines westlich geprägten Geschäftsstraßennetzes zur Zeit Reza Shahs wandert diese Zone höchsten Bodenwertes erstmals aus dem Bazargebiet nordwärts, in den Bereich zwischen Meidan Sepah und Shah-Straße. Auch eine Untersuchung der Preisstruktur zu Beginn der sechziger Jahre (Abb. 69) zeigt diese Geschäftsstraßen noch als diejenigen mit den höchsten Bodenpreisen. Auch die nördliche Fortsetzung bis zur Avenue Shah Reza sowie diese selbst sind bereits hoch bewertet, während alle Straßen nördlich davon, so etwa die Avenue Takht-e-Jamshid, noch nicht mit der Entwicklung zur Geschäftsstraße begonnen haben. Auffallend ist, daß sowohl der Nordrand des Bazars wie auch die nordwärts führende Straße Nasser Khosrow nur wesentlich geringere Bewertung erfahren: sie wurden als westliche Einkaufsstraßen nie in Betracht gezogen und sind bereits dem wesentlich billigeren Geschäftsstraßensystem des südlichen Teheran zugeordnet.

---

[59]) *P. Vieille*, 1970: Marché des terrains et société urbain. Recherche sur la ville de tehran. Anthropos, Paris.

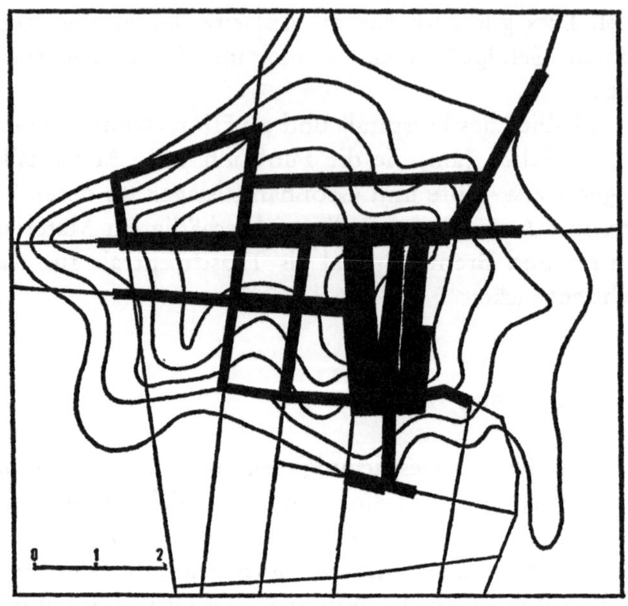

Abb. 69: Bodenpreise um 1960. Preise an der Straßenfront
(Balkendarstellung), Maximum noch in City der Zwischen-
kriegszeit, und Preise für Wohnbau-Grundstücke (Isolinien),
Maimum an der Shah-Reza-Avenue

Nach P. Vieille: Marché des terrains ..., S. 86 und 92,
dort ohne Legende

Die Zone teuerster Wohngebiete liegt zu gleicher Zeit bereits weiter nördlich
zwischen den Straßen Reza Shah und Takht-e-Jamshid.

Im Jahrzehnt danach hat sich das Citygebiet weiter entfaltet und nordwärts verlagert. Das kann an Hand von Daten, die aus dem Jahr 1969
stammen, gezeigt werden. In Abb. 70 sind die Steuererträge der Lohn-
steuersummen nach Steuersprengeln, auf flächengleiche Einheiten umgelegt,
dargestellt. Danach ist das wirtschaftlich aktivste Gebiet der Stadt, die Wirtschaftscity, innerhalb des Rechteckes zwischen den Straßen Sepah und Karim
Khan Zand einerseits und Pahlavi und Saadi andererseits angeordnet. Südlich
des Meidan Sepah zählt nur eine schmale Zone am Stadtpark hierher, während selbst das Bazargebiet nach dieser Steuerertragsliste (Lohnsteuer!) nur
mehr als zweitrangig aufscheint. Die halbkreisförmige Ausdehnung der wirt-
schaftlich-fiskalischen Randzone zeigt den Bereich an, der als Rand- und
Wachstumszone der City angesprochen werden kann.

Neben den Bodenpreis- und Steuerertragsdaten haben die Untersuchungen
über den Bazar und seinen Einzugsbereich sowie über die Geschäftsstraßen

194

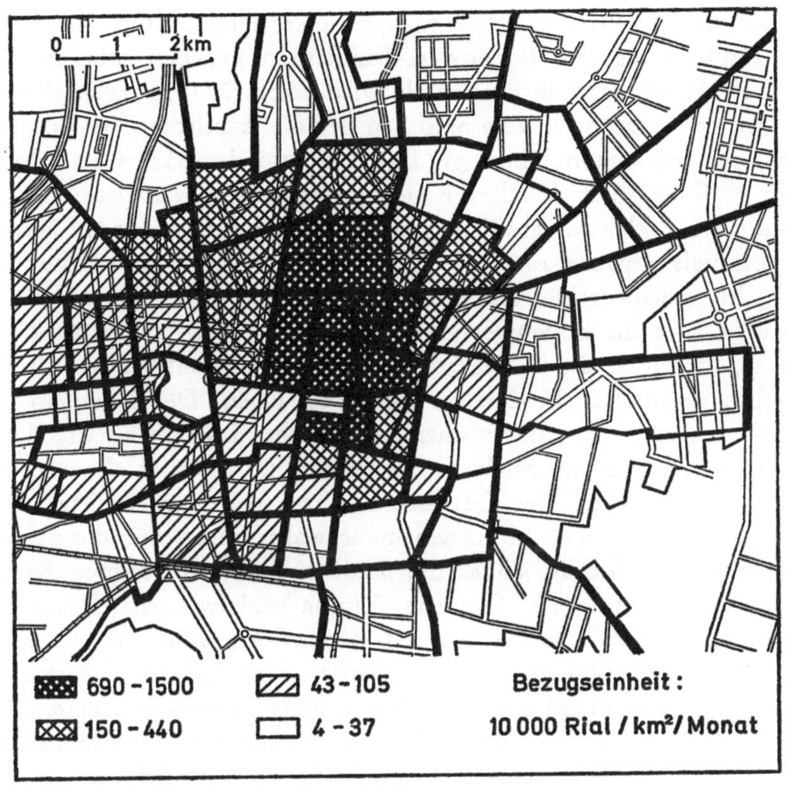

Abb. 70: Abgrenzung des Wirtschaftszentrums nach dem Steuerertrag
Daten: Ministry of Finance

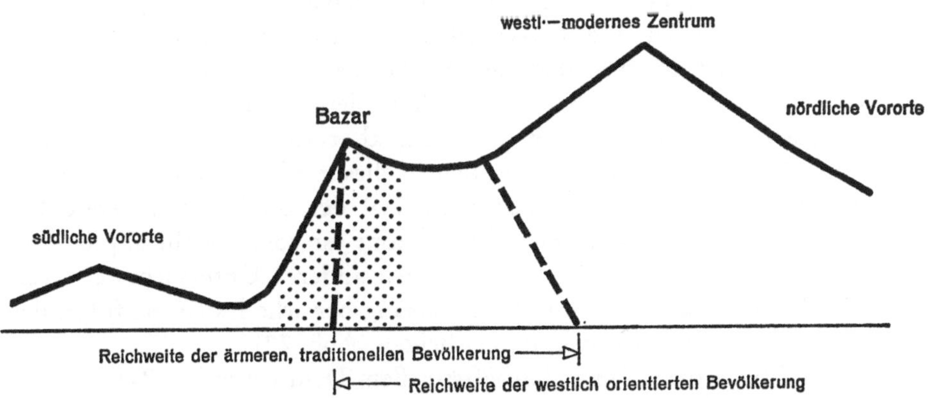

Abb. 71: Profil eines Prestigewertes der Einzelhandelsstandorte und die unterschiedlichen
Reichweiten des traditionell-ärmlichen und des westlich orientierten Bevölkerungsteiles
Eigener Entwurf

und ihre sozialraum-typischen Branchengruppierungen weitere Informationen zur Entwicklung des Bodenwert-Gradienten gegeben, der in einem Nord-Süd-Profil schematisch dargestellt wird (Abb. 71). Es zeigt die wirtschaftlich zweipolig ausgerichtete Stadt, in der die westliche City den traditionellen Kern bei weitem überragt. Das Zentrum des Bazars ist jedoch so angesehen, daß es einer lokalen Bodenwertsteigerung entspricht. Südlich davon sinkt der Bodenwertgradient steil ab, um in den folgenden Vorortestraßen nochmals schwach anzusteigen. Im Norden der Stadt ist die in Zukunft mögliche nordwärtige Ausweitung angedeutet.

Die beiden Pole im Bodenwertgradienten entsprechen der sozio-ökonomisch zweigeteilten Stadt, in der ärmlich-traditionelle und besser situierte, weil westlich orientierte Bevölkerungsgruppen leben. Der Bazar ist wirtschaftliches Zentrum für die bescheiden-ärmliche Teilgesellschaft, der die westliche City nördlich der Shah Straße generell zu teuer ist. Ebenso partizipiert der gehobene Teil der Gesellschaft nicht mehr am südlichen Stadtgebiet, an dem er keinerlei Interessen mehr wahrnimmt. Für die gehobene und Mittelstandsgesellschaft endet die Stadt südlich des besseren Bazarabschnittes. Dieses Teilung der Stadt in Räume sozialwirtschaftlicher Zugehörigkeit kann ebenfalls im Profil des Bodenwertgradienten ausgedrückt werden, wodurch die Zonen unterschiedlicher wirtschaftlicher Ausrichtung entstehen. Diese, bestehend aus einer Ober-, einer Mittel- und einer Unterschichtzone kommen auch in der Tabelle der Reichweite von Branchen innerhalb des Straßenprofils zum Ausdruck, in der deutlich Branchen des nördlichen und südlichen Stadtteiles sowie solche der zentralen Mitte der Stadt auszusondern sind.

Eine Abgrenzung des z e n t r a l e n G e s c h ä f t s b e r e i c h e s wird nach der Kartierung zur Geschäftsstraßenuntersuchung und nach publiziertem Kartenmaterial durchgeführt. Sie soll die Zentren wirtschaftlicher Aktivität von Nebengeschäftsstraßen und Wohngebieten trennen. Nicht nur das westliche Zentrum, sondern auch der Bazar als traditioneller Standort tertiärer und Produktionsfunktionen sollen in dieser Abgrenzung mit berücksichtigt werden. Auch das den zentralen Teil der Stadt mitprägende Regierungsviertel zählt hierher. Eine Zentralzone ist somit wohl abgrenzbar, nicht aber den CBD- oder Citybegrenzungen anderer Untersuchungen vergleichbar. Teherans Geschäfts- und Verwaltungsbereiche lassen die folgenden zentralen und peripheren Zonen unterscheiden (Abb. 72).

1. Bazar und bazarorientierte Geschäftsstraßen. Dem zentralen Bazarbereich und dessen nordwärtiger, vielfach durch den Großhandel geprägter Ausweitung stehen ältere Bazarteile und das südöstlich benachbarte Gebiet als Randbereich des traditionellen Zentrums gegenüber.

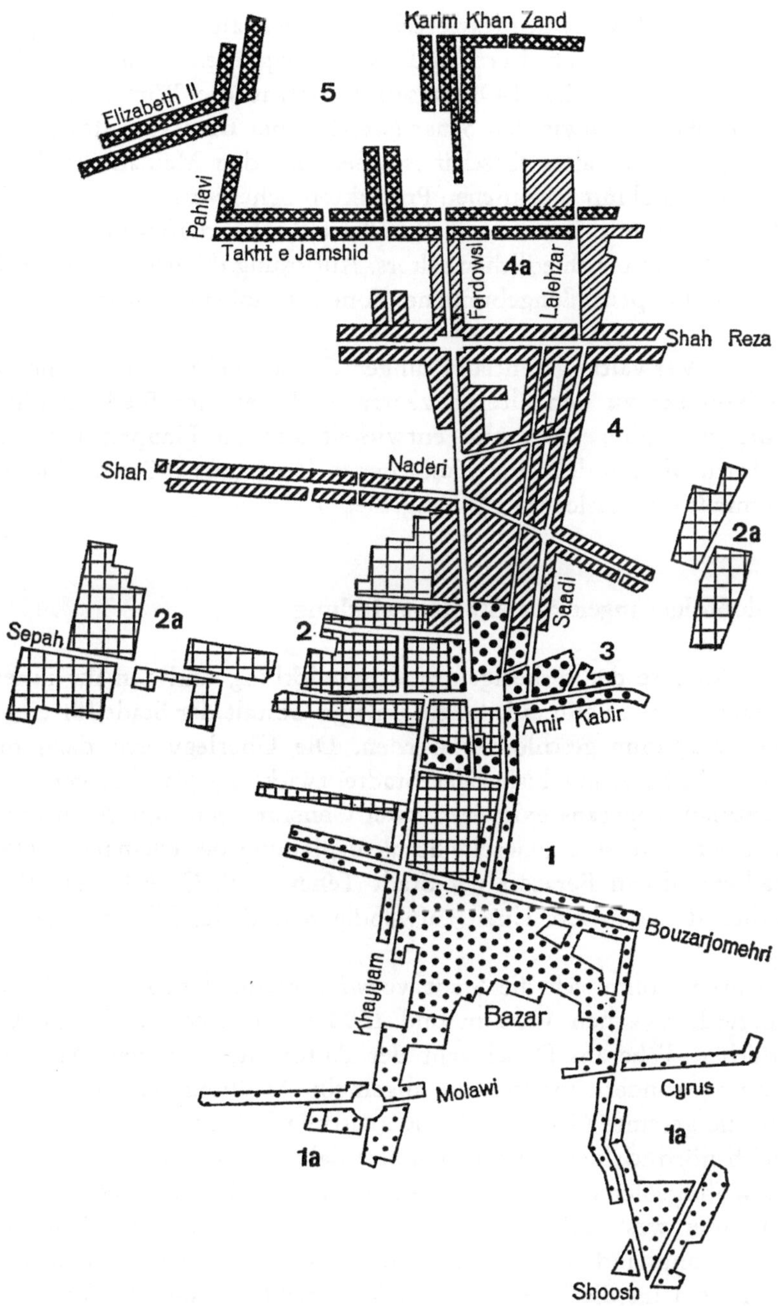

Abb. 72: Cityabgrenzung: der zentrale Geschäftsbereich. 1 Bazar und Bazarrandstraßen, 1a Randbereich des traditionellen Zentrums, 2 Regierungs- und Verwaltungsviertel, 2a Ausleger dazu, 3 ältere, heute abgewertete Geschäfts- und Gewerbestraßen, 4 westliche City, 4a Randbereich dazu, 5 Büro- und Verwaltungszentrum der jüngsten Cityausweitung
Eigener Entwurf

2. Regierungs- und Verwaltungsviertel mit einem aus dem ehemaligen Palastbereich gewachsenen Kern und zwei peripheren Auslegern, die das Parlament und die „Land-Organisation" (staatliche Wirtschaftsplanung, östlich des Bazars) sowie den Senat (westlich des Bazars) umfassen.
3. Zone abgewerteter alter Geschäftsstraßen um den Meidan Sepah, heute vom Großhandel mit technischen Produkten beherrscht.
4. Westliche City mit Kern- und Randbereich. Geschäftsgebiet westlicher Prägung, aber unterschiedlichen Alters. Auflösung des geschlossenen Kerngebietes in hauptstraßengebundene Zonen gehobener städtischer Funktion.
5. Büro- und Verwaltungszentrum junger Cityausweitung, die ohne räumlichen Kontakt zu den älteren zentralen Teilen der Stadt erfolgt. Sie überspringt Wohngebiete und entwickelt sich an Hauptstraßen, deren Rasterform die Ausdehnung dieses neuen Zentrums prägen. Eine Randzone umfaßt Cityausleger in Wohngebieten.

6. 3 Schlußfolgerungen zur Stadtentwicklung

Aus der Analyse der bisherigen Stadtentwicklung und den ihr innewohnenden Grundsätzen kann auf die zukünftige Gestalt der Stadt für eine mittelfristige Zeitspanne geschlossen werden. Die Überlegungen dazu mögen jedoch einer Erläuterung bisheriger Stadtentwicklungspläne folgen.

Im Stadtplan Teherans existieren zwei Generationen von Ausbauplänen, von denen der erste eine generelle Strukturplanung des ehemaligen (1957—1960) städtebaulichen Beraters der Stadt Teheran, P. G. A h r e n s[60]), darstellt, während der zweite einen aufwendigen und detaillierten Masterplan darstellt.

Nach Ahrens sollte sich die Stadt vorwiegend in dem klimatisch begünstigten Bereich zwischen 1200 m und 1500 m entwickeln, also im Gebiet des nördlichen Teheran. Dabei geht der Autor nicht in den Maßstab der Detailplanung, sondern nimmt eine allgemeine Siedlungsverdichtung an, die schließlich die gesamte Gebirgsfußzone zwischen Teheran und Karadj erfaßt. Der Bereich nördlich der Autobahn sollte dabei, gegen Westen hin ausdünnend, zu Wohngebiet werden. Die ausgeprägte Nord-Süd-Struktur der Stadt würde zu einer west-östlich sich erstreckenden Bandstadt zwischen Gebirge und Bewässerungsland werden, der südwärts alsbald die Halbwüste folgt. Wesentlich erscheint die Forderung, die künftige Bebauung den Erfahrungen

---

[60]) *P. G. Ahrens,* 1966, a. a. O., S. 79 ff.

198

und Gewohnheiten der Bevölkerung anzupassen, worin im wesentlichen eine Fortsetzung der dichten Flachbauweise und eine zwei- bis dreigeschossige Hausform verstanden wird. Ausdrücklich wird auf den Reiz des Eigenständigen und die klimatischen Vorteile beim Weiterführen überkommener Bauformen hingewiesen. Dirigistische Maßnahmen in bezug auf die Bodenordnung im Stadtrandbereich werden vorgeschlagen.

Der um 1970 erstellte Masterplan, genauer „the comprehensive plan for Teheran" der Firmen Victor Gruen Ass. und Farman Farmaian Planners and Architects geht auf eine Grundlagenforschung größeren Umfanges ein, bei der u. a. die Bauqualität einzelner Stadtteile erhoben wurde. Danach wurde für das bestehende Baugebiet festgelegt, welche Stadtteile komplett zu überbauen seien, und für welche eine partielle Verbesserung der Bausubstanz anzustreben sei. Dabei wurden die Altstadtbereiche rings um den Bazar sowie die benachbarten Agglutinate ebenso wie Behelfs- und dörfische Siedlungen an den Stadträndern als neu zu bebauend ausgewiesen. Derartige Stadtrand-Behelfssiedlungen bestehen am westlichen Stadtrand, an der südlichen Ausfallsstraße, im Nordosten an den Straßen Navah und Gorgan, im Osten stadtwärts von Farahabad und im Süden an der Straße nach Rey sowie in den Randbereichen der Stadt Rey selbst. Hier bereits, wo solide Altbausubstanz des traditionellen Bauens undifferenziert mit Stadtrandslums in eine Klasse zu erneuernder Bauten zusammengeworfen werden, kann die Ober-

Abb. 73: Bebauungsvorstellungen für Teheran — Kopie westlicher Großstädte
Quelle: The comprehensive plan of Teheran 1970

flächlichkeit und Untauglichkeit einer nur westlich orientierten Planung erkannt werden. So verwundert es nicht, daß nach den phantasievollen Ausbauplänen Teheran zu einer unpersönlichen Allerwelts-Großstadt würde, in der unreflektiert in bezug auf soziale und klimatische Verhältnisse die westliche Bauweise aufgelockerter Wohnblöcke übernommen wird (Abb. 73).

Der Masterplan rechnet mit einer vollkommen verwestlichten Gesellschaft und mit durchschnittlich hohem Einkommen, was als unrealistisch angesehen werden muß. Sein Stadtentwicklungsplan stimmt in der Ausdehnung des Baulandes mit den Vorstellungen von Ahrens, die sich ja ebenfalls klar aus den natürlichen Gegebenheiten ableiten lassen, überein.

Abb. 74: Bebauungsplan für den nördlichen Stadtrand beim Dorf Darband
in Shemiran

Quelle: The comprehensive plan of Teheran 1970

Die West-Ost sich erstreckende Bandstadt ist an einer Schnellbahnachse aufgebaut. Entlang dieser wird in Abständen, die die Entwicklung von Teilstädten ermöglichen, die Bildung von Zentren mit sehr dichter Bebauung und entsprechenden Versorgungseinrichtungen angenommen. Wesentlich stadtnähere Gebiete dagegen sollten, weil nicht an öffentlichen Verkehrslinien gelegen, nur locker verbaut werden. Die Industriezonen im Westen, Süden und Osten dürfen sich planmäßig nicht mehr erweitern, in der westlichen Industriezone zeigt der Plan sogar mehrere Stadtteile, die untereinander sowie mit dem Zentrum durch einen zweiten, südlichen Schnellbahnsteig verbunden sind. Daneben zerschneiden Autobahnen, die die neue City sehr weit umfahren, das Stadtgebiet. Außer dem Gesamtplan werden auch Detailplanungen vorgestellt, die in ihrer Konzeption vielfach realistisch erscheinen. Was die Gassenstruktur betrifft, verbindet sich in der Detailplanung altes Sackgassenprinzip mit modernen Vorstellungen von Nachbarschafts-Wohngebieten, die durch Stichstraßen frei vom Durchzugsverkehr sind.

Als Beispiel für eine Detailplanung sei die Entwicklung für die Umgebung des Dorfes Darband vorgestellt, eines stark frequentierten Naherholungsgebietes im Norden von Tadjrish. Sie zeigt die Parzellierung der dort bestehenden Grünflächen und ihre Überbauung mit Appartementbauten und Villen (Abb. 74).

Der Masterplan hat schwere Mängel, die seine Durchführbarkeit in Frage stellen. In den Detailvorschlägen werden die bestehenden Besitzverhältnisse nicht mitberücksichtigt, und dem Bebauungsplan für Groß-Teheran fehlt ein stufenweiser Durchführungsplan, eine Berechnung der zugehörigen Einwohnerzahl sowie die Frage nach der Tragfähigkeit des Teheraner Raumes. Diese ist im ariden iranischen Hochland durch den Faktor Wasser, der unter den für eine Stadt lebenswichtigen Variablen im Minimum liegt, gegeben. Die Wasserversorgung Teherans reicht unter großen technischen Anstrengungen, wodurch das Wasser der zum Kaspisee fließenden Flüsse genutzt werden soll, für 5,5 Millionen Menschen. Weiterer Bevölkerungszuwachs hätte Rationierungen zur Folge. Der Endausbau nach dem Masterplan würde jedoch eine um vieles größere Stadt bilden. Er wird daher von der Stadtplanung Teherans nicht mehr als alleinige Planungsgrundlage verwendet.

Ein Beispiel der Verbindung von Maßnahmen des Masterplans und späterer Detailstudien stellt die Straßenplanung im Bazarviertel dar (Abb. 75). Sie zeigt eine Stadtautobahn, die den Bazar im südlichen Teil durchschneidet. Allein dieses Vorhaben ist utopisch, sind doch Bazarkaufleute und alte Mittelschicht nicht wie rechtlose Zuzügler am Stadtrand einfach zu vertreiben. Wesentlich

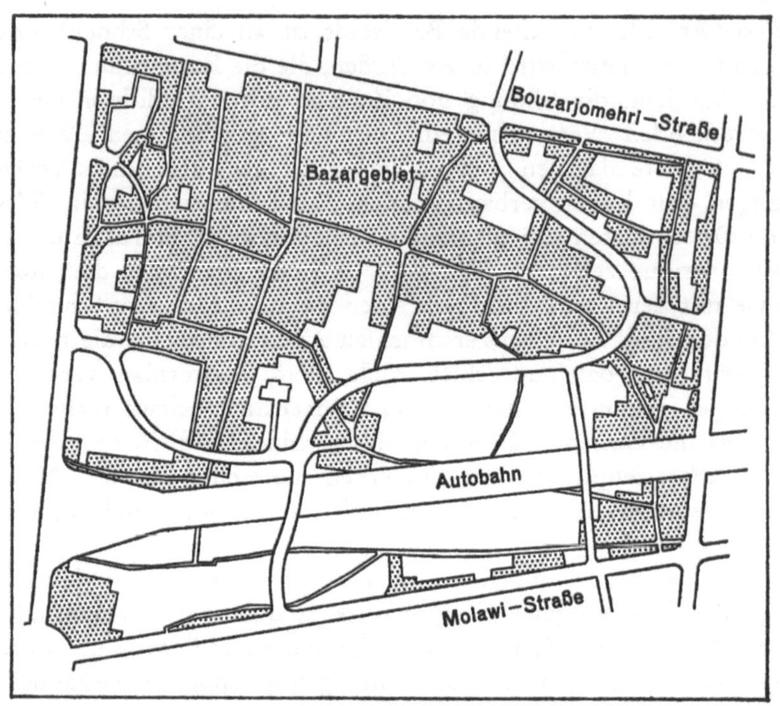

Abb. 75: Straßenplanung im Bazarviertel (Projekt, Realisierungsabsicht unbekannt). Stadtautobahn im Altstadtbereich als Fortsetzung der älteren Durchbruchstraßen und Erschließung des Bazars durch randliche Zufahrtsmöglichkeiten

Grundlage: Stadtplanungsamt Teheran

realistischer ist eine Bazarumfahrungsstraße, die die randlichen Bereiche des derzeitigen Wirtschaftsgebietes im Bazar umschließen würde. Als bedauerlich erscheint dabei eine Durchbrechung des Bazarsüdteiles, die keinesfalls zwingend notwendig ist. Man sieht an diesem Fall einer amtlichen transportorientierten Planung, daß der Gedanke des Denkmalschutzes — und die Khane des Bazars gehören, nachdem bereits viele kadjarische Paläste verschwunden sind, zu den wenigen erhaltenswerten Altbauten Teherans — noch nicht zum Durchbruch gekommen ist.

Soll die zukünftige Entwicklung der Stadt nach den in dieser Arbeit aufgezeigten Strukturen beurteilt werden, so sind folgende Aspekte festzuhalten:

a) Derzeitige sozioökonomische Strukturen bleiben gesellschaftlich und räumlich erhalten. Für den Zeitraum einer vorhersehbaren Zukunft gibt es keine Anzeichen für kurzfristige Veränderungen der gegebenen wirtschaft-

lichen und finanziellen Situation der verschiedenen Berufs- und Bildungs-
schichten. Damit bleibt die Existenz einer Nord- und einer Südstadt, besser
einer westlich-etablierten und einer ungebildet-ärmlichen Stadt bestehen.
D a s   h e u t i g e   S o z i a l p r e s t i g e   d e r   v e r s c h i e d e n e n   W o h n -
g e b i e t e   w i r d   a u c h   f ü r   d i e   k ü n f t i g e   S t a d t e r w e i t e r u n g
u n d   N e u b e b a u u n g   g ü l t i g   s e i n , wobei auf das langsame nordwärtige Vordringen bescheidener Bevölkerung gewiesen sei, das mit der
Nordwärtswanderung der gehobenen Schicht einhergeht.

Das traditionelle rentenkapitalistische System kommt innerhalb der Stadt
und am Stadtrand (Bodenspekulation) in vielfältiger Weise zum Ausdruck.
Es treibt speziell die Bodenpreise so in die Höhe, daß aus Kostengründen
die geschlossene Bebauung ständig zunimmt. Liberale Bau- und Wirtschafts-
bestimmungen fördern die Zentrierung des Geschäftslebens. Bau- und Bodenpreise führen zu Siedlungsverdichtung und fortgesetzter sozialer Segregation. Die Rentenmaximierung als Ziel des Kapitaleinsatzes läßt Büro-
komplexe und Wohnhausanlagen entstehen, wovon besonders letztere den
klimatischen Bedingungen absolut nicht entsprechen.

Frühere Stadtentwicklungsphasen waren dadurch gekennzeichnet, daß sich
neue Stadtteile in räumlicher Anlagerung an den älteren Baubestand bildeten.
In Zukunft wird es neben dem randlich fortschreitenden Neubau in zuneh-
mendem Maße zu einer Überbauung älterer Stadtteile kommen. Anfänge
dieser Entwicklung zeigen sich im Bereich der Shah Reza-Avenue, wo der
Mehrwert von Bürobauten zum Abbruch älterer Wohnbauten führt. Ein
wesentlicher Faktor zur räumlichen Stabilisierung der westlichen City stellen
Ministerien und ältere Banken dar, die an ihren zwischenkriegszeitlichen
Standorten verharren und damit eine klare funktionale Grenze gegen den
Stadtteil ärmlicher Bevölkerung bilden. Die nordwärts phasenhaft fortschreitende Cityerweiterung könnte jedoch versucht sein, bei einer Bebauung des
derzeit wüstenhaften Gebietes nördlich von Abbas-Abat die Randzone des
CBD in diesem Bereich auszuweiten, wodurch der aufgelockerte Charakter
des westlichen Zentrums noch mehr unterstrichen würde.

b) Die räumliche Entwicklung Teherans wird vornehmlich nordwärts
gerichtet sein, doch auch der südliche Stadtrand wird sich, weil schon mit
allen nötigen Versorgungseinrichtungen versehen und daher billig in der
Wohnungsproduktion, im Gegensatz zu den Vorstellungen des Master-
planes weiter ausdehnen. Dabei kommt es zur Schleifung der Ansätze
wilder Siedlungen am Stadtrand, und zur nachfolgenden regulär planmäßigen
Bebauung. Den steigenden Boden- und Baupreisen entsprechend, wird es
im Norden der Stadt zu einer verstärkten Entwicklung von vielgeschossigen
Appartementbauten kommen, die nicht an den dicht bebauten Stadtkern

anschließen, sondern außerhalb des villenartig bebauten Wohngebietes ansetzen. Im Süden dagegen, wo derartige renditenorientierte Bauten nicht zu erwarten sind, wird der staatlich geförderte Bau von Reihenhäusern auf sehr kleinen Parzellen fortgesetzt werden.

Das bebaute Gebiet zeigt heute einen Stadtkern und mehrere Radialachsen, die sich bereits bis zu 20 km vom Zentrum entfernt haben (Shar-e-Ziba). Diesem Radialprinzip, das zu großen und täglichen Pendelwanderungen zwingt, wird ein Auffüllen der interradialen Sektoren folgen. Ansätze dazu sind im Nordwesten der Stadt bereits zu beobachten. Mit der Anlage von relativ selbständigen Satellitenstädten oder Stadtrandkomplexen ist bei der auf den zweipoligen Kern zentrierten Struktur des Straßen- und Verkehrsnetzes nicht zu rechnen.

Teheran wird einem Grundriß zustreben, der einem auf der Spitze stehenden Dreieck gleicht. Die Spitze entspricht dem südlichen Vorort Shar-e-Rey, während die gegenüberliegende Seite durch die Hochgebirgskante, an der sich gehobenes Wohngebiet ausdehnen wird, gegeben ist. Ähnlich wie dies heute schon der Fall ist, werden dabei größere zusammenhängende Flächen von staatlichen oder staatlich geförderten Nutzungen eingenommen. Der Kern der Stadt bleibt zweipolig durch Bazar und benachbarte Gebiete, sowie durch die mehrstufige westliche City gekennzeichnet. Das westlich orientierte Geschäftsleben wird Mühe haben, dem Büroviertel an der Avenue Takht-e-Jamshid entsprechend zu folgen. Eine grundlegende Änderung in der Siedlungsstruktur (etwa zur West-Ost-Bandstadt) erscheint auf Grund der Lage der beiden Zentren unwahrscheinlich.

6. 4 Von der Stadtstrukturforschung zum Modell der orientalischen Stadt unter westlichem Einfluß

Die unterschiedlichen in dieser Arbeit angerissenen stadtgeographischen Fragestellungen haben wiederholt für einzelne Stadtbereiche räumliche und funktionale Analogien in bezug auf die Stellung im gesamtstädtischen System aufgezeigt, sodaß es lohnend erscheint, sich mit regelhaften, zu einer Modellvorstellung führenden Merkmalen der Stadtstruktur auseinanderzusetzen[61]. Besondere Beachtung ist dabei der sozialen Differenzierung und der Auswirkung zunehmender Verwestlichung zu widmen. Dies ist umso verlockender, als für die traditionelle, vom westlichen Einfluß unberührte orientalische

---

[61]) Vgl. dazu auch *M. Seger*, 1975: Strukturelemente der Stadt Teheran und das Modell der modernen orientalischen Stadt. Erdkunde 29/1, S. 21—38, speziell S. 33 ff.

Stadt ein Idealschema (D e t t m a n n 1966) entwickelt wurde. Modernere
Entwicklungen und die daraus folgenden Veränderungen in der Stadtstruktur sind dagegen nur für Teile der Stadt, speziell für das Bazargebiet bekannt
geworden (D e t t m a n n 1966, S c h o l z 1972).

6. 4. 1 Zur Eignung der Entwicklung Teherans als modellhaftes Beispiel

Soll ein Stadtstrukturmodell allgemeine Gültigkeit für einen bestimmten
Kultur- und Wirtschaftsraum besitzen oder zumindest die Entwicklung und
funktionale Gliederung einer Reihe von ähnlichen Fällen typisierend erklären können, müssen in ihm alle wesentlichen, immer wiederkehrenden Strukturelemente schemabildend verarbeitet sein, während individuelle Züge einzelner Stadtgestalten möglichst stark zu unterdrücken sind. Ein solches Modell kann deduktiv aus der Kenntnis einer großen Zahl von Beispielen folgen. Hier aber wird versucht, aus der empirischen Forschung, der Kartierung
und der Bearbeitung statistischen Materials auf induktivem Wege zu einer
Modellvorstellung vorzudringen. Dabei ist die Überlegung wichtig, ob die
Struktur der Stadt Teheran überhaupt das Generalisieren zu regelhaften
Zügen gestattet. Mehrere Faktoren lassen vermuten, daß gerade diese Stadt
in ihrem Wachstum und in ihrer funktionalen und baulich strukturellen Gliederung ein relativ klares Abbild der Auswirkung rezenten Kräftespiels in der
orientalischen Stadt darstellt:

a) Topographisch-ökologische Situation

Die Umgebung von Teheran weist keine wesentlichen topographisch-morphologischen Strukturen auf, die das Wachstum der Stadt behindern
oder einseitig beeinflussen. Die Siedlung kann sich n a c h a l l e n S e i t e n
f r e i und theoretisch gleichmäßig entfalten. Darin unterscheidet sich Teheran von einer Reihe anderer, ebenfalls gut bearbeiteter orientalischer Städte,
vor allem Hafen- und Küstenstädte, aber auch von den Städten an Flüssen
oder im Gebirge, deren Wachstum meist vorgezeichnet ist. Daneben ist in
Teheran eine deutliche und eindeutige klimaökologische Polarisierung vorhanden. Die nördlichen Teile der Stadt liegen am Rande des Točal-Gebirges
und damit um 700 m höher als der südliche Stadtrand. Sie sind klimatisch
wesentlich begünstigt. Die gesamte soziale Segregation Teherans richtet sich
nach dem klimaökologischen Standortgunst-Gradienten für das Wohnen,
der von Norden in den Süden abfällt. In vielen anderen Städten ist die Frage
nach der Kausalität der Lage von Oberschichtvierteln wesentlich schwieriger.

b) Politisch-genetische Situation

Teheran entwickelte sich von einer eher zweitrangigen Provinzhauptstadt zur heutigen Weltstadt und hat dabei keine städtebildende Phase fremden Einflusses miterlebt, wie dies etwa in den Städten Indiens, der Levante oder der Maghreb-Staaten der Fall ist. Die Stadt wächst ferner von einem einzigen bescheidenen Kern aus in ein nahezu unbesiedeltes, teils agrarisches, überwiegend aber wüstenhaftes Umland. Die Stadtstruktur bleibt dadurch genetisch einfach, es kommt nicht zum Zusammenwachsen einzelner Städte oder zum Überwachsen randlicher Kleinstädte. Die wirtschaftspolitische Situation ist, soweit es die Stadtentwicklung und das Bauwesen betrifft, mit wenigen, gegen rentenkapitalistische Tendenzen gerichteten Ausnahmen als sehr liberal zu bezeichnen, wodurch das Bild der Stadt als Resultat des „freien Spiels der Kräfte" erscheint.

c) Verwestlichung und wirtschaftliche Situation

Als Innovationszentrum im Iran ist Teheran wesentlich stärker westlich geprägt als andere Städte. Das Ausmaß der Modernisierung, das auch in einem Strukturmodell zum Ausdruck kommt, nimmt damit eine fortschreitende Verwestlichung im Sinne der Technisierung und Modernisierung an. Das betrifft auch die Industrialisierung. Beide, Verwestlichung und zunehmende Industrialisierung, führen zu einer starken Bevölkerungszunahme für Teheran, wie sie auch für andere Großstädte dieses Raumes typisch ist, und die im Stadtstrukturmodell durch Wachstumszonen deutlich wird.

6. 4. 2 F a k t o r e n   z u r   s o z i a l ö k o l o g i s c h e n   S t r u k t u r   T e h e r a n s (Abb. 76)

a) Bereits die bauliche Struktur, die ja zugleich Ausdruck der Funktion und der dahinterstehenden sozialen und wirtschaftlichen Kräfte ist, ermöglicht Aussagen zum Typus der Stadtentwicklung. Diese ist durch den Gegensatz von Altstadt und neuen Wohnvierteln, zwischen denen ein von der Siedlungsentwicklung überfahrenes älteres Villenviertel liegt, gekennzeichnet. Peripher setzt sich dieser Dualismus in einem weiteren Villenviertel beziehungsweise in den am andere Ende der Stadt gelegenen Ansätzen zu peripheren Slums (Squattersiedlungen) fort.

b) Die innerstädtische Zentralität ist ebenso wie die städtische Gesellschaft selbst (Beispiel Arbeitsanteil) in einen westlich modernen Kern mit entsprechenden Geschäftsstraßen und in einen traditionellen Kern mit dem ausführlich beschriebenen Bazarbezirk gegliedert. Beide Zentren verbindet eine schmale alte Geschäftsstraßenzone, die zwischen Palastviertel und Altstadt-

Abb. 76: Modellrelevante Strukturen der Stadt Teheran (in Auswahl)

I. Funktionelle Bereiche: 1 städtisches Zentrum für die westlich-modern orientierte Bevölkerung; 2 Gebiet höchster Verwaltungs- und Dienstleistungsfunktionen, wachsender Cityrand; 3 zentrale- und Regierungsfunktionen der Nachkriegs-City; 4 traditionelles Zentrum: Basar und Altstadt-Gewerbestraßen; 5 Ministerien-Viertel als trennender Block zwischen moderner und traditioneller Stadt; 6 Die „Rückseite" der Altstadt: Lebensmittel-Großhandel

II. Straßentypisierung (vgl. auch E. Wirth, 1968): a Bedarf der Mittel- und Oberschicht; b Bedarf der Unterschicht: Bazar-Ergänzungsstraße; c Bedarf der Unterschicht: Nebenzentrum; d Handwerker-Straßen; e Garagen und Großhandel

III. Ausgewählte Verbauungstypen: f Altstadt-Bereich; g Gebiet alter Villen-Vororte; h dicht bebauter neuer Stadtkörper; i junge Villenviertel; j bescheidenste Wohngebiete; k Industrie; l Ziegelgruben

Aus: M. Seger. Strukturelemente der Stadt Teheran, Erdkunde 29/1975

bebauung nordwärts verläuft und den ältesten der westlich geprägten City-
ansätze darstellt.

c) Die Standorte der Produktion müssen nach denen traditionellen Gewerbes und moderner Industrie getrennt werden. Das Gewerbe hat sich,
den auch größer gewordenen traditionellen Wirtschaftssektoren entsprechend, auch außerhalb des Bazars in seiner Umgebung oder in den Altstadtstraßen etabliert. Nur verkehrsorientierte Betriebe besetzen die Ausfallsstraßen. An sie anschließend entstehen verschiedene Industriebetriebe mitt-
lerer Größe, wogegen die Innenstadtgewerbe auch bei manufakturartiger
oder Kleinserienproduktion nicht über den Kleinbetrieb hinauswachsen. Mit
den Betrieben an den Ausfallsstraßen zusammenhängend oder auch von
ihnen völlig unabhängig, werden am Stadtrand, außerhalb des bebauten
Gebietes „industrial areas" geplant und eingerichtet.

6. 4. 3 Ein Modell der orientalischen Stadt unter westlichem Einfluß (Abb. 77)

a) Der Dualismus westlich-moderner und traditioneller Elemente als
Grundstruktur

Die Verwestlichung ist ein Sammelbegriff für die Übernahme wirtschaftlicher Techniken aus dem Bereich der Industriestaaten, für die Einführung
spezialisierter Ausbildung und die teilweise bis weitreichende Annahme der
kulturellen Lebensformen der europäischen Zivilisation. Verwestlichung ist
ein steter Prozeß, dem jedes Individuum sowie die Gesellschaft als Ganzes
unterworfen ist. Die Annahme westlicher Lebensformen ist jedoch in der
Regel nur relativ finanzstarken, gut ausgebildeten, in westlich-modernen
Positionen beschäftigten Personen möglich, wodurch sich eine sozioökonomische und soziokulturelle Kluft ergibt, die zur markanten Zweiteilung der
Stadt führt. Diese Spaltung ist ursächlich zusammenhängend mit der Entwicklung des „neuen Mittelstandes", der zusammen mit den alten Positionen
der Mitte so umfangreich ist, daß er strukturbildend im Stadtbild sichtbar
wird. Westliche Wohnviertel und Geschäftsstraßen entstehen, teilweise
durchsetzt von Elementen, die aus dem traditionellen, nun nicht mehr den
gehobensten Standort in der Stadt darstellenden Bazar ausgewandert sind.

b) Der zweipolige Stadtkern

— Der Bazar bleibt dennoch wirtschaftlicher Mittelpunkt für die
ärmeren Bevölkerungsschichten, für die Zuwanderer vom Land und aus den
Kleinstädten, für ein traditionsverhaftetes Publikum und für das boden-
ständige Gewerbe. Er ist darüberhinaus Zentrum des Großhandels für die
meisten Waren des täglichen und periodischen Bedarfes. Diese Funktion

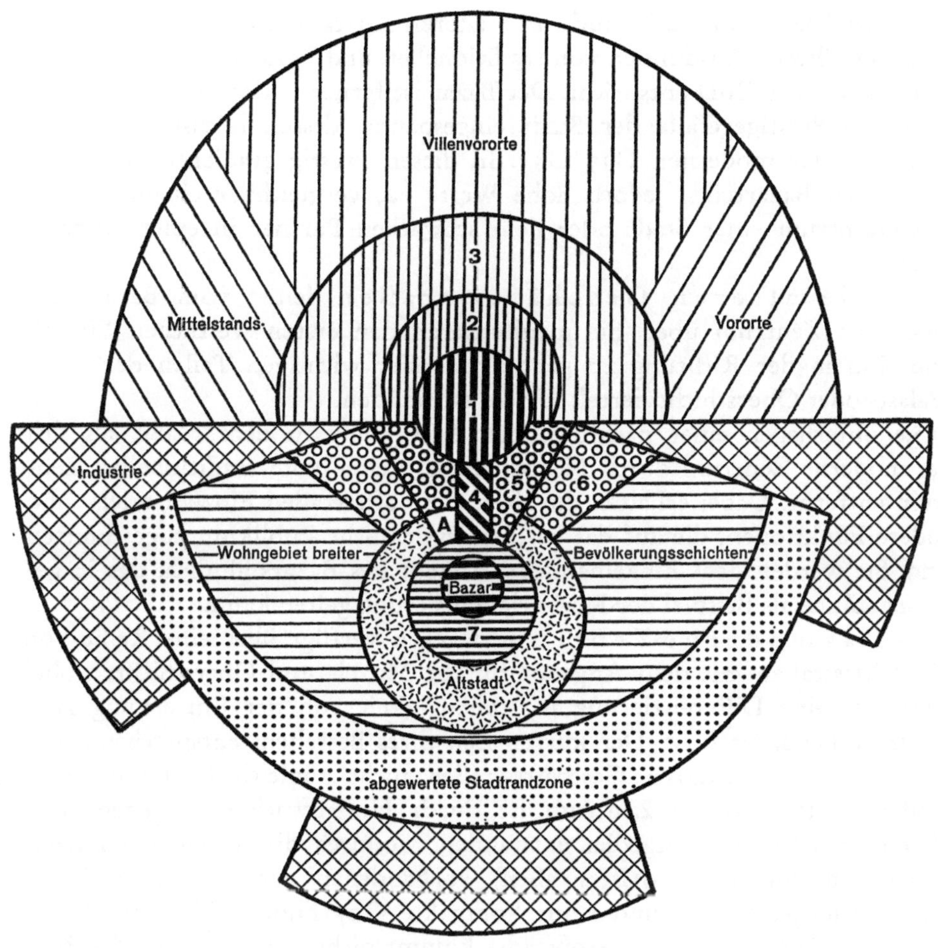

Abb. 77: Modell der zweipoligen orientalischen Stadt am Beispiel Teheran

Neues Zentrum: 1 Kern der westlichen City, Hauptgeschäftsstraßen westl. Typs; 2 Rand-zone, jüngster Cityvorstoß in gehobenes Wohngebiet; 3 Bereich moderner dichter Wohn-bebauung

Übergangszone: 4 ältere Geschäftsstraßen, abgewertet und „rückorientalisiert"; 5 überrollte ältere Peripherie der Stadt mit frühen zentralen (Regierungs-)Funktionen; 6 übrige ältere Villenzone

Altes Zentrum: Bazar und Palastbezirk (Ark = A) sowie 7 Bazarrandbereich, jüngere funktionelle Ausweitung des Bazars

Eigener Entwurf

sowie das Bazargewerbe ist auch im weiteren Altstadtbereich verstreut, was einem randlichen Ausdünnen von traditionellen und Bazarfunktionen analog dem Rand eines CBD entspricht. Der Bazar ist ferner in das generell zentralperiphere Prestigegefälle der Stadt eingespannt, dessen höchst bewertetes Gebiet in der modernen City liegt. In diesen Prestigegradienten kommen den besten Bazarteilen jedoch hohe Werte zu, vergleichbar einem starken Nebenzentrum einer Stadt oder dem schwachen Partner in einer Doppelstadt.

— Die älteren Geschäftsstraßen leiten vom Bazar zum modernen Zentrum über. Sie manifestieren den ersten westlichen Einfluß und sind in der Richtung zu gehobenen oder wichtigen Teilen der Stadt (Palast- oder Oberschichtviertel, Hafen) entstanden.

Sie unterliegen einer nachfolgenden Abwertung in dem Maße, als sich das moderne Zentrum durch Neubebauung weiter vom traditionellen Zentrum entfernt. Dabei erhalten die alten Geschäftsstraßen Einzelhandels- und andere Funktionen, die auf das bescheiden-ärmliche Publikum zugeschnitten sind. Sie werden dem Einzelhandelssortiment des Bazars ähnlich, das in gewissem Sinne als Beispiel der Rückorientalisierung gelten kann.

— Das moderne Zentrum dagegen verfügt über eine Reihe von Geschäftsstraßen mit dem Angebot für die Mittel- und Oberschicht, wobei auch hier eine Differenzierung in Abhängigkeit von der Entfernung zum Bazar zu beobachten ist. Der kurzen Zeit ihres Bestehens entsprechend sind die vornehmen jüngsten Geschäftsstraßen nicht zugleich Hauptgeschäftsstraßen. Das moderne Zentrum ist durch Hineinwachsen in ehemaliges Wohn- und Oberschichtgebiet entstanden, wodurch die neben den Einzelhandelsfunktionen (Geschäftsstraßen) vorhandenen zentralen Funktionen ein eher lockeres Netz und keine kompakte City bilden. Die Citybildung nach Maßstäben westlicher Großstädte kommt nicht voll zustande, das Zentrum wird durch das Vorwärtswachsen räumlich und zeitlich phasenhaft zerlegt. Die Central-Business-Zone ist im wesentlichen an die Straßenfronten gebunden. In Teheran sind zwei Pole des westlich geprägten Zentrums entstanden, zwischen denen das Geschäftsleben ausgespannt ist. Der eine Pol besteht aus den Ministerien im ehemaligen Palastviertel, der andere wird durch das Büroviertel an der Avenue Tahd-e-Jamshid gebildet. Sie manifestieren zugleich die Perioden stärkster westlicher Zentrenbildung, die Zeit Reza Shahs und die Gegenwart.

Neben dem Kernbereich besteht eine Randzone, in der sich Dienstleistungs- und Verwaltungseinrichtungen des modernen städtischen Lebens in Mengung mit Wohngebieten befinden. Wie die Geschäftsstraßen selbst sind auch die Randzonen unterschiedlichen Alters.

c) Weitere Grundstrukturen

Das Wohngebiet ist ebenfalls zweigeteilt, wobei sich die sozioökologische Viertelsgliederung den geoökologischen Gegebenheiten anpaßt. Das Wohngebiet der Unterschicht weist hohe Dichtewerte auf, die in der Altstadt kulminieren. Auch im Stadtteil der verwestlicht-gehobenen Bevölkerung nimmt die Wohndichte gegen die Peripherie ab, wobei ein zentraler Wohnbezirk den randlichen Vororten gegenübersteht. Die alten Oberschichtviertel sind an ihrer Kontaktzone zum Wohngebiet der breiteren Bevölkerungsschichten abgewertet, gegen die mediane Achse der Stadt hin aber mit zentralen oder hochrangigen Funktionen durchsetzt. Die Gewerbe- und Industriezone setzt an älteren Ausfallsstraßen mit verkehrsorientierten Kleinbetrieben ein, außerhalb der Stadt und ohne direkten strukturellen Zusammenhang mit ihr beansprucht die neue Industrie große Flächen. Aus Kostengründen bleiben dabei die gehobenen Wohngebiete von der Industrieansiedlung ausgenommen. Die generalisierte Angabe von Industriegebieten in Abb. 77 weicht stärker von der tatsächlichen Verteilung ab, als es bei anderen Elementen des Modells der Fall ist.

Das so beschriebene induktive Modell gibt auch über die wesentlichen strukturellen und funktionalen Elemente der Stadt Auskunft. Es weist ferner dynamische Aspekte in dem Sinne auf, als die Bedeutung genetischer Prozesse für die derzeitige Stadtgestalt aufgezeigt wird. Unter den klassischen Stadtmodellen entspricht am ehesten das des w a n d e r n d e n Z e n t r u m s (D o x i a d e s 1970) der Situation in den orientalischen Städten, in denen die Entwicklung moderner Zentren in Anlagerung an den Altstadtbereich doch sicher als allgemeine Erscheinung gelten kann. Ausbreitung und Gliederung dieses westlichen Stadtgebietes sind von verschiedenen Parametern, etwa von der Bevölkerungszahl, der Wirtschaftskraft oder der Zeitspanne, während welcher eine Neuerungsphase wirkt, abhängig.

Die zweipolige Stadt, aus der Symbiose — nicht Verschmelzung und nicht Nebeneinander — von westlich orientierter und traditioneller Wirtschafts- und Lebensform gebildet, wird daher von Fall zu Fall den überkommenen oder den modernen Stadtteil stärker repräsentieren. Was ist dabei orientalisch an diesem Modell der verwestlichten orientalischen Stadt? Bauliche Struktur und Wirtschaftsleben der orientalischen Städte passen sich zusehends den Formen westlicher Stadtkultur an, und die verwestlichten Teile dieser Städte haben mit deren überkommenen Altstadtbereichen nichts gemein, zumindest nicht in der baulichen Gestalt. Orientalisch im eigentlichen Sinne bleibt damit nur die Altstadt und die in ihr weiterlebende Wirtschaftsform, im speziellen der Bazar.

Zusammenfassung

Die vorliegende Arbeit ist eine stadtgeographische Studie, die die Darstellung der Durchdringung und des Nebeneinanders traditioneller und westlich-moderner Aspekte in der Entwicklung und der Struktur der Stadt, sowie der sozioökonomischen Kriterien der Gesellschaftsstruktur zum Ziele hat. Sie basiert auf umfangreichen Erhebungen und Kartierungen sowie auf der Auswertung statistischen und sonstigen publizierten Materials.

Die Stadt Teheran weist dank der eigenständigen Entwicklung des Landes noch um die Jahrhundertwende die charakteristischen Merkmale orientalischer Residenzstädte auf, wo Palastviertel, zentraler Bazar und zentral gelegene Hauptmoschee die typenbildenden Elemente darstellen. Villenviertel und Gartenanlagen im klimatisch begünstigten Norden der Stadt, zugleich in Nachbarschaft des Palastgebietes, zeigen die Richtung weiterer Entwicklung an. In diesem Gebiet wird westlich-moderner Einfluß, der seit der Zeit Reza Shahs stark wirksam ist, erstmals städtebaulich wirksam. Es entsteht der heutige ältere Citybereich mit dem Zentrum Lalehzar-Straße. Diese Entwicklung setzt sich, in den Kriegsjahren unterbrochen, bis in die fünfziger Jahre fort, wobei sich der westliche Stadtkern ausbreitet und die Magistrale der Stadt, die Avenue Shah Reza in ihrem mittleren Abschnitt mit umfaßt. Eine neue Ära beginnt mit der intensiven Industrialisierung ab den sechziger Jahren (Industriezone im Westen der Stadt), diese Hochkonjunktur setzt sich seit der Aufwertung der Ölproduktion verstärkt fort. Ein neues Büro- und Verwaltungsviertel entsteht an der Avenue Takht-e-Jamshid, ähnliche Funktionen strahlen weiter nordwärts aus und bilden eine Randzone von City-Auslegern. Eine exponentielle Zunahme der Bevölkerung ist mit dieser Entwicklung verknüpft, die Einwohnerzahl hat sich seit dem Beginn der Pahlavidendynastie im Abstand von zehn Jahren jeweils verdoppelt. Sie wächst in gleichem Maße verstärkt nach Norden, wie eine in westlich orientierten Berufen tätige, vergleichsweise gut situierte neue Mittelschicht sich gehobenes Wohnen leisten kann. So hat die moderne Bebauung das Villenviertel der Gebirgsfußoase Shemiran bereits erreicht, während östlich und westlich davon Mittelstands-Stadtrandviertel entstehen. Die Altstadt, von einem Ring dichter und bescheidener Bebauung umgeben, wird so wie dieser Wohngebiet der ärmeren Bevölkerungsschichten.

Die Verwestlichung und die soziale Differenzierung, die in der Stadtentwicklung sichtbar ist, wird auch in Daten zur Bildungs- und Berufsstruktur aufgezeigt. Dabei wird das Nebeneinander von traditionellen und modernen Elementen deutlich, wobei sich Traditionelles zunehmend auf die ältere Generation und auf den südlichen Stadtteil bezieht. Die Tendenzen sozialwirtschaftlicher Segregation finden auch in der technischen Infrastruktur, besonders aber in der unterschiedlichen Nutzung kommunaler Versorgungsnetze ihren Ausdruck. Auch die Standorte der verschiedenen Dienstleistungsfunktionen gliedern die Stadt, wobei das Wohngebiet bescheidener und zum Teil traditionsverhafteter Bevölkerung die moderneren Stadtviertel in Form eines Dreiviertelkreises umschließt.

Für diese Bevölkerung hat der Bazar auch heute noch zumindest eine Restfunktion zu erfüllen, womit die Prosperität des Teheraner Bazars teilweise zu erklären ist. Besonders für billige Textil-, Bekleidungs- und Haushaltsware ist der Bazar Zentrum für breite Bevölkerungskreise geblieben. Eine wesentliche Bazarfunktion stellt der weiter wachsende Großhandel dar. Der Teppichgroßhandel und Teppichexport führt zu einer Konzentration der kleinen Händler und bewirkt so die starke Ausweitung dieser Branche.

Eine Kartierung der Handels- und Gewerbestandorte zeigt die Inhomogenität des Bazarviertels, in dem sich das soziale Gefälle der Stadt fortsetzt. Die ältesten Bazarteile dienen daher heute nur mehr dem einfachsten und dem ländlichen Publikum, die Zone der alten Khane wird durch niedrig bewertete wirtschaftliche Funktionen genützt. Untersuchungen zur Branchenkonzentration zeigen deren Ableitung von gewerblichen Monostrukturen, planmäßiger Ausweitung von Grossisten und Halb-Grossisten und kundenorientierte Branchenmobilität des Einzelhandels. Die Erhebung der Veränderungen von Branchenstrukturen über den Zeitraum einiger Jahrzehnte zeigt den steten Wandel in den jüngeren und das weitgehende Beharren in den älteren Bazarteilen.

Eine Analyse der Geschäftsstraßen, bei der ein Nord-Süd-Profil durch die Stadt gelegt wird, untersucht den Einzelhandel nach quantitativen Kriterien. Hauptgeschäftsstraßen unterschiedlicher Kundenzuordnung und unterschiedlichen Alters werden ausgesondert. Diese Gliederung untermauert die funktionelle Zweiteilung der Stadt und zeigt die Abwandlungen in der Geschäftsstraßenstruktur innerhalb des modernen Zentrums. Einige prägnante Geschäftsstraßenabschnitte werden vorgeführt. Ferner kann gezeigt werden, welche Branchen für ganz bestimmte funktionelle Bereiche des Geschäftsstraßensystems typisch sind. Der unterschiedlichen sozioökonomischen Stellung der Kunden entsprechend, bilden sich charakteristische Branchenvergesellschaftungen.

Geschäftsstraßen und Standorte von Verwaltungs- und Wirtschaftsfunktionen zeigen Ausmaß und Differenzierung der westlichen City, die sich von den Ministerien im ehemaligen Palastviertel bis zu den jüngsten Büro- und Verwaltungsbauten an der Avenue Takht-e-Jamshid erstreckt. Sie bilden zusammen mit anderen Merkmalen die empirischen Grundlagen zur

Erstellung eines Stadtstrukturmodelles. In diesem wird versucht, die als typisch erkannten Gestaltungselemente zu einem vom konkreten Beispiel abgeleiteten, doch allgemeiner gültigen Schema zusammenzufügen. Er zeigt die orientalische Stadt unter westlichem Einfluß, die durch einen zweipoligen Kern gekennzeichnet ist. Diese Kerne sind Stadtzentrum für jeweils unterschiedliche Sozialgruppen, für die westlich orientierte und für die ärmlich-traditionelle Bevölkerung. Die beiden Pole innerstädtischer Zentralität sind einander in dieser Eigenschaft gleichwertig, in bezug auf Wirtschaftskraft und Sozialprestige dominiert das westliche Zentrum jedoch klar. Die Bedeutung dieser modernen City wird sich, dem Fortschritt des gesamten Landes entsprechend, weiter verstärken. Die zunehmende Verwestlichung geht jedoch mit einer Reduktion orientalischer Wirtschafts- und Lebensformen einher, die sich künftig nur mehr dort erhalten wird, wo die finanzielle Beengtheit eine Lebensführung nach westlichem Vorbild nicht erlaubt.

Summary

This essay is a study in urban geography, a monography which intends to describe the spatial development of modern elements in an old oriental city. It is based on comprehensive research and mappings as well as on statistical and other published material.

Owing to its original development up to the turn of the century Teheran still shows the distinctive characteristics of an oriental capital. A well defined district of the imperial palace, a central main bazaar and the mosque situated near to it are elements typical of this urban structure. The upper class residential districts situated in the favourable climate of the north and moreover in the neighbourhood of the palace began to show the course of the further development in the city quite early. In this part western influence — increasingly perceptible since the reign of Reza Shah — becomes effective in the urban landspace. The older part of today's western centre with its main street Lalehzar was built in that time. This development, resulting in a further spreading of that first western section of the city continues up to the fifties of this century, interrupted only during the years of World War II. Owing to the industrialization in the early sixties a new epoch begins (industrial area in the west of the town). This boom is intensified by the revaluation of the petroleum production. A new central business district grows on the Avenue Takht-e-Jamshid. Similar functions extend to the north of this administrative centre. An exponential increase of the population is involved by this development. The number of inhabitants has duplicated every ten years since the beginning of the Pahlavy dynasty. With a new and well-to-do middle class occupied in western professions being able to afford better dwellings the town more and more rapidly grows to the north. Upper class residential districts have already reached the area of the old oasis of Shemiran. On both sides of these central upper class districts middle class suburbs have sprung up. The traditional oriental part of the city as well as the unpretentious buildings surrounding it became the quarters of the poorer part of the population. Westernization and social differentation become manifest in different data concerning the educational and occupational structure. They show the coincidence of traditional and modern elements, the traditional elements being more and more related to the older generation and the southern part of the city. These tendencies of social economic segregation are also visible in the technical infrastructure, especially in diverse uses made of the urban supply systems.

The social and structural duplicity of the supply network is also conspicuous in the traditional services. Their sites surround the western modern parts of the city in a broad belt corresponding to the quarters of the poor and traditional inhabitants.

For this large population the bazar still is a trading centre of today which is one of the reasons for the prosperity of Teheran's bazaar. Especially as to cheap textiles and household goods the bazaar is the shopping centre for a great part of the population. Another essential function of the bazaar consists in the still growing wholesale section. Carpet wholesale and carpet export bring about a concentration of the smaller traders and an extension of this branch of trade.

The mapping of the trading and production sites show the heterogenity of the bazaar in which the general decline of the social gradient is continued. Today the oldest parts of the bazaar are therefore used only by the poor or rural customers, the area of oldest buildings (Khane) only for devaluated economic functions.

Research into the concentration of similar branches show their derivation from mono-structural trades and the customer orientated mobility of the retail shops. An investigation of the different economic structures at various times shows permanent change in the younger parts and a prevailing persistance in the older parts of the bazaar.

An analysis of the shopping streets in a profile of the city from north to south investigates quality and quantity of retail trade. Shopping streets with various customer groups and of different ages are defined. This definition again proves the functional bisection of the city and shows the variations of the shopping streets within the modern centre. It can be clearly marked out which economic branches are typical for special functional parts of the shopping street system. According to the different socio-economic positions of the customers typical associations of economic branches are formed.

The shopping streets and the sites of administration and economic functions deline the extent and reveal the differentation of the western centre of the town which reaches from the government buildings in the former palace district to the latest office and administration centre on the Avenue Takht-e-Jamshid. Together with the other characteristics this forms the empirical basis for a model of the oriental city structure. This model tries to vonvey a general idea of the typical elements and of the style of city design as derived from the example of Teheran. It represents an oriental city under western influence, characterized by a bipartite nucleus. These "poles" are the main centres for different social groups, i. e. for the

216

population determined by the western way of life and for the population determined by tradition as well as by poverty. In this respect the two poles of urban central hierarchy have equal weight. In respect to economic power and social value, however, the western pole is clearly superior. The importance of this modern town centre will develop according to the progress of the whole country. The increasing westernization is connected with a decline of original oriental ways of life and economics which in future will survive only where financial limits do not permit a western way of life.

Résumé

Le travail en question est une monographie portant sur la géographie urbaine de Téhéran et a pour but la présentation de l'expansion des éléments modernes occidentaux dans une vieille ville orientale. Cette monographie se fonde sur de vastes recherches, sur la cartographie ainsi que sur l'utilisation des sources statistiques et d'autre matériel déjà publié.

La ville de Téhéran révèle, grâce à un développement qui lui est propre, encore au début du siècle, les traits caractéristiques des villes résidentielles orientales, représentés par des quartiers où les palais, le bazar central et la mosquée principale sont les éléments les plus typiques. Des quartiers où se retrouvent des villas et des espaces verts, situés au nord de la ville, dans une zone favorisée par la climat et en même temps dans le voisinage des palais, indiquent le sens du développement de la ville. Dans cette zone, l'influence de l'occident moderne, surtout depuis l'époque de Reza Shah, se manifeste pour la première fois de manière visible dans l'urbanisme. La cité dite aujourd'hui ancienne, avec la rue Lalehzar comme centre, date de cette periode-là. Ce développement, interrompu par la guerre, se poursuit jusqu'aux années cinquante, où la partie du centre de la ville située vers l'ouest, s'étend de plus en plus.

Une nouvelle ère débute avec l'industrialisation intensive à partir des années soixante (zone industrielle dans l'ouest de la ville). Cet essor s'accentue avec l'importance accrue de la production de pétrole. Un nouveau quartier de bureaux et administratif s'édifie tout au long de l'avenue Takht-e-Jamshid; le même phénomène se reproduit vers le nord où une zone marginale qui accomplit des fonctions du centre de la ville est en train de se former. Une augmentation exponentielle de la population est liée à ce développement. Le nombre d'habitants a doublé, pendant ce temps-là, tous les dix ans, depuis le début de la dynastie Pahlavi. L'augmentation la plus forte de la population a lieu dans le nord de la ville. C'est là aussi qu'une couche sociale élevée, dont les membres exercent des professions modernes, peut s'offrir des habitations bien équipées. Ainsi, l'habitat moderne a déjà rejoint le quartier résidentiel de l'oasis Shemiran qui se trouve au pied de la montagne, tandis que des quartiers d'habitations, de couches sociales moyennes, se développent des deux côtés, vers l'ouest et vers l'est. La vieille ville, entourée d'une zone dense d'habitat assez modeste devient ainsi un quartier d'habitations de couches sociales inférieures.

L'occidentalisation et la différenciation sociales, visibles dans le développement urbain, seront de même évoquées à travers des dates relatifs à la structure de l'instruction et de la répartition professionnelle. Des éléments traditionnels et modernes s'intercalent, les éléments traditionnels étant prédominants dans la partie située au sud de la ville. Les tendances de ségrégation socio-économique trouvent leur expression non seulement dans l'infrastructure technique, mais aussi spécialement dans l'utilisation différente des réseaux des services publics communaux.

De même, les fonctions publiques traditionnelles permettent une division de la ville en deux parties; les zones d'habitat peuplées par une population modeste entourent les quartiers modernes aux trois quarts.

C'est grâce à cette population traditionnelle que le bazar de Téhéran accomplit même aujourd'hui ses fonctions habituelles ce qui explique sa prospérité. C'est avant tout dans les secteurs de textiles, de vêtements et de quincaillerie bon marchés que le bazar est resté le centre commercial pour des couches sociales assez larges. Le commerce en gros, toujours en progression, constitue une autre fonction importante du bazar. Le commerce en gros de tapis et l'exportation de tapis a amené une concentration des petits commerçants. Ainsi, un élargissement de ce secteur commercial a eu lieu.

La cartographie des lieux du commerce et de l'artisanat montre l'inhomogénéité du quartier du bazar dans lequel se manifeste la différenciation sociale de la ville. Actuellement, les parties les plus anciennes du bazar ne servent donc qu'à une clientèle d'origine modeste et le plus souvent agricole; la zone des khans anciens est occupée par des activités économiques inférieures.

L'analyse portant sur la concentration des secteurs commerciaux confirme leur provencance mono-structurelle; de même, on reconnaît l'expansion planifiée des grossistes et semi-grossistes ainsi que la mobilité des secteurs du commerce de détail qui s'oriente selon la clientèle. Le changement des structures commerciales montre une fluctuation dans les parties les plus récentes et une stabilité dans les parties les plus anciennes du bazar.

Une analyse des rues commerçantes, basée sur un profil nord-sud de la ville, fait ressortir le commerce de détail, en s'appuyant sur des critères quantitatifs. On y montre les principales rues commerçantes d'époques différentes et avec une clientèle d'origine différente. Cette distinction constitute le fondement de la division en deux parties fonctionnelles de la ville et montre la variation des structures des rues commerçantes à l'intérieur du centre moderne. Quelques parties significatives de ces rues commerçantes sont analysées. En outre, on peut mettre en relief les secteurs typiques pour certains domaines fonctionnels du système des rues commerçantes. D'après les diverses situations socio-économiques des clients il se crée des secteurs commerciaux caractéristiques.

Les rues commerçantes et les lieux des fonctions administratives et économiques montrent la dimension et la différenciation de la cité occidentale qui s'étend depuis les ministères dans l'ancien quartier des palais jusqu'aux plus récents bâtiments et bureaux administratifs de l'avenue Takht-e-Jamshid. Ils forment avec d'autres traits caractéristiques les bases empiriques pour la création d'un modèle de structure urbaine. On essaie là de réunir les éléments créateurs typiques à un schéma généralement valable, dérivé d'exemples concrets. Il présente la ville orientale sous l'influence occidentale qui est caractérisée par un centre à deux pôles. Ces pôles d'attraction sont des centres de la ville pour les groupes sociaux respectivement différenciés, c'est-à-dire pour une population tournée vers l'occident et pour une population traditionnellement pauvre. Ces deux pôles intraurbains sont d'égale valeur dans leur qualité. Le centre occidental domine cependant nettement sous l'aspect économique et social. L'importance de cette cité moderne est de plus en plus renforcée par suite du progrès de l'ensemble du pays. L'occidentalisation en progression est accompagnée cependant d'une diminution de formes de vie et d'économie orientales qui se maintiendront à l'avenir là où le manque de ressources ne permet pas un courant vers le modèle occidental.

خلاصه کتاب

این کتاب نتیجه یک سلسله پژوهش های جغرافیائی است بمنظور نشاندادن تأثیر تمدن غربی و سنن قدیمی در روند تکامل شهری و فراتر از آن ، بررسی عوامل اجتماعی – اقتصادی در شکل گرفتن اجتماعی شهر تهران .

اساس این کتاب بر پژوهش های وسیع و گسترده ، نقشه برداری های متعدد و نیز تجزیه و تحلیل آمار و اطلاعات گوناگون گذارده شده است .

شهر تهران علیرغم توسعه و تکامل کشور در سده اخیر ، هنوز با داشتن محله های کاخ ها ، بازار و مسجد مرکزی نشانه های کاراکتر یک یک پایتخت شرقی را حفظ نموده است . منطقه ویلائی و باغها در مجاورت کاخهای سلطنتی نشانده هند به جهت تکامل و توسعه آینده این شهر می باشد . در این ناحیه تأثیر هنر شهر سازی مدرن غربی که از زمان رضا شاه کبیر آغاز یافت بخوبی محسوس است . امروز خیابان لالهزار به جای بازار مرکز شهر را تشکیل میدهد . این روند توسعه که بطور متداوم (جز در سالهای جنگ جهانی دوم) تا دهه ۱۹۵۰ ادامه داشت بیش از پیش در قسمت های غربی و نواحی مرکزی خیابان شاه رضا محسوس بوده است . از دهه ۱۹۶۰ ببعد ، همگام با روند صنعتی شدن (منطقه صنعتی در غرب تهران) و افزایش درآمد های نفتی دوره نوینی در جریان تکامل و توسعه شهر آغاز شده است : یک منطقه جدید تجارتی و اداری در خیابان تخت جمشید در دست ساختمان است که حدود آن به منتهی الیه بخش های شمالی میرسد . این روند توسعه با افزایش روزافزون جمعیت که در عصر پهلوی بفاصله هر دهه دوبرابر شده است ، رابطه مستقیم دارد و هنوز باشدت بیشتر بسوی شمال جریان دارد . در این ناحیه طبقه متوسط شهر نشین که توانائی مادی تأمین محل سکونتی در سطح بالا را دارا است ساکن می باشد . امروز ، حد شمالی این منطقه به ناحیه سرسبز شمیران در دامنه کوههای شمالی تهران رسیده و بسوی شرق و غرب نیز در حال گسترش است .

بخش قدیمی شهـر ، در میان حلقهای از ساختمانهـای قدیمی با تراکم زیاد بصورت محل سکونت طبقهٔ فقیر شهـر درآمده اسـت . دریچه غرب زندگی و میزان اختلافاً طبقاتی که بوضوح در نحوهٔ توسعه شهر نمودار است ، در آمار مربوط به آمـــــوزش و طبقه بندی مشاغل نیز منعکس می باشد . در اینجاست که مجاورت عناصر سنتی و مدرن جامعهٔ شهری تهران در حالیکه حرکتی محسوس بسوی تمرکز یافتن عناصر سنتی در افراد مسن و محلههای جنوبی شهر پدیدار است ، مشاهده میگردد . از سوی دیگر، میل به حفظ تمایزات طبقاتی حتی در زیر بنای فنی شهر و بویژه در زمینهٔ بهرهمندی از شبکهٔ خدمات شهری بخوبی پدیدار است . همچنین محل استقرار مؤسســـات خدمات شهری بنحوی است که منجر به احاطهٔ ناحیههای مدرن شهر توسط منطقههـای مسکونی افراد کم درآمد و پایبند سنن شده است .

برای این طبقه از مردم ، امروز نیز بازار دست کم نقش عمده های بازی می کند و این یکی از دلایل رونق آن می باشد . بخصوص که برای گروه کثیری از مردم بازار مرکز تأمیـــن مایحتاج آنها از قبیل پارچه و پوشـــاک ارزان قیمت و سایر وسائل زندگی اســـــت . از دلائل دیگر رونق بازار انجام معاملات عمده فروشی در آن می باشد . عمده فـروشی و صادرات فرش یکی از سببهای اصلی تجمع و تمرکز خرد هفروشان در بازار و توسعهٔ زیاد این رشتهٔ بازرگانی است .

نمودارهای مربوط به محل استقرار اصناف در بازار نیز اد امهٔ همان شیب طبقه بنسدی اجتماعی شهر را نشان میدهد . از اینرو ، امروز تنها روستائیان و طبقات کم درآمــد مشتریان قسمت های خیلی قدیمی بازار را تشکیل میدهند ـ نیز حوزههائی که درگذشته های دور ویژهٔ خان ها بود امروز مراکز فعالیت های کم ارزش اقتصادی را تشکیل میدهند . پژوهشهای انجام شده در زمینهٔ چگونگی تمرکز صنف های گوناگون نشان میدهد که تمرکز صنفی ناشی از توسعهٔ برنامهریزی شدهٔ عمدهٔ و خرد هفروشی ها و همچنین تحرک صنفـی تکفروشی ها در جهت جلب هرچه بیشتر مشتری بوده است .

222

تحقیقات بعمل آمده در مورد تغییر و تبدیلهای فیزیکی و ارگانیك صنف ها در قسمت های مختلف بازار طی چند دهه اخیر گویای تحولی مستمر و متداوم در قسمت های جدید و عدم تغییر در بخش های قدیمی می باشد .

تجزیه و تحلیل بروی قسمت های تجارتی شهر ، از طریق بررسی یك مقطع شمالی ـ جنوبی ، وضع فروشگاهها را از نظر کمیت مورد ارزیابی قرار داده است . خیابانهای اصلی بر حسب تفاوت طبقاتی و سنی مشتریها از یك یگر جدا شده ماند . ایـــــن طبقه بندی تقسیم عملی شهر را به دو بخش تائید نموده و تحولات متداوم در مراكـــز مدرن تجارتی شهر را نشان میدهد . چند قسمت از خیابانهای مهم و تجارتـــــی شهر بتفصیـــل مورد بررسی قرار میگیرند . علاوه برآن نشان داده شده است كـه كدامیك از رشته های تجارتی در كدام بخش از خیابانهای تجارتی شهر متمرکز شد ماند . این امر برحسب موقعیت متفاوت مشتری از نظر اجتماعی ـ اقتصادی تحقق پذیـــرفتـه اســـت .

خیابانهای تجارتی شهر و مناطق استقرار ادارات دولتی و سازمانهای اقتصادی ، حدود بخش های غربی مرکز شهر را نشان میدهد . این منطقه محله قدیمی کاخ ها را كـــه امروز وزارتخانه ها در آن مستقر هستند در برگرفته و تا خیابان تخت جمشید با ساختمانهای کاملا مدرن آن امتداد می یابد .

نکات فوق ، باضافه خصوصیات دیگر ، اساس تجربی برای ساخت مدلی از ارگانیسم شهر بوده است . و این امر کوششی است در راه ترسیم تصویری علمی از شهر بـا بهره برداری از عناصر کاراکتر یك آن . این تصویری است از یك شهر شرقی ، متاثر از تمدن غرب ، که عنصر مشخصه آن ، یك هسته مرکزی دو قطبی می باشد .

این دو قطب ، هریك صورت مرکز شهر را برای یك طبقه ویژه اجتماعی دارد : یکی بـرای شهرنشینان متجدد و متمایل بتمدن غرب و دیگری برای شهرنشینان مستقند و سنـــت

پرست . و این د و قطب ، از نظر مرکزیت ، مرتبتی کاملاً یکسان د ارند . لیکن
از نظر توان اقتصادی و پرستیژ اجتماعی قطب غربی غوقی آشکار د اراست . اهمیت
این قطب بعنوان مرکز بخش مد رن شهر ، ببرکت پیشرفت کلی کشور مسلماً
باز هم افزون تر خواهد شد . نیز ترد بدی نیست که همگام با شتاب غرب زد گی ،
اشگال زندگی مادی و معنوی شرقی تد ریجا ً بفراموشی سپرد ه خواهد شد و در
آینده تنها د ر آنجا باقی خواهند ماند که تنگناهای مادی اجازه و امکان زند گی
به شیوه غرب را ند هند .

Fortsetzung des traditionellen Bauens. Die ineinander-
verschachtelte, unterschiedlich hohe „agglutinierende"
Bebauung wird in den Wohngebieten bescheidener Bevölkerung (hier in Shahr e Rey am Südrand Teherans)
auch heute noch fortgesetzt.

◄

Zentrum des westlich-modernen Stadtteiles. In Bildmitte West-Ost-Magistrale der
Stadt, Avenue Shah Reza. Nördliche Parallelstraße, Avenue Takht-e-Jamshid,
heute Zentrum einer Bürocity. Im Bild (1973) vorhandene Baulücken heute geschlossen. Ältere City im Bereich der benachbarten Nord-Süd-Straßen (unterer
Bildteil, von Bildmitte nach rechts) Ferdowsi, Lalehzar und Saadi. Dort Wohnbauten weitgehend durch Geschäftshäuser, Gewerbehöfe, Passagen ersetzt. Britische
und russische Botschaft an großen Parkanlagen erkennbar. Ihr Standort zeigt die
Lage des ehemaligen Villenviertels am Nordrand der Altstadt. Bildmaßstab ca.
1 : 7500.

226

Verfallende Bazargasse. Vom Zentrum des Bazars durch das Netz der Straßendurchbrüche abgeschnitten, verkümmern die randlichen Bereiche des Bazars (hier eine Gasse nördlich der Khiabane Bouzarjomehri). Mit dem Verlust der Funktion einer Zubringerstraße zum zentralen Teil des Bazars sinkt der Standortwert, was in einem Rückgang der wirtschaftlichen Aktivität und in einem baulichen Verfall zum Ausdruck kommt.

Repräsentativer Straßenzug im nördlichen Stadtteil:
Boulevard Elisabeth. Gehobenes Wohngebiet, in Bildmitte zwei Appartement-Wohn-Hochhäuser. Im Mittel-
grund City-Bezirk — Bezirk um den Boulevard Takht-
e-Jamshid.

►

Narmak, West-Teheran. Planmäßig aufgeschlossenes Wohnviertel für Beamten-
Mittelschicht. Bebauung ab der Nachkriegszeit. Einfache, heute überalterte Vor-
stadtbauten im Zentrum, langsames Auffüllen der Baulücken, Nebenstraßen noch
nicht asphaltiert, Anlage von Grünflächen nur zum Teil realisiert. Am oberen
Bildrand rechts einheitlich angelegte, gehobene Reihenhaussiedlung; links offene
Bebauung an der abgewerteten Peripherie dieses Stadtteiles.

Ein Zentrum des westlich geprägten Stadtteiles ist
die Ferdowsi-Straße (im Bild rechts) seit der Zwischenkriegszeit. Blick vom Plasco-Hochhaus südwärts.
Neben älteren Bauten (Walmdächer, auch Bank Melli
= Nationalbank rechts im Bild) zeigen moderne Büro-
gebäude eine Abkehr vom Trend der Nordwärtsver-
schiebung des Bedeutungsmittelpunktes der Stadt: auch
im älteren westlichen Stadtteil werden über das
Bauen beträchtliche Investitionen getätigt. Im Hinter-
grund heben sich Verwaltungs- und Regierungsbauten
(links Postministerium, 1971 im Bau, rechts Senat) von
der niedrigen Bebauung am Rande der Altstadt ab.

▶

Landnutzungsbeispiel der Dasht-(Glacis-)Flächen am Nordwestrand Teherans.
Trockenbett eines Flusses in Lockermaterial eingeschnitten. Nahe dem Austritt
aus dem Gebirge (oberer Bildteil) wird der perennierende, wenn auch im Sommer spärlich fließende Bach zur Bewässerung herangezogen und verbraucht:
Baumkulturen, Bewässerungsfelder, kleine dörfliche Siedlung (Lage: zwischen
Vanak und Shar-e-Ziba, 1500 m Höhe). Daneben Parzellierung des Ödlandes
als Bauspekulationsland. Zur Zeit Bausperre wegen fehlender städtischer Infrastruktur. Anpflanzung von Bäumen, weil dadurch geringere Besteuerung erreicht
wird.

Fassade eines Oberschicht-Wohnhauses im kadjarischen
Stil. Um die Jahrhundertwende entstanden, vereint
dieser Bau in der Altstadt (Khiabane Nasser Khossrow)
zugleich orientalische und europäische Stilelemente. Sie
zeugen vom Fortbestand traditioneller Formen und
Elemente sowie vom weitreichenden Einfluß des europäischen Historismus. Balkon und Geschäftslokale
(Funktionswandel des Straßenzuges) später entstanden.

▶

Bazar, benachbarte Altstadt und Regierungsviertel. Der Bazar (Bildmitte) sowie die benachbarten Moscheen und Medresen heben sich vom Wohngebiet
ab. Die alte Bazarhauptstraße (Bazar Bozorg) sowie andere Bazargassen sind
erkennbar. Junge Bazarbauten (mit großen Dachflächen) im Südwesten des
Bazargebietes, Zone der Karawansereien im östlichen Teil. Agglutinierende Bebauung von vielfach sehr geringer Regelhaftigkeit und damit hohen Alters (z. B.
im nordöstlichen Bildteil und südlich des Bazars) prägt das Siedlungsbild. Durchbruchsstraßen begrenzen das Bazarviertel. Große Verwaltungsbauten (Ministerien)
und Grünflächen kennzeichnen im Nordteil des Bildes das ehemalige Palastviertel (Ark: Standortkontinuität von Regierungsfunktionen im Zentrum der
Altstadt. Bildmaßstab ca. 1 : 7500.

234

Shemiran, Villenvorort am Fuß der Točal-Kette. Gebirgsfußoase mit günstigem Klima (Seehöhe um 1600 m; 500 m höher als der Südteil Teherans), 10 km vom Stadtzentrum entfernt. Ehemals Sommerfrischenort, heute Dauerwohnsitz gehobener Bevölkerungsschichten.

Altstadt-Geschäftsstraße, Rest eines Viertelsbazars an ehemaliger Ausfallstraße. Das Angebot beschränkt sich auf billige Waren des Lebensmittel- und Bekleidungsbedarfes.

Beispiel einer Geschäftsstraße, entstanden zur Zeit
Reza Shahs (Naderi-Istanbul, aufgenommen vom
Plasco-Hochhaus). Die zwei- bis dreigeschoßige Be-
bauung an der Straßenfront ist, dem Standort und der
Nutzung entsprechend, höher als im Inneren der
Straßenblöcke.

▶

Landnutzungsbeispiel des Stadtrandes südlich des Flughafens Mehrabad. Scharfe Grenzen zwischen von Qanaten bewässertem landwirtschaftlichem Gebiet und
unbewässertem Ödland (Halbwüste), welches durch
Industrieanlagen sowie durch z. Z. noch offene Wohnhausbebauung genützt wird. Das Schachbrettraster der
Parzellengliederung und die regelhaften Bewässerungsgräben auf den Feldflächen prägen die Bildstruktur.
Bildmaßstab ca. 1 : 7500.

Kennedy-Boulevard, Typ der gehobenen Bebauung um
1970. Mengung von Wohn- und Bürofunktionen an
der Straßenfront bei Zurücktreten der Geschäftsstraßen-
funktion. Randbereich des westlichen Zentrums nördlich der Magistrale Avenue Shah Reza.

▶

Shahr-e-Rey. Altstadt am Südrand Teherans, die von
der städtischen Bebauung (vorwiegend Arbeiterquar-
tiere, kleinparzellige Reihenhausanlagen im oberen Bildteil) erreicht wird. Im Zentrum der Altstadt Bazar
und Grabmal des Shah Abdul Azim, eine islamische
Wallfahrtstätte (am Schatten der Minaretts erkennbar).
Benachbart das Mausoleum Reza Shahs (am Ende der
geradelinigen Zufahrtsstraße gelegen). Auffallend die
scharfe Abgrenzung des Stadtkörpers von Rey gegen
das umliegende intensiv genutzte Bewässerungsland.
Bildmaßstab ca. 1 : 7500.

Bazargewerbe in ehemaligem Oberschicht-Wohnhaus der Altstadt. Mit der Entstehung gehobener Wohnvororte im Sinne der Villenviertel des europäischen Städtewesens verlor der Wohnstandort in der Altstadt seinen bis dahin ungebrochenen Prestigewert. Selbst in repräsentativen Bauten (Bild: Innenhof im kadjarischen Stil) rückt nach Aufgabe der Wohnfunktion Bazargewerbe — hier eine Strumpfwirkerei — nach. Ebenso häufig ist die Nutzung solcher Objekte als Lagerraum für diverse Waren.

Literatur zur Stadt Teheran

Ahrens, P. G.: Die Entwicklung der Stadt Teheran. Schriften des dtsch. Orientinstituts, Opladen 1966.

Ahrens, P. G.: Änderungen im Wohnbau Teherans unter dem Einfluß der modernen Zivilisation. Orient 9/4, 1968: 122 f.

Alibadi, A.: Historical Geography of Teheran. These, Universität Teheran 1933 (persisch).

Azimi, M.: Die Milchwirtschaft und der Absatz von Milch und Milchprodukten im Raume von Teheran. Dissertation, Univ. Gießen 1962.

Bird, F. L.: Modern Persia and its capital. National Geogr. Magazine 39, 1921: 353—393.

Bobek, H.: Teheran. Festschrift f. H. Kinzl. Schlernschriften 190, 1958: 5—24.

Braun, C.: Teheran, Marakesch und Madrid. Ihre Wasserversorgung mit Hilfe von Qanaten. Bonner Geogr. Abh. 52, 1975.

Chitsaz, R.: Shemiran. A study in recreation. These, Universität Teheran (persisch) 1946.

Clapp, F. G.: Teheran and the Elburs. Geogr. Review 20, 1930: 69—85.

Dagradi, P.: Due capitali nella steppa: Ankara e Teheran. Ric. geogr. ital. Firenze 70/3, 1963: 272—306.

Dresch, J.: Le Piedmont de Teheran. Centre National de la Recherche Scientific, Centre de Documentation Cartograph. et Geogr., Memoirs et Documents VIII, 1961.

Gueritz, J. E.: Social problems in Teheran. Journal of the Royal Central Asian Society 37, 1951: 233—244.

Hourcade, B.: Tehran, evolution recente d'une metropole. Mediterranée 16, 1972: 24—41.

I. E. R. S., Univ. Teheran (Hrg.): Atlas de Tehran. Selbstverlag d. I. E. R. S. Teheran, o. J.

I. E. R. S., Univ. Teheran (Hrsg.): Les Problemes Sociaux de la Ville Tehran. Teheran 1964.

Kiani, D.: Medizinische Topographie von Rey bis Teheran. Dissertation Med. Fak. d. Univ. Nürnberg 1969.

Memarbashi, N.: Kontraktion der Bevölkerung, räumliche Konsequenzen auf Stadt und Land. Ein Beitrag zur Regionalplanung Teheran. Dissertation TU Berlin 1973.

Minorsky, V.: Teheran. In: Enzyklopädie des Islam, Bd. IV, 1934: 772—779.

Murakami, Y.: Report on urban transportation system Teheran. 1971.

Pakravan, E.: Vieux Teheran. Teheran 1952.

Planhol, X.: De la ville islamique a la metropole iranienne: quelques aspects au developpement contemporaire de Tehran. Memoires et documentes 4, 1964.

Rieben, E. H.: Note préliminaire sur les terrains alluviaux de Teheran et particulierement du territoire de Shemiran. Bull. des Lab. de Geologie de l'univ. de Lausanne 105, 1953.

Seger, M.: Strukturelemente der Stadt Teheran und das Modell der modernen orientalischen Stadt. Erdkunde 29/1, 1975: 21—38.

Slaby, H.: Das österreichische Kulturinstitut in Teheran. Bustan 1 und 4, 1970.

Stahl, B.: Teheran und Umgebung. Petermanns Gg. Mitt. 46, 1900.

Tcha Kontahi, C.: Le problème de l'eau à Téhéran. Thèse d'Univ. Paris 1953.

Teymurian, N.: Die Trinkwasserversorgung in Iran. Unter besonderer Berücksichtigung der Trinkwasserversorgung seiner Hauptstadt Teheran. Diss. Universität Bonn 1960.

Vieille, P. und Mohseni, K.: Ecologie culturelle d'une ville islamique: Tehran. Revue géographique de l'est 3/4, 1969: 315—359.

Vieille, P.: Marché des terrains et société urbaine. Recherches sur la ville de Tehran. Paris, 1970.

Wirth, E.: Strukturwandlungen und Entwicklungstendenzen der orientalischen Stadt. Versuch eines Überblicks. Erdkunde 22, 1968: 101—128.

Wirth, E.: Zum Problem des Bazars (Suq, Çarsi). Versuch einer Begriffsbestimmung und Theorie des trad. Wirtschaftsraumes der orientalischen Stadt. Der Islam 51/2, 1974: 203—260 und 52/1, 1975: 6—45.

Weitere Literaturangaben

Aldrige, J.: Cairo. Boston, 1969.

Amuzegar, J.: Technical Assistance in the Theorie and Practice — the Case of Iran. Praeger Special Studies in Intern. Economics and Development. New York, 1966.

Anschütz, H.: Der Landschaftsbegriff bei den Iranern und seine Auswirkungen auf das Landschaftsbild Irans, Zeitschrift f. Kulturaustausch, 1966: 9—11.

Anschütz, H.: Persische Stadttypen. Geographische Rundschau 19, 1967: 105 f.

Anschütz, H.: Die Verkehrswege des Iran und ihre Bedeutung für die Erschließung des Landes. Gg. Rundschau 19, 1967: 221 f.

Banai, A.: The Modernisation of Iran 1921—1941. Stanford, 1961.

Bazin, M.: Erzurum: un centre régional en Turquie. Rev. Géogr. de l'Est IX/3—4, 1969: 269—314.

Benet, F.: The Ideology of Islamic Urbanisation. Internat. Journal of comparative Sociology 4/2, 1963: 211—226.

Binder, L.: Iran: Political Development in a Changing Society. Berkeley and Los Angeles, 1964.

Bobek, H.: Aufriß einer vergleichenden Sozialgeographie. Mitt. d. Österr. Geogr. Ges., Wien 92, 1950.

Bobek, H.: Zur Problematik eines unterentwickelten Landes alter Kultur: Iran. Orient 2/3, 1961.

Bobek, H. und Lichtenberger, E.: Wien — Bauliche Gestalt und Entwicklung seit der Mitte des 19. Jhd. Wien, 1966.

Bolte, K. M., et al.: Soziale Schichtung. Opladen, 1966.

Chorley, R. and Hagget, P.: Models in Geography, London, 1971.

Clark, I. J. and Clark, B. D.: Kermanshah — an Iranian Provincial City, Durham, Dept. of Geography 1969.

Comell, J. (Hrsg.): Semnan: Persian city and region. London Univ. College 1970.

Darwent, D. F.: Urban Growth in the Relation to Socio-Economic Development and Westernisation: a Case Study of the City of Mashad, Iran. Diss. Phil. Univ. Durham, GB. 1965.

Dettman, K.: Damaskus — eine orientalische Stadt zwischen Tradition und Moderne. Erlanger Geogr. Arbeiten 26, 1969.

Dettman, K.: Islamische und westliche Elemente im heutigen Damaskus. Gg. Rundschau 21, 1969: 64—68.

Dettman, K.: Zur Variationsbreite der Stadt in der islamisch-orientalischen Welt. Geogr. Zeitschrift 58, 1970: 95—123.

Djamalzadeh, N.: An Outline of the Social and Economic Structure of Iran. Internat. Labour Rev. 63, 1951: 178 f.

Doxiades, K.: Cities of Density. London, 1970.

Ehlers, E.: Die Städte des südkaspischen Küstentieflandes. Die Erde 102, 1971: 6—33.

English, P. W.: City and Village in Iran. Settlement and Economy in the Kirman Basin. Madison, 1966.

Fischer, P. und Kortum, G.: Kahrizak — Sozialgeographische Dorfmonographie einer Qanat-Oase bei Teheran. Gg. Rundschau 19, 1967: 201 f.

Gabriel, A.: Religionsgeographie von Persien. Wien, 1971.

Gauglitz, K. G.: Eigentümlichkeiten des Wegesystems in iranischen Städten. Die Entstehung von Gassen und Sackgasse, Orient 5, 1969: 162—169.

Gibb, A. and Partners: Tehran Water Supply and Irrigation. Official Report to the Plan Organisation of Iran, 1958.

Grötzbach, E.: Probleme der Stadtentwicklung und Stadtplanung in Afghanistan. Zeitschrift der TU Hannover 2, 1975: 3—14.

Grunebaum, G. E.: Die islamische Stadt. Saeculum 6, 1955: 138—153.

Gulick, J.: Image of Arab city. Journal of the American Institute of Planners 39, 1963: 179—197.

Hahn, H.: Die Stadt Kabul und ihr Umland. Bonner Geogr. Abh. 34, 1964.

Hahn, H.: Wachstumsabläufe in einer orientalischen Stadt am Beispiel von Kabul. Erdkunde 26, 1972/16—32.

Hanna, B.: Der Kampf gegen das Analphabetentum im Iran. Schriften des Deutschen Orient-Instituts, Opladen, 1966.

Institute d'Etudes et de Recherches Sociales (IERS, Univ. Teheran): Abadan: Morphologie et fonction du tissu urbain. Rev. geogr. de l'Est 4/4, 1964: 337—386.

Hopp, H.: Städte im östlichen iranischen Tiefland. Erlanger Geogr. Arb. 33, 1975.

Lebon, J. H.: The Islamic City in the Near East: a comparative study of Cairo, Alexandria and Istanbul. Town planning rev. 41/2, 1970: 179—194.

Lichtenberger, E.: Die Geschäftsstraßen Wiens. Eine statistisch-physiognomische Analyse. Mitt. d. Österr. Geogr. Ges. 105, 1963.

Lichtenberger, E.: Die europäische Stadt — Wesen, Modelle, Probleme. Berichte zur Raumplanung und Raumforschung 15, 1972.

Lichtenberger, E.: Ökonomisch und nicht ökonomische Variable zur kontinentaleuropäischen Citybildung. Die Erde 103/3—4, 1972: 216—262.

Lichtenberger, E.: Die sozialökologische Gliederung Wiens — Aspekte eines Stufenmodells. Österreich in Geschichte und Literatur, mit Geographie 17, 1973: 25—49.

Longrigg, S.: The Middle East. A Social Geography. London, 1963.

Lowy, P.: L'artisanat dans les medinas de Tunis et sfax, Annales de Geographie 85, 1976.

Maani, D.: Grundzüge der Regionalplanung in Iran, ausgerichtet auf die sozio-ökonomische Landesentwicklung. Dissertation Aachen 1969.

Millendorfer-Gaspari: Immaterielle und materielle Faktoren der Entwicklung. Zeitschr. f. Nationalökonomie 31, 1971: 81—120.

Pagnini-Alberti, M. P.: Aspetti di geografia e sociologia urbana dell'Iran. Boll. Soc. Geogr. Ital. XI, 1970: 123—126.

Pagnini-Alberti, M. P.: Strutture commerciale d'une citta di pellegrinaggio: Mashad, Udine, 1971.

Planck, U.: Die erste Volkszählung Irans. Orient 4/2, 1963: 63.

Planck, U.: Berufs- und Erwerbsstruktur in Iran als Ausdruck eines typischen frühindustriellen Wirtschaftssystems. Zeitschrift f. ausländische Landwirtschaft 2, 1963: 75—96.

Planhol, X. de: The World of Islam. New York, 1959.

Planhol, X. de: Villes du Proche et du Moyen Orient. Annales de Géographie 70, 1961: 646—654.

Planhol, X. de: Recherches sur la géographie humaine de l'Iran septendrional. Memoirs et Documents, IX/4, 1964.

Pope, A. U.: Persian Architecture. Pahlavi University, Shiraz, 1969.

Rainer, R.: Lebensgerechte Außenräume, Wien, 1972.

Rathjens, C.: Kabul, die Hauptstadt Afghanistans. Leben und Umwelt 1957: 73—82.

Richter, I. S.: Der persische Handelsteppich. Gg. Rundschau 21, 1971: 364 ff.

Ritter, G.: Moderne Entwicklungstendenzen türkischer Städte am Beispiel der Stadt Kayseri. Geogr. Rundschau 24, 1972: 93—101.

Rother, L.: Die Städte der Cukurova: Adana-Mersin-Taurus. Ein Beitrag zum Gestalt-, Struktur- und Funktionswandel türkischer Städte. Tübinger Geogr. Studien 42, 1971.

Rupert, H.: Beirut, eine westlich geprägte Stadt des Orients. Erlanger Geogr. Arbeiten 27, 1969.

Rupert, H.: Tel Aviv-Yafo. Zum Problem des Einflusses heterogener Einwanderergruppen auf Stadtstruktur und Stadtentwicklung. Erdkunde 28, 1974: 31—47.

Schafaghi, S.: Die Stadt Tabriz und ihr Hinterland. Dissertation Köln 1965.

Scharlau, K.: Moderne Umgestaltung im Grundriß iranischer Städte. Erdkunde 15, 1961: 180—191.

Scholz, F.: Kalat und Quetta: Der ehemalige und der gegenwärtige städtische Mittelpunkt Belutschistans (Westpakistan). Gg. Rundschau 22, 1970: 297—308.

Scholz, F.: Die räumliche Ordnung in den Geschäftsvierteln von Karachi und Quitta (Pakistan). Erdkunde 26/1, 1972: 47—81.

Schweizer, G.: Tabriz, Nordwest-Iran, und der Tabrizer Bazar. Erdkunde 26, 1972: 32—46.

Sherwood, F.: United States city planers in Iran: Inter Universitary Case Program 70, Univ. of Alabama Press, 1962.

Stewig, R.: Byzanz-Konstantinopel-Istanbul. Ein Beitrag zum Weltstadtproblem. Schriften d. Gg. Instituts d. Univ. Kiel 22/2, 1964.

Stewig, R.: Der Grundriß von Stambul: vom orientalisch-osmanischen zum europäisch-kosmopolitischen Grundriß. In: G. Sandner (Hrsg.): Kulturprobleme aus Ostmitteleuropa und Asien, Kiel, 1964: 195—225.

Stewig, R.: Bemerkungen zur Entstehung des orientalischen Sackgassengrundrisses am Beispiel der Stadt Istanbul. Mitt. d. Österr. Geogr. Ges. 108, 1966: 25—47.

Stewig, R.: Bursa. Nordwestanatolien. Strukturwandel einer orientalischen Stadt unter dem Einfluß der Industrialisierung. Schriften des Instituts der Univ. Kiel 32, 1970.

Stratil-Sauer, G.: Meshed, eine Stadt baut am Vaterland, Leipzig, 1937.

Wagner, H. G.: Die Souks in der Medina von Tunis. Versuch einer Standortanalyse von Einzelhandel und Handwerk in einer nordafrikanischen Stadt. Stewig, R. und Wagner, H. G. (Hrsg.): Kulturgeographische Untersuchungen im islamischen Orient. Schriften d. Geogr. Inst. d. Univ. Kiel 38, 1973: 91—142.

Wiebe, D.: Struktur und Funktion eines Serais in der Altstadt von Kabul. Schriften d. Geogr. Inst. d. Univ. Kiel 38, 1973: 213—240.

Wirth, E.: Damaskus-Aleppo-Beirut. Die Erde 97, 1966.

Wirth, E.: Die orientalische Stadt in der Eigengesetzlichkeit ihrer jungen Wandlungen. Tagungsberichte und wiss. Abh. des Deutschen Geographentages in Bad Godesberg. Wiesbaden, 1966: 166—181.

Wirth, E.: Die orientalische Stadt. Ein Überblick aufgrund jüngerer Forschungen zur materiellen Kultur. Saeculum 26/1, 1975: 45—94.

Karten und Luftbilder

Buslinien-Netz der United Bus Company. Lichtpaus-Plan 1 : 20 000, Tehran Traffic Departement, o. J.

Guide Map of Tehran 1 : 13 300, Iran National Tourist Organisation, Teheran o. J.

Greater Tehran 1 : 10 000. National Cartographic Centre, Bildflug 1965, Teheran 1967.

Greater Tehran 1 : 2000. National Cartographic Centre, Bildflug 1965, Teheran 1968.

Luftbildserie Großraum Teheran 23×23 cm, M ca. 1 : 18 000, Bildflug 1971.

Map of Tehran ca. 1 : 18 200. Sahab Geographic and Drafting Institute, Teheran o. J.

Parzellenplan des Bazars 1 : 1000, Lichtpausplan, Stadtplanungsamt Teheran, o. J.

Tehran Area 1 : 50 000, 11. Blatt. National Cartographic Centre. Bildflug 1955, Teheran 1968.

Teheran 1 : 20 000. Bebautes Gebiet und Flächennutzung (Teilweise). Lichtpaus-Plan, Stadtplanungsamt Teheran, 1964.

Tehran 1 : 20 000. Editions 1969, 1971, 1974. Edited by Oil Service Company of Iran (Private Organisation).

Teheran 1 : 60 000. Farbkarte des Masterplan, Teheran, o. J. (1971).

Topographische Karte des Bazars von Tehran 1 : 2000, Kartierungsplan von Prof. E. Wirth, Stand 1972/73.

Verkehrsdichte im inneren Stadtgebiet, Querschnittsbelastung. 1 : 10 000, Lichtpaus-Plan, Tehran Traffic Departement, 1970.
Verkehrsplanung im Bazargebiet, 1 : 1000. Planungsvorschlag, Stadtplanungsamt Teheran, 1971.

Zur unterschiedlichen Schreibweise von Teheran/Tehran: bei persischen Karten wurde die landesübliche Schreibweise „Tehran" beibehalten.

Sonstige Quellen

Atlas of Iran. White Revolution Proceeds and Progresses. Sahab Geographic and Drafting Institute, Tehran o. J.
Fourth National Development Plan 1968—1972. The Imperial Government of Iran, Plan Organisation. Teheran 1968.
Iran Almanac 1974, Echo of Iran, Teheran.
National Census of Population and Housing 1966. Plan Organisation — Iranian Statistical Centre:
Volume 168 Total Country-Settled Population, 1968.
Volume 13 Shahrestan Shemiran, 1967.
Volume 10 Shahrestan Tehran, 1967.
Volume 3 Shahrestan Rey, 1967.
Report on the Results of Annual Industrial Survey 1969—1971, Ministry of Economics, Bureau of Statistics, Teheran.
Statistical Yearbook of Iran 1968, Plan Organisation, Teheran 1972. Statistical Centre. Serial No. 287. Teheran 1971.
Statistical Yearbook of Iran 1351 (1972/73). Plan- and Budget Organisation, Statistical Centre of Iran. Serial No. 422. Tehran 1975.